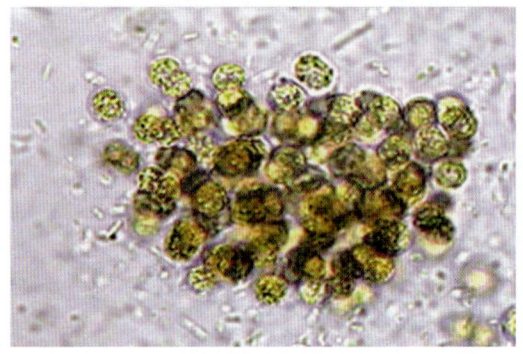

図 12.4 水環境における光合成微生物の繁茂

水面に広がるアオコの中には光合成を行う藻類・シアノバクテリアが繁茂している（上）
アオコを形成する光合成細菌（シアノバクテリア）（下）
（写真提供：千葉県立中央博物館・林 紀男 博士）

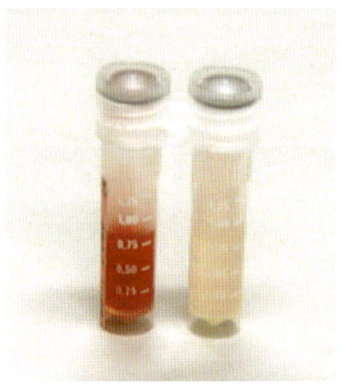

図 12.7 紅色光合成細菌

嫌気性の紅色光合成細菌 *Rhodospirillum rubrum*（左）はカロチノイドのため鮮やかな赤色を示す．（右）は対照の大腸菌 *Escherichia coli* を同濃度で培養したもの．

図13.7 化学合成生物群集

日本海溝深度6300 m付近の冷水湧出域に生息するナギナタシロウリガイの群生。海底下から湧き出してくるメタンや硫化水素を共生細菌がエネルギー変換して生育している。表面泥を退けると（黒色の部分）硫化水素などにより還元的になっている。（写真提供：海洋研究開発機構）

図13.8 ハオリムシ（チューブワーム）

相模湾1160 mの冷水湧出域に生息する。キチン質でできた棲管の先からエラだけを出している。（写真提供：海洋研究開発機構）

図13.9 ブラックスモーカー

海底下から吹き上げる熱水中に多量の硫化水素や重金属を含んでいるため，海水の成分と反応して黒い煙のように見える。（写真提供：海洋研究開発機構）

図13.11 熱水孔生物群集

沖縄トラフの熱水噴出孔周辺の生物群集。活動的な熱水域は冷湧水域に比べ高密度に生物が群集している。【左】シロウリガイ類 【右】ユノハナガニ （写真提供：海洋研究開発機構）

BASIC MASTER SERIES

ベーシックマスター

微生物学

MICROBIOLOGY

掘越弘毅　監修◎井上　明　編

MICROBIOLOGIA
Microbiologie
Mikrobiologie
Микробиология
Microbiologia
De microbiologie
علم الأحياء الدقيقة
Microbiología
MICROBIOLOGY

Ohmsha

執筆者一覧

監 修 者
　堀越 弘毅（東洋大学名誉教授・東京工業大学名誉教授）

編　　者
　井上　明（東洋大学）

執 筆 者
　石井 正治（東京大学）
　伊藤　進（琉球大学）
　伊藤 政博（東洋大学）
　井上　明（東洋大学）
　宇佐美　論（東洋大学）
　亀倉 正博（好塩菌研究所）
　河合 良夫（東洋大学）
　工藤 俊章（長崎大学）
　指原 信廣（キユーピー株式会社）
　清水 範夫（東洋大学）
　角野 立夫（東洋大学）
　中島 春紫（明治大学）
　中村　聡（東京工業大学）
　能木 裕一（海洋研究開発機構）

（五十音順）

本書を発行するにあたって，内容に誤りのないようできる限りの注意を払いましたが，本書の内容を適用した結果生じたこと，また，適用できなかった結果について，著者，出版社とも一切の責任を負いませんのでご了承ください．

本書は，「著作権法」によって，著作権等の権利が保護されている著作物です．本書の複製権・翻訳権・上映権・譲渡権・公衆送信権（送信可能化権を含む）は著作権者が保有しています．本書の全部または一部につき，無断で転載，複写複製，電子的装置への入力等をされると，著作権等の権利侵害となる場合があります．また，代行業者等の第三者によるスキャンやデジタル化は，たとえ個人や家庭内での利用であっても著作権法上認められておりませんので，ご注意ください．

本書の無断複写は，著作権法上の制限事項を除き，禁じられています．本書の複写複製を希望される場合は，そのつど事前に下記へ連絡して許諾を得てください．

出版者著作権管理機構
（電話 03-5244-5088，FAX 03-5244-5089，e-mail：info@jcopy.or.jp）

JCOPY ＜出版者著作権管理機構 委託出版物＞

はしがき

Observation concerning little animals observed in rain-, well-, sea- and snow-water. 1677, Antony van Leewenhock.

"雨水，井戸水，海水，雪の溶けた水の中に見られた小さな生き物の観察"これは，レーウェンフックが顕微鏡を発明し，その観察結果をロンドンの王立協会に報告したときの一節である．

微生物が関与したものとしてまず最初に挙げられるものに，古くからわれわれが食べている多くの食品がある．古代エジプトの「死者の書」にビールの作り方の記述が，また旧約聖書の出エジプト記の中にエジプトからの脱出があまりにも急でパン種をもって逃げることができなかったため，しばらくパンがうまく焼けなかったという記述がある．日本でも味噌，醬油，酒など，多くの発酵食品がわれわれの文化の形成に役立っている．これらの発酵食品についての記述はすべて文学的なもので，他の分野の科学が古代から発展しているのと対照的である．

微生物が地球上に誕生したのは約38億年近くも前であることを考えると，ルイパスツールが有名な肉汁を入れたスワン首フラスコの実験を行い，「微生物は自然に発生するのではない」と証明したのは，ついこの間の1800年代の半ばごろのことであった．またアレキサンダーフレーミングが，たまたま実験中に混入した青カビがバクテリアを殺すのを見つけ，そこから最初の抗生物質であるペニシリンの発見をしたのは1928年のことである．ペニシリンの工業的生産は，工業微生物学はもちろんのこと遺伝学，生理学といった面で微生物学を大きく飛躍させた．さらに1957年日本で微生物によるグルタミン酸発酵法が確立され，代謝回路をコントロールすることによって数多くのアミノ酸，核酸の生産が工業的に行われるようになった．1973年の遺伝子組換え技術の報告，1977年のマクサムとギルバートによるウイルスのDNA配列の決定など，長い歴史をもった生命の暗号の解読もここ30年ほどのわずかな間になされた．その後の遺伝子組換え技術，遺伝子の解析の進歩については今更述べる必要もないくらい多くの発表と進歩が報告されている．

しかし遺伝子データが明らかになるにつれ，今まではわからなかった生体内の反応も数々報告されてきている．これらのことについてはこの本では細かいこと

はしがき

は述べていないので，興味のある読者は各章末にある参考書を読まれることをお勧めする．

近年，極限環境微生物学が急速に進みつつある．通常の土壌は 10^7 から 10^9 の微生物を含んでいるが，現在の技術ではわずかに1％から10％ぐらいしか分離することができない．少しずつ知識は広がってはいるが，まだまだ地球上には知られずに放置されている生命が数多くある．これらの未知の生命をどのようにして死滅から守り，保存して次の世代に伝えていくかがわれわれに課せられた使命である．

基礎科学は人類にとっての共通語といってもよい．私たちは基礎科学という共通語を用いて自然と対話し始めたばかりである．科学は，一枚の白い紙のようなものである．もしピカソがこの白い紙の上に色をつけたとすると，紙は変じて絵となる．ベートーベンが書けば紙は音楽となりうる．結論として，私は，微生物学者が微生物と対話する方法を知れば，白い紙の上に新しいバイオテクノロジーを描き発展させるチャンスを手にすることができるだろうと信じる．目の前を過ぎ去っていく幸運の女神をいち早く見つけ，そしてためらわずに飛びつく．そのためには真の芸術家がもっているような研ぎすまされた感性，そしてとにかくやってみようというチャレンジ精神が不可欠ではなかろうか．

日本学士院賞授賞ののちに　掘越　弘毅

目 次

Chapter 1　微生物学の概論と歴史　　　　　　　　　　　井上　明

 1.1　微生物の誕生 …………………………………………………… 2
 1.2　人類と微生物のかかわり ……………………………………… 3
 1.3　微生物世界の発見 ……………………………………………… 4
 1.4　微生物培養法の発達 …………………………………………… 6
 1.5　微生物学の発達 ………………………………………………… 9
 1.6　微生物の自然環境における役割 ……………………………… 10
   1.6.1　炭素の循環　　10
   1.6.2　窒素の循環　　11
 演習問題………………………………………………………………… 13

Chapter 2　顕微鏡と細胞の構造　　　　　　　　　　　　宇佐美　論

 2.1　顕　微　鏡 ……………………………………………………… 16
   2.1.1　光学顕微鏡　　16
   2.1.2　電子顕微鏡　　17
 2.2　微生物の全体像（細胞構造の概観）………………………… 18
   2.2.1　原核細胞　　18
   2.2.2　真核細胞　　20
 2.3　細胞の形（原核細胞）………………………………………… 21
 2.4　細胞壁・細胞膜の構造と機能 ………………………………… 22
   2.4.1　細胞壁　　22
   2.4.2　細胞膜　　23
 2.5　細胞の中のDNA ……………………………………………… 24
 2.6　細胞の運動（鞭毛と走性）…………………………………… 25
   2.6.1　鞭　毛　　25
   2.6.2　走　性　　25

2.7　胞子（内生胞子）について …………………………… 26
　　　演習問題……………………………………………………… 27

Chapter 3　微生物の生育のための栄養素，培養法，エネルギー代謝　　　伊藤　政博

　3.1　培地，微生物の培養法 …………………………………… 30
　　　3.1.1　培地について　　30
　　　3.1.2　滅菌操作　　32
　　　3.1.3　有用微生物の分離方法：集積培養　　33
　　　3.1.4　植菌と単コロニー分離　　33
　　　3.1.5　培養方法：液体培養用容器およびフタ　　35
　3.2　エネルギー論（代謝）……………………………………… 36
　　　3.2.1　生体におけるエネルギー転換反応　　37
　　　3.2.2　プロトン駆動力　　38
　　　3.2.3　発酵と基質レベルのリン酸化　　38
　3.3　呼吸と電子伝達系 ………………………………………… 39
　　　3.3.1　電子伝達物質について　　40
　　　3.3.2　ミトコンドリアにおける電子伝達系の概要　　43
　　　3.3.3　細菌における電子伝達系についての概要　　44
　3.4　物質輸送（細胞膜を介した物質（栄養素）の輸送）……… 45
　3.5　無機物酸化によるエネルギー獲得系 …………………… 47
　　　演習問題……………………………………………………… 48

Chapter 4　微生物の生育と条件　　　清水　範夫

　4.1　生育と分裂 ………………………………………………… 52
　4.2　増殖曲線 …………………………………………………… 52
　4.3　生育の測定法 ……………………………………………… 55
　　　4.3.1　標準平板希釈法　　55
　　　4.3.2　血球計算盤法　　55
　　　4.3.3　濁度測定法　　56
　　　4.3.4　乾燥重量測定法　　56
　　　4.3.5　コールターカウンタ法　　56

		4.3.6 フローサイトメトリ法 ………………………………… 56
4.4	連続培養（ケモスタット） ……………………………………………… 57	
4.5	生育に影響を与える環境因子 ……………………………………… 59	
	4.5.1 温度が生育に与える影響（低温，高温）　59	
	4.5.2 pH が生育に与える影響（低 pH，高 pH）　60	
	4.5.3 浸透圧が生育に与える影響　61	
	4.5.4 酸素濃度が生育に与える影響　63	
4.6	生育に必要な栄養物質 ………………………………………………… 63	
	4.6.1 炭素源，窒素源　64	
	4.6.2 無機塩　64	
	4.6.3 生育因子　64	
演習問題 …………………………………………………………………………… 65		

Chapter 5　代謝とその調節　　　　　　　　　　　　　　中村　聡

5.1	異化と同化 …………………………………………………………………… 68
5.2	糖質の代謝 …………………………………………………………………… 68
	5.2.1 糖質の分解　69
	5.2.2 糖質の生合成　75
5.3	脂質の代謝 …………………………………………………………………… 76
	5.3.1 脂質の分解　77
	5.3.2 脂質の生合成　79
5.4	アミノ酸の代謝 …………………………………………………………… 80
	5.4.1 アミノ酸の分解　83
	5.4.2 アミノ酸の生合成　84
	5.4.3 アミノ酸を材料とする生体物質　84
5.5	ヌクレオチドの代謝 …………………………………………………… 85
	5.5.1 ヌクレオチドの分解　85
	5.5.2 ヌクレオチドの生合成　86
5.6	代謝の調節 …………………………………………………………………… 88
演習問題 …………………………………………………………………………… 89	

目　次

Chapter 6　細菌遺伝学　　　　　　　　　　　　　　　　　　　河合　良夫

- 6.1　突然変異　…………………………………………………………… 92
  - 6.1.1　栄養要求突然変異　　92
  - 6.1.2　条件致死突然変異　　94
  - 6.1.3　突然変異の分子機構　　94
- 6.2　遺伝的組換え　……………………………………………………… 95
  - 6.2.1　相同組換え　　96
  - 6.2.2　部位特異的組換え　　96
- 6.3　プラスミド　………………………………………………………… 98
  - 6.3.1　プラスミドの伝達性　　98
  - 6.3.2　複製メカニズム　　99
  - 6.3.3　コピー数　　99
  - 6.3.4　プラスミドの不和合性　　100
- 6.4　バクテリオファージ　……………………………………………… 100
  - 6.4.1　ヴィルレントファージ　　100
  - 6.4.2　テンペレートファージ　　101
- 6.5　接　　合　………………………………………………………… 102
  - 6.5.1　F 因子と Hfr 株　　103
  - 6.5.2　DNA の移行　　104
- 6.6　遺伝子地図　……………………………………………………… 105
- 演習問題 …………………………………………………………… 106

Chapter 7　分子生物学　　　　　　　　　　　　　　　　　　　工藤　俊章

- 7.1　遺伝子と遺伝子発現 ……………………………………………… 108
- 7.2　DNA の構造 ……………………………………………………… 110
- 7.3　DNA の複製 ……………………………………………………… 113
- 7.4　遺伝子操作 ………………………………………………………… 115
- 7.5　RNA 合成，転写，ポリメラーゼ，σ因子など ………………… 120
- 7.6　タンパク質合成 …………………………………………………… 122
- 7.7　遺伝子コード，翻訳 ……………………………………………… 124
- 7.8　遺伝子発現の制御 ………………………………………………… 127
- 演習問題 …………………………………………………………… 130

Chapter 8　微生物進化と分類学　　　　　　　　　　　　能木　裕一

- 8.1　初期生命 ………………………………………………………… 132
  - 8.1.1　元素から有機体に　　132
  - 8.1.2　生命誕生の仮説　　133
- 8.2　RNA ワールド・タンパク質ワールド ………………………… 134
  - 8.2.1　RNA ワールド仮説　　134
  - 8.2.2　タンパク質ワールド仮説　　135
  - 8.2.3　RNP ワールド仮説　　135
  - 8.2.4　始原微生物から真核生物へ　　136
- 8.3　進化を調べる方法：16S rRNA 配列など …………………… 138
  - 8.3.1　分子進化　　138
  - 8.3.2　16S または 18S rRNA 配列による進化系統解析　　139
  - 8.3.3　塩基配列データの解析　　140
- 8.4　クラシックシステマチック分類法 …………………………… 142
  - 8.4.1　形態観察　　142
  - 8.4.2　培養や生理試験による同定　　143
  - 8.4.3　命名法　　144
- 8.5　微生物分類学に対する新しい研究法 ………………………… 145
  - 8.5.1　DNA を用いた同定　　145
- 演習問題 ……………………………………………………………… 148

Chapter 9　古　細　菌　　　　　　　　　　　　　　　　亀倉　正博

- 9.1　古細菌の発見 …………………………………………………… 150
  - 9.1.1　ウース教授の情熱　　150
  - 9.1.2　古細菌の発見　　152
  - 9.1.3　三生物間の系統関係　　153
- 9.2　古細菌の特徴 …………………………………………………… 155
  - 9.2.1　細胞表層　　155
  - 9.2.2　分子シャペロン　　155
  - 9.2.3　翻訳後修飾　　156
- 9.3　古細菌の膜脂質 ………………………………………………… 156

　　　　9.3.1　骨　格　　　157
　　　　9.3.2　構　造　　　157
　　　　9.3.3　分　布　　　158
　9.4　メタン生成古細菌 …………………………………………………… 158
　　　　9.4.1　メタンと環境　　　160
　　　　9.4.2　22番目のアミノ酸ピロリシン　　　161
　　　　9.4.3　35億年前のメタン生成古細菌の証拠を発見　　　161
　9.5　好塩性古細菌 ………………………………………………………… 162
　　　　9.5.1　分離源　　　162
　　　　9.5.2　好塩性古細菌の特徴点　　　163
　9.6　好熱性古細菌 ………………………………………………………… 164
　　　　9.6.1　種　類　　　164
　　　　9.6.2　好熱性古細菌のタンパク質　　　166
　　　　9.6.3　非極限環境の古細菌　　　167
　9.7　古細菌の染色体構造 ………………………………………………… 168
　　　　9.7.1　複製起点　　　169
　　　　9.7.2　イントロンとインテイン　　　169
　　演習問題 ……………………………………………………………………… 171

Chapter 10　真核微生物　　　　　　　　　　　　　　　　　石井　正治

　10.1　真核微生物の多様性（真核藻類，原生動物，真菌）………… 176
　　　　10.1.1　真核藻類　　　176
　　　　10.1.2　原生動物　　　178
　　　　10.1.3　真　菌　　　178
　10.2　真核生物の概観（形態，構造など）……………………………… 181
　10.3　真核微生物の細胞分裂（細胞周期）……………………………… 183
　10.4　細胞内小器官および役割 ………………………………………… 185
　10.5　細胞内輸送系 ……………………………………………………… 188
　　演習問題 ……………………………………………………………………… 191

Chapter 11 微生物ゲノム 工藤　俊章

- 11.1 ゲノムの姿 ……………………………………………………… 195
- 11.2 ゲノムの解析 …………………………………………………… 199
  - 11.2.1 大腸菌のゲノム　199
  - 11.2.2 出芽酵母のゲノム　200
- 11.3 トランスクリプトーム，プロテオーム，メタボローム ………… 201
  - 11.3.1 トランスクリプトーム　201
  - 11.3.2 プロテオーム　204
  - 11.3.3 メタボローム　206
- 11.4 微生物学とゲノム情報 ………………………………………… 206
  - 11.4.1 ゲノム情報科学　206
  - 11.4.2 システム生物学　207
  - 11.4.3 機能ゲノム学　207
- 演習問題 ……………………………………………………………… 209

Chapter 12 代謝多様性 中島　春紫

- 12.1 光合成 …………………………………………………………… 212
  - 12.1.1 生物のエネルギー源と炭素源　212
  - 12.1.2 酸素発生型の光合成　213
  - 12.1.3 酸素非発生型の光合成　217
- 12.2 CO_2 固定 ……………………………………………………… 219
  - 12.2.1 4種類の CO_2 固定経路　219
  - 12.2.2 カルビン回路以外の CO_2 固定経路　219
- 12.3 水素，硫黄，鉄の酸化 ………………………………………… 220
  - 12.3.1 水素の酸化　220
  - 12.3.2 硫黄の酸化　221
  - 12.3.3 鉄の酸化　222
- 12.4 嫌気呼吸 ………………………………………………………… 223
  - 12.4.1 酸素以外の電子受容体を用いる呼吸　223
  - 12.4.2 種々の嫌気的呼吸　224
- 12.5 硝化作用，硝酸還元と脱窒素反応 …………………………… 225

目　次

　　　　12.5.1　硝化作用　225
　　　　12.5.2　硝酸還元と脱窒　227
　12.6　メタン生成 ··· 229
　　　　12.6.1　メタン発酵　229
　　　　12.6.2　メタン生成細菌　230
　　　　12.6.3　メタン生成過程　230
　12.7　窒素固定 ··· 231
　　　　12.7.1　シアノバクテリウムによる窒素固定　231
　　　　12.7.2　根粒菌による窒素固定　234
　演習問題 ··· 236

Chapter 13　微生物生態学　　　　　　　　　　　能木　裕一

　13.1　環境と微生物 ·· 240
　　　　13.1.1　極限環境の微生物　240
　　　　13.1.2　環境浄化と微生物　242
　13.2　深海に生きる微生物 ·· 243
　　　　13.2.1　高水圧　243
　　　　13.2.2　低温または超高温　244
　　　　13.2.3　暗黒　246
　13.3　熱水噴出孔の微生物 ·· 247
　　　　13.3.1　熱水噴出孔の発見　247
　　　　13.3.2　熱水噴出孔の微生物　249
　13.4　地殻に生きる微生物 ·· 249
　　　　13.4.1　地殻内微生物　249
　13.5　培養が難しい微生物 ·· 252
　　　　13.5.1　培養方法がわからない微生物　252
　　　　13.5.2　培養に非常に時間のかかる微生物　253
　演習問題 ··· 254

Chapter 14　微生物と水処理　　　　　　　　　　　　　　　　　角野　立夫

14.1　微生物の概要（浄化微生物）……………………………………… 256
14.2　汚水処理 ……………………………………………………………… 257
　　　14.2.1　汚水処理技術の経緯　　257
　　　14.2.2　好気処理　　258
　　　14.2.3　嫌気処理　　263
14.3　飲料水の汚染と殺菌 ………………………………………………… 263
14.4　水由来の病気（感染症）…………………………………………… 265
14.5　難分解性物質の除去など …………………………………………… 265
　　演習問題 …………………………………………………………………… 266

Chapter 15　食物保存と微生物汚染　　　　　　　　　　　　　　指原　信廣

15.1　食物の保存と微生物の生育 ………………………………………… 270
　　　15.1.1　微生物の生育因子　　270
15.2　食物の悪変 …………………………………………………………… 275
15.3　食　中　毒 …………………………………………………………… 276
15.4　食物保存の原理と方法（低温，加熱，食塩添加など）………… 278
　　　15.4.1　低温保存　　278
　　　15.4.2　その他　　279
　　演習問題 …………………………………………………………………… 280

Chapter 16　産業用微生物とその応用　　　　　　　　　　　　　伊藤　進

16.1　アルコール …………………………………………………………… 283
　　　16.1.1　アルコール発酵菌　　283
　　　16.1.2　アルコールの製造法　　284
16.2　食　　　酢 …………………………………………………………… 285
　　　16.2.1　酢酸発酵菌　　286
　　　16.2.2　食酢の製造法　　286
　　　16.2.3　酢酸発酵に関与する酵素　　287
16.3　核酸発酵 ……………………………………………………………… 287
　　　16.3.1　製造法　　288

16.4 アミノ酸発酵 ………………………………………………………… 289
　　16.4.1　アミノ酸発酵の例　　289
16.5 クエン酸 ……………………………………………………………… 290
16.6 ビタミン類 …………………………………………………………… 291
16.7 シクロデキストリン ………………………………………………… 292
　　16.7.1　シクロデキストリン合成酵素生産菌　　292
　　16.7.2　シクロデキストリン製造法　　293
　　16.7.3　用　途　　293
16.8 抗生物質 ……………………………………………………………… 294
　　16.8.1　抗生物質生産菌　　294
　　16.8.2　抗生物質の作用機作　　294
16.9 パン製造 ……………………………………………………………… 295
16.10 発酵乳製品 …………………………………………………………… 296
　　16.10.1　発酵乳系乳酸菌　　296
　　16.10.2　腸管系乳酸菌　　297
　　16.10.3　乳酸発酵食品（乳酸菌）の効用　　297
16.11 産業用酵素 …………………………………………………………… 299
　　16.11.1　洗剤用酵素　　300
　　16.11.2　酵素製造法　　302
16.12 今後の展望と課題 …………………………………………………… 302
　演習問題 ………………………………………………………………… 303

演習問題解答 ……………………………………………………… 305

索　引 ……………………………………………………………… 319

Chapter 1
微生物学の概論と歴史

　微生物は，自然科学の発展や人間社会の繁栄に大きな貢献を果たしてきた．しかし，私たちはこの身近な微生物について，どの程度理解しているだろうか．どのように地球上に誕生したのか，いかにして微生物は発見されたのか．人間社会とのかかわり合いは，いつどのようにして起こったのか．どのように微生物を利用してきたか，あるいはいかに微生物の脅威を克服したのか．また，地球環境にとって微生物の役割とは何か．本章では，微生物の誕生から，人間とのかかわりに至る微生物の歴史をたどる．また，あまり知られていない微生物の地球環境への働きについても述べる．

Chapter 1

微生物学の概論と歴史

1.1 微生物の誕生

　微生物は，成層圏から地球上の至るところに生息し，現在では，予想もしなかった地表下数千 m のところでも生きていることがわかっている．微生物は人間の目には見えない微小な生き物である．大部分の微生物は細胞1個の大きさが1ないし数 μm であるが，カビ類や藻類のように比較的大きいものから，細菌やリケッチアのような非常に小さいものもある．さらに，電子顕微鏡を使わないと観察できないウイルスもいる．これらの微生物は，いつごろどのようにして誕生したのだろうか．

　地球上に最初に現れた生物は単細胞の微生物であったといわれている．地球は太陽系の惑星として約46億年前に誕生したといわれる．原始の地球上は，水素，メタン，一酸化炭素などの原始大気で覆われ，太陽からの強い紫外線や宇宙線にさらされた環境であった．このような原始環境下で，化学物質の反応が進み，生体成分のもとになるアミノ酸や有機酸などが合成されて，生命誕生への準備が進んだと考えられている（化学進化説[*1]）．地球最初の生物といわれる原始微生物は，約35億年前の地層から微化石として発見されている（図1.1）．

　そのころの地球大気は，二酸化炭素と窒素がほとんどで酸素が存在せず，強烈な紫外線や温度変化の厳しい環境であり，生命活動は困難であったと推測される．したがって，最初の原始生命は酸素を必要としない嫌気性生物で，少しでも紫外線の届かない原始海洋中で生まれたと考えられる．その後，約27億年前頃に酸素発生型の光合成微生物の出現により，大気中の酸素が少しずつ蓄積するに従い，酸素を必要とする好気性の生物が出現し始め，多様な生物が生存可能な生物圏が形成されるようになった．

　原始微生物が地球上に出現して約38億年が経ち，生物界はさまざまな生物進化

[*1] 化学進化説：地球上の生命は，最初単位分子であるアミノ酸，核酸塩基，糖などの有機分子が生成し，次に生物の構成成分であるタンパク質や核酸などが組織化した過程を経て，原始生命が誕生したとする説．

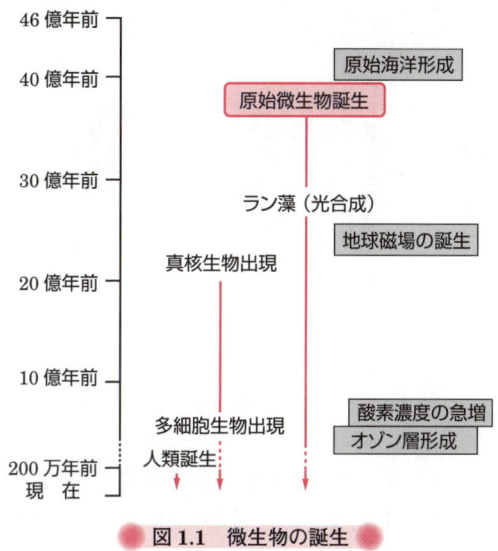

図 1.1　微生物の誕生

を遂げ，動物，植物，原生動物（微生物）に大きく分かれているが，微生物の性質はほかの生物界とは比較にならないほど多様性に富んでいる．現在，微生物は地球上の海洋，陸上，地殻内，大気から動物の体内まで，しかも高温，低温，アルカリ性，高圧などの生物の生存が厳しい極限環境下（火山，温泉，氷中，深海など）の至るところに生息している（極限微生物：extremophile → Chapter 13）．地球上は微生物で満ちあふれている．さらに，生命誕生の軌跡を求めて火星探査，木星のエウロパ探査など地球外生命探査が始まっている．この広い宇宙のかなたに原始生命が今も誕生しているかもしれない．

1.2　人類と微生物のかかわり

　古代から，人々は微生物の存在をまったく知らなかったにもかかわらず，経験的に微生物を利用してきた．日本でも西洋でも酒の起源は神話の時代にさかのぼる．古事記には米を噛んで桶に入れ，水に浸した後，加温して造ったといわれる．また，古代のエジプト人は，ビールやブドウ酒は死者の神オシリスから授かったものと信じられていた．紀元前3000年頃には，メソポタミアのバビロニア人はすでにビールを製造し，旧約聖書の"創世記"にはワインの飲用が記されている（図 1.2）．

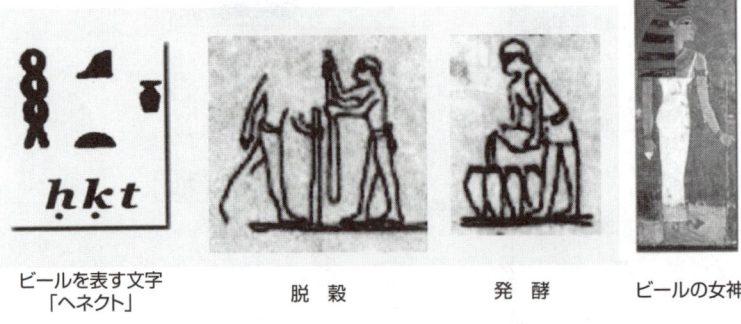

| ビールを表す文字「ヘネクト」 | 脱穀 | 発酵 | ビールの女神 |

図 1.2 古代エジプト人のビール造り（ニアンククヌムとクヌムヘテプの墳墓壁画）

　また猿酒は，猿が取ってきた果実や木の実などの食べ残しがいつしか発酵してできた．小麦粉をこねたものを発酵させ，焼いて作った古代のパン，また**乳酸発酵**（→16.10節）によってできたヨーグルトなどは，いずれも微生物を自然発酵の形で利用したものである．ブドウ酒はブドウをすりつぶして放置すると，しばらくして泡が発生し芳香のあるブドウ酒ができてくる．ブドウ以外の果物，例えばリンゴを使った場合はブドウ酒のように自然にリンゴ酒はできない．一体，この違いは何によるのであろうか．それはブドウ果実の表面に付着した多くのブドウ酒酵母の働きによるものである．また，納豆も煮大豆をわら俵の中に保存していたときに，豆が糸状物質を引いていたのが始まりといわれる．わらに枯草菌の一種である納豆菌が多く付着していたためである．いずれも自然環境の中から混入した微生物の働きによって作られたものであるが，目に見えない作用であるために，微生物のしわざとわかるには微生物が発見されるまで待たなければならなかった．

1.3　微生物世界の発見

　微生物は地球上で最初に現れた生物であるにもかかわらず，長い間その存在は知られていなかった．それは，その大きさが肉眼では見ることができないほど小さかったためである．17世紀に入って，初めて微生物の存在が明らかにされた．微生物の最初の発見者は，オランダの公務員であったレーウェンフック（A. van Leeuwenhoek）で，自らの作った顕微鏡によって微生物を初めて詳細に観察し，

1684年にロンドンの王立協会に微生物の観察記録の論文を寄稿した．「歯垢中の動物の顕微鏡的観察」という論文の中に，さまざまな微生物の形態的特徴をとらえたスケッチが見られる（図1.3）．レーウェンフックの観察はきわめて正確で，虫歯菌と見られる球菌や運動性をもつ桿菌などが描写されている．レーウェンフックの使った顕微鏡は，約50～300倍の低倍率のものであり，今日使用されている複合光学顕微鏡の約1/3以下の性能であった．観察の試料として歯垢を使い，それを自然の蒸留水ともいうべき雨水に懸濁して雑菌の混入を最小限に抑えた，口腔微生物に関する生態観察の初の記録であった．レーウェンフックの顕微鏡は，ほぼ球状のレンズが2枚の金属板の間にセットされ，観察しようとする試料はレンズの後ろに取り付けられたピンの先に置かれた，われわれのなじみ深い虫眼鏡とは異なったものであった．今日，レーウェンフックの製作した顕微鏡は数個残っている．彼は微生物の観察ばかりでなく，植物の種子および胚，小さな無脊椎動物の微細構造の観察記録，さらに精子と赤血球を発見しているが，最大の功績は微生物の発見により生物学に新しい世界を開いたことである．微生物を"animalcule"，すなわち小動物と呼び，主な単細胞生物である原生動物，藻類，酵母，および細菌のすべてが

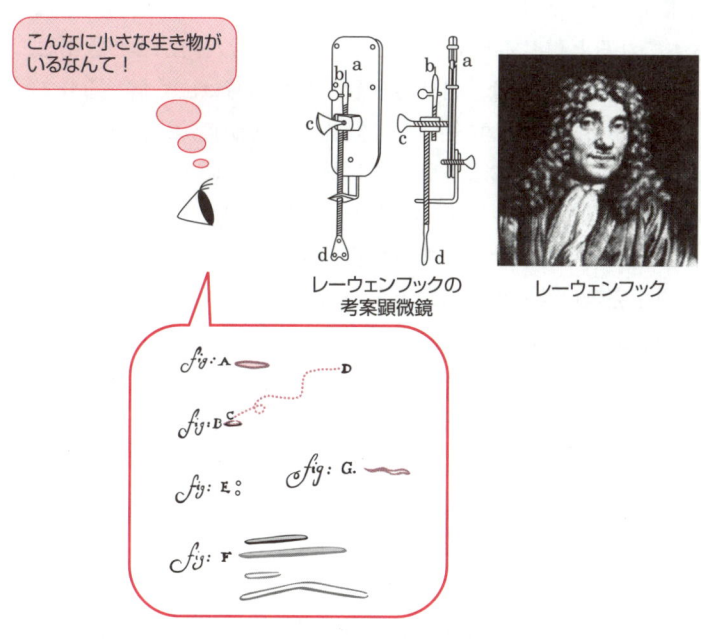

図1.3　レーウェンフックの微生物のスケッチ

レーウェンフックにより最初に記載されていた．その観察は非常に正確で，微生物の世界が変化に富むことに加え，微生物の数が信じられないほど多いことも報告している．その後，いろいろな試料の観察を続け91歳の長寿をまっとうした．彼の死後，小さいレンズや高倍率の顕微鏡の製作の困難さもあり，1世紀以上それほど進展がなかった．また，微生物がどのような働きをするか，さらに発酵現象，食品腐敗，伝染病などと深いかかわりをもつことが明らかになるまで，さらに180年もの長い年月が必要であった．

1.4　微生物培養法の発達

　人間の眼に見えない微生物は，レーウェンフックの顕微鏡観察により微小生物として初めて紹介されたが，長い間微生物の研究はほとんど進展しなかった．科学者達の興味は微生物の存在よりも，それらがどのように発生するかに集中した．当時，生物の個体発生説には二つの学派が存在した．一つは小動物は無生物から自然に生じると信じる学派，もう一つは空中にいつも存在する小動物の"たね"または"卵"から生まれると信じる学派である．ハエは腐った肉からわき出し，ネズミは泥土から生じるという信念は，自然発生説として当時は広く信じられていた．生物についての知識が蓄積されるに従って，動物や植物が自然には発生しない否定的実験が示されつつあった．このようなときに発見された微生物は，まさに自然発生する代表的な生物の見本であると考えられた．透明な肉汁を放置しておくと微生物の繁殖によって濁っていく現象は，まさに自然発生説を証明するものであった．

　自然発生説を完全に覆したのは，有名なスワン形フラスコを用いて実験したパスツール（L. Pasteur）であった（図 1.4）．パスツールは最初に，空気中で顕微鏡的に観察される"微小生物体"の存在をろ過材を用いて証明した．次に白鳥（スワン）の首の形をした細いガラス管の伸びたフラスコを使うことにより，空気中の"微小生物体"はその管を通して上がっていけず，フラスコ内の肉汁は煮沸しておけば密閉されていなくとも腐敗しないことを確かめた．フラスコの首を折ると，肉汁は腐敗する．生物の新しい生命は，生物自身から生まれることが初めて証明されたのである（図 1.5）．

　パスツールは，微生物による発酵現象を明らかにした最初の開拓者でもあった．当時フランスでは，アルコール発酵中に酸敗しアルコール製造がうまくいかない

1.4 微生物培養法の発達

図 1.4 パスツール

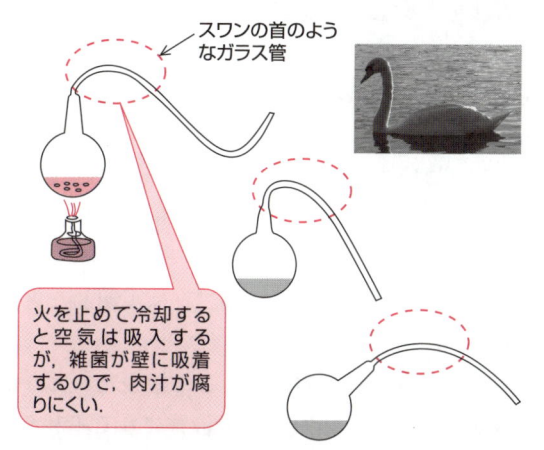

図 1.5 パスツールのフラスコ

問題があった．そこでアルコール製造業者からその原因解明を依頼され，正常な発酵液中には球状の酵母を，酸敗した発酵中にはそれよりも小さい棒状の微生物の存在を見い出した．その原因として，アルコール発酵を起こす微生物（酵母）と乳酸発酵を進める微生物（乳酸菌）が異なることを突き止めたのである．発酵現象が特定の物質を生成蓄積する能力をもつ微生物作用であることを発見したことは，パスツールの最大の研究業績である．

このほかに，パスツールは食品の腐敗防止に大きな貢献をしている．そのころ，フランスのワイン製造工場でしばしばワインが酸っぱくなる問題が起こっていた．パスツールはその原因が酢酸菌による酢の生成によること，これを防ぐにはワインを低温加熱（55℃）すればよいことを発見した．食品の腐敗は微生物作用により起こることや加熱により微生物の繁殖を抑えられることを示した．この**低温滅菌法**[*2]は，パスツリゼーション（pasteurization）法と呼ばれ，現在も食品の滅菌法として広く採用されている．

このパスツールと並んで，医学細菌学の分野において活躍していたのがドイツの微生物研究者コッホ（R. Koch）であった（**図 1.6**）．当時微生物の培養は多くの微生物が混在した状態で，単一微生物を培養することは困難であった．コッホは微生物の単離法として，肉エキスなどの透明な培養基にゼラチンを加えて固形培地を作

[*2] 低温滅菌法：ミルクや食物中の病原体，あるいは汚染微生物を殺菌するために，100℃以下の熱処理で行う滅菌方法．現在，ミルクの滅菌には72℃，15秒の熱処理が行われている．

Chapter 1 微生物学の概論と歴史

る方法を考案し，ヨーロッパ全土に流行していた家畜の炭疽菌をはじめ，コレラ菌や結核菌を次々と発見した．微生物の培養に固形培地を用いると，微生物は液体培地のように混ざり合うことなく，独立の**集落**[*3]（コロニー）として微生物を分離し（図 1.7），混在する多くの微生物から目的の単一微生物種を得ることができたのである．微生物学の発展において，微生物の単一培養（**純粋培養**[*4]）は画期的な方法であった．

図 1.6　コッホ

また，ゼラチンは固形剤として微生物により消化や液化されたり，30℃以上で液体になる不利な点があった．これらの欠点を補う固形剤としてやがて寒天が導入された．寒天は 100℃で溶解し 44℃以下で固化するので，微生物が培養できるすべての温度範囲で使用でき，寒天ゲルは硬く透明である．しかもある種の微生物を除いて液化（分解）の問題はほとんどない．寒天ゲルは微生物研究の分野で現在広く利用されている．

このようにパスツールとコッホという偉大な先駆的微生物学者により，近代微生物学研究の基礎が築かれた．

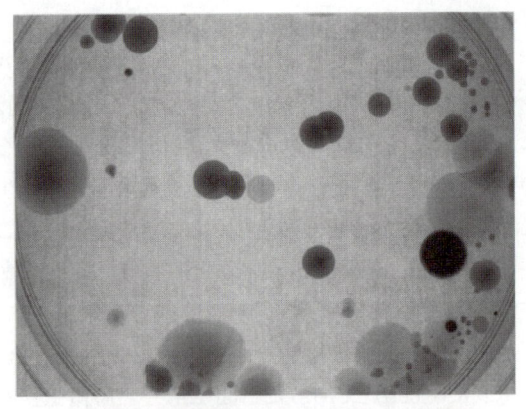

図 1.7　微生物の集落（コロニー）

[*3] 集落：単一の微生物細胞が，培養容器や固体培地の表面または内部に独立した集団として生育したもの．
[*4] 純粋培養：多種の微生物の中から単一種類の微生物のみを分離して，液体培地あるいは固体培地にて微生物の増殖を行うこと．

1.5　微生物学の発達

　レーウェンフックの顕微鏡による微生物の観察，パスツールによる自然発生説の否定，コッホによる純粋培養法の確立により，感染症の病原菌が次々と発見され，新しい微生物学が本格的にスタートした．微生物作用の知識をさらに進展させたのは，ブフナー（H. Buchner）の偶然の発見であった（1897年）．医薬用の目的でビール酵母細胞に等重量の砂と少量の珪藻土を加えてすりつぶした後，生きた細胞を含まない酵母抽出液を作り，保存の目的で大量のショ糖を添加しておいたところ，炭酸ガスが発生しアルコールが生成された．この活性は50℃の加熱処理によって失活したので，酵素の作用によるものと考えてチマーゼと命名した．アルコール発酵能のある可溶性の酵素が発見された．この発見以来，微生物によって起こる生化学反応は，すべて酵素の働きであることが明らかになり，酵素の研究が注目されるようになった．ブフナーの発見は近代生化学の開始を告げるものであった．これらの研究は，酵母だけでなく微生物一般における代謝作用である解糖系（エムデン・マイヤーホフ・パルナス経路→ 5.2.1項〔1〕）の確立などへと広がっていった．

　このころ，医学分野では日本人の活躍が目覚ましかった．ドイツ留学中にコッホに師事した北里柴三郎は，1889年に破傷風菌を発見し，その純粋培養に成功した翌年には破傷風の血清療法を開発した．志賀潔は伝染病研究所時代に，当時東京地方に流行した赤痢患者の糞便から赤痢菌を発見した（1898年）．秦佐八郎はフランス留学中に，梅毒菌スピロヘータの化学療法剤サルバルサンを発見した（1910年）．

　一方，微生物生産物研究として，ペニシリンやストレプトマイシンなどの抗生物質の発見は，細菌性疾患の治療薬として革命的貢献をもたらした．今日までに抗生物質は細菌性疾患治療薬ばかりか制癌剤や植物抑制剤など多岐にわたっている．

　このように微生物学はパスツールの研究の発展として確立された学問となったが，1953年にワトソン（J. D. Watson）とクリック（F. H. C. Crick）によって発表されたDNAの二重らせん構造についての論文により，微生物学は新しい方向へ向かい始めた．これまでは細胞の生化学反応研究が中心であったが，酵素作用と特定の遺伝子の発現の調節から，細胞における諸反応過程の調節についての詳細研究が行われるようになった．さらに1970年代の中ごろに，組換えDNA技術（recombinant DNA technology）が開発・導入され，遺伝物質についての化学的

および生物学的研究を同時に行うことが可能となった．組換え DNA 技術はすでに多くの基礎生物学の解明，医学的に有用なインシュリンやヒト成長ホルモンなどのタンパク質の生産，発酵生産の改良に有効に利用されている．さらに前述以外の治療上有用なタンパク質の生産，発酵生産物の製造改良，およびヒトの遺伝的欠陥の発見と治療に応用が期待されている．

1.6　微生物の自然環境における役割

　微生物は，自然界でどんな働きをして，自然環境に対してどんな役割を果たしているのだろうか．自然界において，微生物は土壌中をはじめ，河川水，湖水，下水などの至る所に生息し，多種多様な微生物群が活動している．これらのいろいろな微生物群は，植物および動物が行うことのできない働きをしており，自然界における微生物の果たす役割は大きい．それらの役割のうち，地球全体から見て最も重要なものは物質循環への貢献である．

　生物は，生体を構成する物質や生命の維持に必要なエネルギーなどをすべて自然環境から取り入れて利用し，不要になったら再び自然界に排出している．再び生物に利用できるように，生物体を構成している炭素，窒素，リン，硫黄などの元素は，絶えず循環が繰り返されてある一定の量になるように保たれている．これらの物質循環に，微生物が大きくかかわっている．ここでは炭素と窒素の循環系について説明する．

1.6.1　炭素の循環

　大気中には約 0.03％の二酸化炭素が含まれている．この二酸化炭素は植物の光合成や光合成微生物の同化作用によって，炭水化物などの有機物に変換される．生成された有機物は，間接的あるいは直接的に多くの生物の炭素源やエネルギー源として利用されている．取り込まれた炭素化合物は呼吸や代謝によって，炭素は炭酸ガスとして大気中に放出される．また動植物の遺体や排泄物は微生物によって分解され，無機化される（図 1.8）．一方，微生物の中には，化学合成独立栄養微生物（chemoautotrophic bacteria → 12.1.1 項）のように，炭素源として二酸化炭素を利用して，増殖に必要なエネルギーを得ているものもいる．

　植物の一部は，長い年月の間に石油や石炭などの化石燃料に変換されて，燃料と

1.6 微生物の自然環境における役割

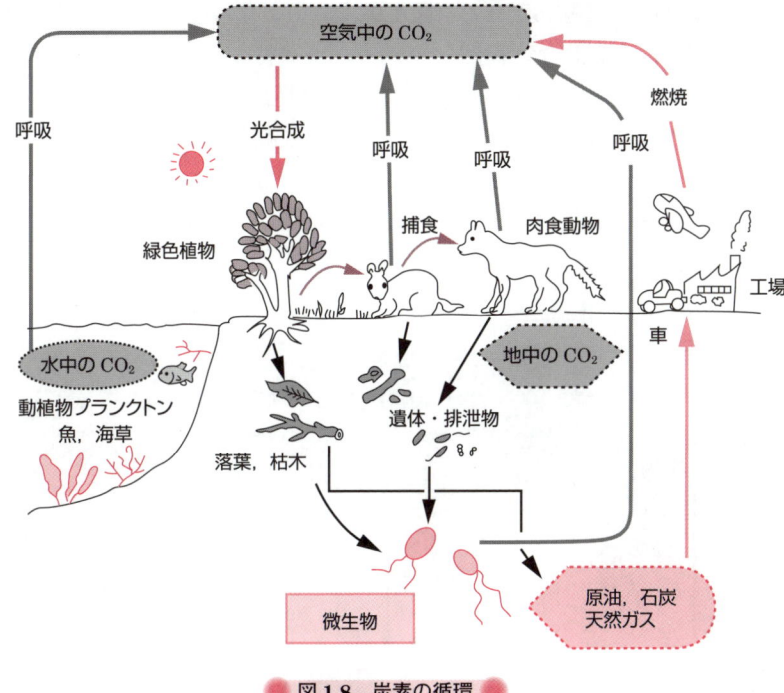

図 1.8 炭素の循環

(出典:村尾澤夫,他共著:くらしと微生物,共立出版,p.153(1997)を改変)

して利用され二酸化炭素として再び大気中に返される.

炭素は化合物の形を変えながら物質として循環している.このように自然界の炭素循環に微生物が大きな役割を果たしている.

1.6.2 窒素の循環

窒素は,大気中に窒素ガスとして約 79％も含まれている.動物はこれを直接利用できないが,マメ科植物の根粒菌や多くの窒素固定微生物は窒素を硝酸化合物として同化し,これを生体内で還元して利用している.また,生物の遺体や排泄物は微生物作用によって分解され,これらの窒素化合物はアンモニアに変換される.アンモニアはそのままでは,植物によって利用されないので,土壌中で生成されたアンモニアは亜硝酸細菌や硝酸細菌によって硝酸にまで酸化され,植物に吸収される.また一部の硝酸は,脱窒素細菌によって窒素ガスに還元され空気中に放出される(→ 12.5 節).さらに硝酸の一部は嫌気的条件下で種々の微生物によって,亜硝

酸を経てアンモニアに還元される（図 1.9）．このように微生物は窒素固定反応と遊離反応を行い，地球上の全窒素量のバランスを維持するのに役立っている．

　地球上において，微生物によってさまざまな物質循環が繰り返し行われているのを見ると，いかに自然環境における微生物が大きな役割を果たしているのかがわかる．物質循環は，炭素や窒素などに限られたことではなく，硫黄，リン，鉄，そのほかの元素，さらに人間活動による農薬，化学品などの合成有機化合物に対しても行われている．

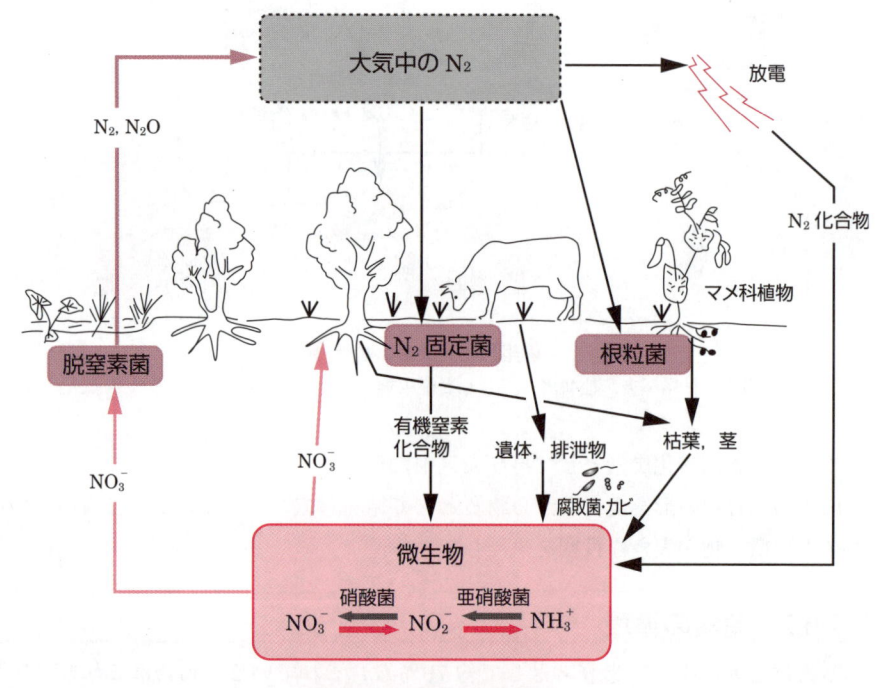

図 1.9　窒素の循環

（出典：村尾澤夫，他共著：くらしと微生物，共立出版，p.153（1997）を改変）

演習問題

Q.1 地球最初の原始微生物は，約38億年前の地層から微化石として発見されているが，当時の地球環境から考えてどのような性質の微生物であったかを説明せよ．

Q.2 微生物の自然発生に関する研究で，パスツールはどのような原理のフラスコを用いて行ったかを説明せよ．

Q.3 固体培養法は微生物学の発展にどのように寄与したかを説明せよ．

Q.4 固体培地の固形剤として用いられるゼラチンと寒天のそれぞれの長所と短所を説明せよ．

Q.5 自然界の窒素循環にどのように微生物が関与しているか説明せよ．

参考図書

1. 掘越弘毅，秋葉晄彦：絵とき微生物学入門，オーム社（1987）
2. 高橋 甫，斉藤日向，他共訳：微生物学，培風館（1978）
3. M. T. Madigan, J. M. Martinko and J. Parker 著，室伏きみ子，関 啓子 共訳：Brock 微生物学，オーム社（2003）
4. 村尾澤夫，藤井ミチ子，他共著：くらしと微生物，培風館（1997）

MEMO

Chapter 2
顕微鏡と細胞の構造

　一般に，微生物は非常に小さいので肉眼ではまったく見ることができず，その構造の観察には顕微鏡が不可欠である．17世紀にレーウェンフックにより，顕微鏡が考案された．当時の顕微鏡は，単レンズの簡単な顕微鏡で約50〜300倍ほどの倍率であったが，顕微鏡の発明により，それまで疑問視されていた微生物の存在が初めて確認された．その後，19世紀に性能の良い光学顕微鏡が，また20世紀に電子顕微鏡が開発されて，肉眼では見えない一般の細胞が光学顕微鏡で観察できるようになり，電子顕微鏡では細胞内の構造や生体膜の観察も可能になった．光学顕微鏡によって科学としての微生物学が発展し，電子顕微鏡の開発によって細胞内のメカニズム解明への道が切り開かれ，微生物学の進歩に大きく貢献した．
　本章では，光学顕微鏡および電子顕微鏡の原理と微生物の構造について説明する．

Chapter 2 顕微鏡と細胞の構造

2.1 顕微鏡

2.1.1 光学顕微鏡

　光学顕微鏡（light microscope）は対物レンズと接眼レンズという2枚の凸レンズを組み合わせたもので，拡大像を直接肉眼で観察することができる（**図2.1**）．光学顕微鏡の分解能[*1]は約 $0.2\,\mu m$（200 nm）である．光学顕微鏡の種類には，明視野顕微鏡，暗視野顕微鏡，位相差顕微鏡，蛍光顕微鏡などがある．明視野顕微鏡は一般的に使用される顕微鏡で，試料と周囲との明暗や色調の差（コントラスト）によって観察することができるが，色素をもたない試料などは区別がつきにくいので，コントラストを高めるために細胞内の特定の成分を特異的に染める色素（クリスタルバイオレット，サフラニンなど）を用いることもある．一般に染色によって細胞は死ぬので，それによる変化を最小限にするために固定という前処理をすることもある．また対物レンズと試料との間に高純度の光学油を入れて観察する方法（油浸法[*2]）が用いられる．暗視野顕微鏡は照明装置を改造し，暗い視野の中で試料が光って見えるようにしたものである．暗視野顕微鏡の分解能は明視野顕微鏡よりも高い．位相差顕微鏡は屈折率が異なる部分を通過した光線のずれ（位相差）を明暗の差にして識別するもので自然の色とは異なるが，染色の必要がないので細胞を生きたまま観察できるという利点がある．蛍光顕微鏡は試料が発する蛍光を可視化して観察するもので，石英の集光レンズと紫外線光源をもつ．葉緑素など天然の蛍光性物質の存在を確認することができるほか，試料を蛍光染料（アクリジンオレンジ，エチジウムブロマイドなど）で処理して観察することもでき，落射蛍光顕微鏡と透過蛍光顕微鏡などがある．

[*1] 分解能（resolving power）：顕微鏡で試料中の接近している2点を見分けることができる2点間の最短距離をいう．分解能が高いほど，微小なものの識別が可能である．
[*2] 油浸法：液浸法ともいう．油浸用に設計された対物レンズと試料との間に屈折率の高い透明な液体を入れてレンズの分解能を向上させる方法．

2.1 顕微鏡

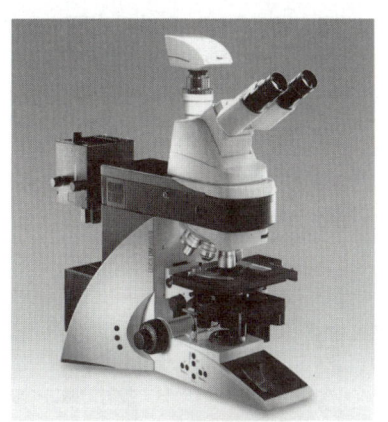

光学顕微鏡
（写真提供：ライカ マイクロシステム社）

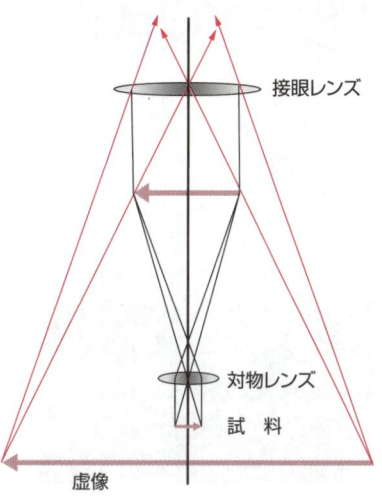

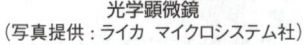

図 2.1　光学顕微鏡と原理

光学顕微鏡は 2 枚の凸レンズを組み合わせてできている．対物レンズが拡大した実像を接眼レンズでさらに拡大してできた虚像を観察する．拡大率＝接眼レンズの倍率×対物レンズの倍率．

2.1.2　電子顕微鏡

　電子顕微鏡（electron microscope）の登場によって，光学顕微鏡では見ることのできなかった細胞の微細構造などが観察できるようになった．倍率の限界は 10 万倍にまで高められ，さらに生体高分子の構造の研究が進展した．電子顕微鏡には**透過型電子顕微鏡**（TEM：transmission electron microscope）と**走査型電子顕微鏡**（SEM：scanning electron microscope）がある．透過型電子顕微鏡は試料を通過した電子線を蛍光スクリーンに結像させて可視像を得る（**図 2.2**）．電子顕微鏡の解像度は，約 0.0002 μm（0.2 nm）であり，電子線が通過できる試料は非常に薄くなければならないので，ウルトラミクロトームで切片を作るための高度な技術が必要とされ（厚さ 100 nm 以下の超薄切片），またコントラストをつけるために，切片を重金属を含む染料で処理する方法が開発された．走査型電子顕微鏡では，切片を作らずに試料の表面を重金属の薄い膜で覆って電子線を走査し，散乱される電子を集めて像として再現させる．観察できるのは試料の表面だけであるが，例えば細胞膜の表面に付着している粒子など，細かい凹凸を立体的に見ることができる．

Chapter 2　顕微鏡と細胞の構造

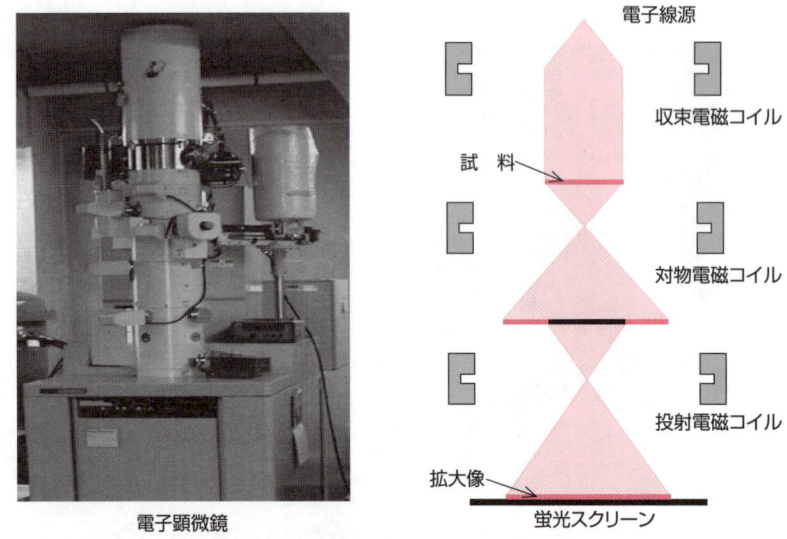

図 2.2　電子顕微鏡（透過型）と原理

電子顕微鏡は電子線を電磁石のレンズで屈折させて，拡大像をスクリーンに写して観察する．

2.2　微生物の全体像（細胞構造の概観）

顕微鏡を用いた研究により細胞の構造が明らかになった．細胞はすべての生物の生命の基本単位であり，外界からのバリアである**細胞膜**（cell membrane）によってそれぞれの細胞は独立している．細胞膜の外側には**細胞壁**（cell wall）と呼ばれる強い構造がある．各細胞内には，遺伝情報を担うデオキシリボ核酸（DNA）や生命活動に必要な生体高分子（核酸，タンパク質，糖質，脂質など），無機イオン，水などが含まれる．細胞は細胞膜を通して外界から化学物質を取り入れ，代謝によってそれを必要な形に変換したりエネルギーとして利用し，老廃物を外界に排出する．さまざまな代謝活動の結果，細胞は成長，分裂する．さらにそれが分化や進化につながっていく．細胞は，原核細胞と真核細胞に大きく分けることができる．

2.2.1　原核細胞

原核細胞（prokaryotic cell）は真核細胞に比べると簡単な構造をしており，内

2.2 微生物の全体像（細胞構造の概観）

部に膜で覆われた構造体（細胞内小器官，オルガネラ（organelle））がない（図2.3）．このような細胞からなる生物を原核生物（prokaryotes）といい，真正細菌（Bacteria）と古細菌（Archaea → Chapter 9）に分けられる．真正細菌には大腸菌，乳酸菌，枯草菌などの多くの細菌が，また古細菌にはメタン生産菌，高度好塩菌，超好熱性硫黄代謝菌などが含まれる．細胞壁と細胞膜で囲まれた中に核様体（nucleoid），リボソーム（ribosome），封入体などの構造物が見られる．核様体は真核細胞の核に相当するものであるが，核膜がなく，DNA-タンパク質複合体の集積体として遺伝情報を担う．リボソームはRNAとタンパク質からなる複合体で，タンパク質合成の場である．細菌のリボソームの大きさは70S[*3]で，30Sと50Sの亜粒子からなる．封入体は顆粒ともいわれ，細胞内に蓄積されたグリコーゲンや脂質，ポリリン酸などで，薄い膜で包まれていることが多い．細菌の中には光合成（photosynthesis）を行うものもあるが，葉緑体はもたない．光合成細菌では細胞膜にその機能が組み込まれている．また，真核生物のミトコンドリアと同様に，呼吸に伴う電子伝達系（→ 3.3節，5.2.1項〔3〕）の機能も原核生物では膜に局在している．細菌によっては細胞壁の外側に莢膜という膜状の構造があり，鞭毛や線毛をもつものもある．莢膜は多糖やタンパク質からなる透明な粘液層で，病原菌の感染能力にもかかわっている．鞭毛については2.6節で詳しく述べる．線毛は鞭毛と同じくタンパク質でできており，鞭毛より短く数が多いが運動性には関係しない．菌の粘着性などにかかわる．

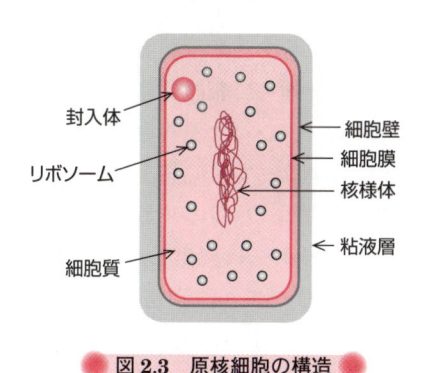

● 図2.3　原核細胞の構造

[*3] S（スヴェドベリ単位）：遠心力をかけたときの沈降係数．生体高分子の特徴を示すものとして重要で，分子量，形状，水和などによって決まる．なお，真核生物のリボソームは60Sおよび40Sの亜粒子からなる80Sである．また，ミトコンドリアと葉緑体に含まれるリボソームは70Sである．

> **Topics　光　合　成**
>
> 　葉緑素（クロロフィル）をもつ植物が光のエネルギーを用いて二酸化炭素と水から炭水化物を合成する一連の過程．水が分解されて還元力（NADP・H_2）とATPが作られる反応と，それらを利用して炭水化物が合成される反応とからなる．炭水化物が合成される一連の回路反応をカルビン回路という．シアノバクテリアは緑色植物と同様の仕組みで還元力とATPを作るが，光合成細菌の場合はバクテリオクロロフィルという色素をもち，水の代わりに硫化水素（H_2S）などを分解してその還元力で炭水化物を合成する．
>
> $$CO_2 + 2H_2S \rightarrow [CH_2O] + 2S + H_2O$$

2.2.2　真 核 細 胞

　真核細胞（eukaryotic cell）の構造は原核細胞のそれよりも複雑であり，核（nucleus），ミトコンドリア（mitochondrion），葉緑体，小胞体（endoplasmic reticulum）など膜で覆われた細胞内小器官をもつ．大きさも原核細胞より大きく，酵母，藻類，菌類，原生動物などが含まれる．また，植物や動物などのすべての多細胞生物は真核細胞で構成されており，このような生物を真核生物（eukaryote）という．真核細胞には細胞壁があるもの（藻類，菌類，植物細胞）と，ないもの（原生動物，動物細胞）があり，葉緑体は光合成を行うもの（藻類，植物細胞）にしか見られない．核は細胞の大きな部分を占め，核膜という二重の膜で覆われている．核膜には核膜孔があり，この穴を通して細胞質（cytoplasm）との間で物質の移動が行われる．核膜の内部にDNA-タンパク質複合体が染色体（chromosome）として存在する．ミトコンドリアは呼吸（エネルギー生産）を受け持つ重要な細胞内小器官である．外膜，内膜の二重の膜で覆われ，内膜の内側はマトリクスと呼ばれる．内膜の一部は折り畳まれてマトリクスに突出した構造となっている．この部分をクリステという．マトリクスにはクエン酸回路（→5.2.1項〔2〕）の多くの酵素が，またクリステや内膜には電子伝達系に関与するタンパク質が存在し，これらが連動して大量のATP（→3.2節）が効率良く作られる．葉緑体は光合成を行う緑色の細胞内小器官で，微生物では藻類にだけに見られる．葉緑体はミトコンドリア同様二重の膜で覆われている．内膜で包まれた部分をストロマといい，その中にチラコイドという平らな袋状の構造物が多数積み重なった部分がある．チラコイド

に含まれる葉緑素の働きで，光のエネルギーが取り込まれて水が分解され，ATPや強い還元力（NADPH・H_2）が生まれる．ストロマにはカルビン回路の酵素があり，ATP や NADPH・H_2 を利用して二酸化炭素が一連の反応を経て有機物に変えられる．光合成の産物は葉緑体の膜を通って細胞質へ出ていく．ミトコンドリアと葉緑体は核の DNA とは異なる独自の DNA をもつ．小胞体は一重の膜に包まれた袋状の構造をしており核とつながっている．リボソームが付着した粗面小胞体と付着しない滑面小胞体とがあり，タンパク質合成などさまざまな物質代謝にかかわる．

2.3　細胞の形（原核細胞）

　原核細胞は，真核細胞に比べてとても簡単な構造をしており，一般にその大きさも真核細胞に比べて非常に小さい．大腸菌では長径 3 μm，短径 1 μm，またブドウ球菌は 1 μm と，肉眼で見ることはできない．真核細胞であるヒトの赤血球 7〜8 μm，ウニの卵 100 μm などと比べても小さいことがわかる．しかし，シアノバクテリア（原核細胞）の中には直径 60 μm のものもある．一般に小さな細胞は大きな細胞よりも周囲との物質の交換を効率良く行うことができるので，代謝速度が大きく，したがって成長も速く個体数の増加も速い．これは自然界においても生物学における研究材料としても大変有利なことである．細菌は形態で見分けると，球菌，桿菌，らせん菌などに分けられる（図 2.4）．球菌は球状の細胞であるが，個々の細胞の存在のしかたによって単球菌，双球菌，連鎖球菌，ブドウ球菌などと呼ばれるものがある．桿菌は円筒形をした細菌の通称であり，つながってくさり状になったり柵状になったりするものもある．大腸菌，結核菌などは桿菌である．桿菌

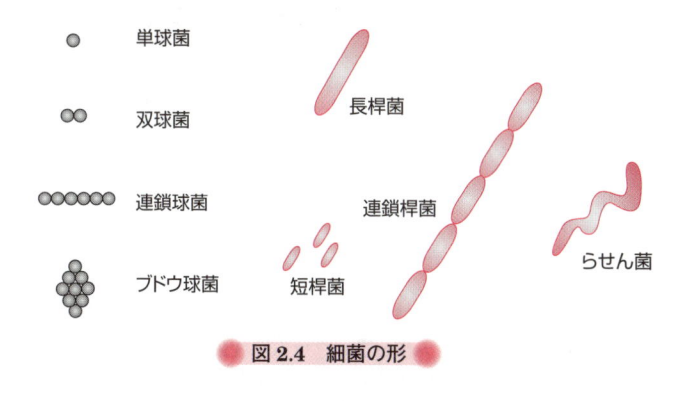

図 2.4　細菌の形

の中にはらせん状に曲がったものがあり，それらをらせん菌という．非常に細かいらせんからなるスピロヘータや長い付属物などをもつ特徴のある細菌も多い．

2.4 細胞壁・細胞膜の構造と機能

前述のように，細菌は細胞壁と細胞膜によって外界から保護・隔離されている．細胞膜は細胞内と外との物質の移動にかかわる重要な働きも担っている．

2.4.1 細 胞 壁

細胞壁は強固な構造体で，強い浸透圧に耐えて細胞の形を維持している．細菌の細胞壁の固い層はペプチドグリカンという，複合多糖とペプチドが結合した物質で，細菌にのみ存在する．これはムレインとも呼ばれ，細菌の種類によって異なる部分もあるが基本的な構造は共通している．糖と糖とのグリコシド結合がアミノ酸のペプチド結合でさらに補強され，シート状の構造となっている．微生物学で有用な染色法の一つであるグラム染色法（Gram staining method）は19世紀に考えられたもので，細菌をグラム陰性菌とグラム陽性菌という二つのグループに分類することができる．現在ではこの染色法の原理は細胞壁の性質の差に基づくものであると考えられている．電子顕微鏡で見ると，グラム陽性菌とグラム陰性菌の細胞壁にはかなり違いがある．グラム陽性菌では細胞壁はほとんどがペプチドグリカンの層からできている．また，テイコ酸という酸性多糖類を含むことがある．これに対

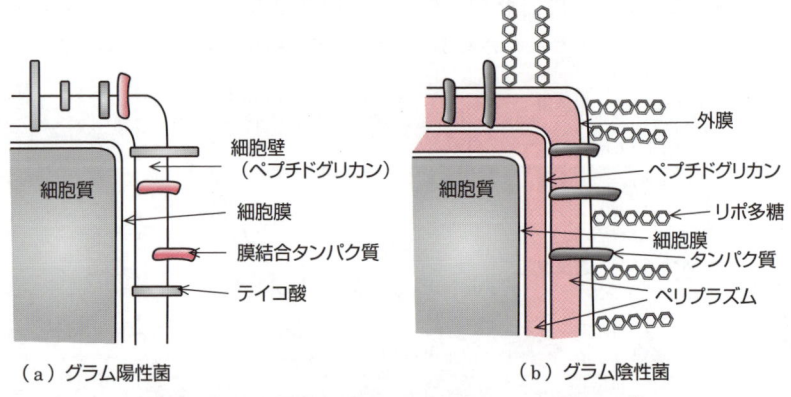

図2.5 グラム陽性菌とグラム陰性菌の細胞表層

2.4 細胞壁・細胞膜の構造と機能

してグラム陰性菌では複雑な多層構造をしており，ペプチドグリカン層の外側には外膜と呼ばれる層がある．これは多糖，タンパク質，脂質からなり，リポ多糖層とも呼ばれる（図 2.5）．サルモネラ菌，赤痢菌，大腸菌などのグラム陰性菌の外膜は動物に対して毒性をもつことが知られている．細胞膜と外膜の隙間にあるペリプラズムには多くのタンパク質が含まれこれが物質の輸送に関与している．

> **Topics　ペプチドグリカン**
>
> アセチルグルコサミンと N–アセチルムラミン酸が交互にグリコシド結合した多糖の主鎖にペプチド側鎖が結合し，この側鎖同士がさらに架橋されて網状・格子状に三次元構造をなす．ペニシリンが細菌の増殖を抑えるのは，このペプチドグリカンの生合成を阻害するからである．また，動物の唾液や涙に含まれるリゾチームという酵素はグリコシド結合を分解する働きをもつので，細菌の感染を防ぐ重要な役割をもっている．

2.4.2 細 胞 膜

細菌の細胞壁の内側にある膜が細胞膜である．真核細胞の細胞膜や，細胞内小器官の膜も含めてこれらを**生体膜**（biological membrane）といい，基本的な構造は同じである．リン脂質の分子が平行・逆向きに脂肪酸の側鎖をお互いに膜の内側に向けて二重に並び，そのところどころにタンパク質が埋め込まれている（**図 2.6**）．この膜は物質の透過に対して高い選択性をもっている．リン脂質はグリセロールに脂肪酸がエステル結合したもので，膜の外側（すなわち細胞質側と細胞の外）に接するグリセロールの部分は親水性であり，内側の脂肪酸の部分は疎水性である．そ

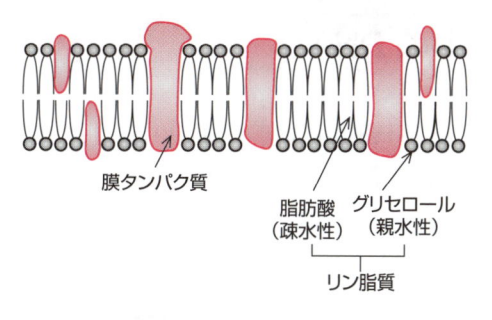

図 2.6　細胞膜の構造

のために細胞内のさまざまな水溶性物質（塩，糖，アミノ酸など）は膜の疎水性部分を通過できないので，細胞外への物質の拡散が妨げられる．水の分子は帯電していないので膜を通過できるが，H^+, Na^+, K^+などは小さくても帯電しているので膜の中を拡散して通過できない．したがって，膜を介した物質の通過には特別な輸送システムが必要になる．リン脂質とタンパク質から構成される膜は実際にはかなり流動的なもので，リン脂質もタンパク質も一定の場所に固定されたものではなく自由に動くことができると考えられている（**流動モザイクモデル**）．膜に組み込まれたタンパク質の数や機能は生体膜の種類によって異なる．それらは物質の輸送に関するもののほか，高分子物質の合成酵素，ATP生成機構などが含まれる．細菌の細胞膜には真核細胞のミトコンドリアや葉緑体の膜と同じような電子伝達系やATP合成の機能が局在している．古細菌の場合は膜の脂質に特徴がある．グリセロールに結合しているのは脂肪酸ではなくイソプレノイドアルコールで，結合のしかたもエーテル結合である．

> **Topics　生体膜の物質輸送**
>
> 膜を通る物質輸送には，物質の濃度勾配に従って移動（拡散）する受動輸送（passive transport）と，濃度勾配に逆らって移動する能動輸送（active transport）とがある．能動輸送は膜に組み込まれたタンパク質が関与して，さまざまな物質を選択的に透過させるもので，ATPなどのエネルギーが必要である．輸送に関与するタンパク質はそれぞれ輸送する物質に特異性をもつので，酵素のようにパーミアーゼ（透過酵素）と呼ばれる．

2.5　細胞の中のDNA

すでに述べたように，原核細胞には真核細胞の核に相当するものがなく，DNAはほとんどの場合2本鎖の環状の**染色体**（chromosome）として細胞質内に凝集して存在する（核様体）．原核細胞の多くは一つの染色体しかもたず，それも単相[*4]（n）であることが多い．また多くの場合，プラスミド（plasmid→6.3節）

[*4] 単相：染色体の一組．原核生物のように無性生殖で増える生物は単相であることが多い．高等生物では通常の体細胞は複相（$2n$），減数分裂の結果できる生殖細胞は単相である．

という染色体以外の自己増殖できる小さな環状の DNA をもっている．プラスミドに含まれる DNA の量は，染色体 DNA 量の 0.1％から 5％といわれる．細胞にとって重要な情報は染色体 DNA に含まれ，それ以外の生存には必ずしも必須でない情報がプラスミド DNA に含まれている．莫大な量の DNA は極小の細胞内に複雑に折り畳まれたり，ねじれたりして詰め込まれている．真核細胞の染色体はヒストン（histones）というタンパク質に巻きついた構造をしているが，細菌にはヒストンがない．ところが，古細菌の一部のものにはヒストン様タンパク質が含まれるので，真核生物に近い性質もあるといえる．

2.6　細胞の運動（鞭毛と走性）

2.6.1　鞭　　毛

　原核生物の多くには鞭毛（flagellum）があり，これを用いて独立して運動することができる．鞭毛が細胞の一端または両端に位置するもの，複数が束状になっているもの，あるいは周囲にあるものなど，細菌の種類によって異なる．鞭毛の特性は分類上のポイントになっている．鞭毛は非常に複雑な構造をもち，その運動にはエネルギーが必要である．鞭毛の基本的な構造は，長い繊維，細胞の表層に埋め込まれた基底小体，およびそれらをつなぐフックからなる．

　繊維はフラジェリン（flagellin）というタンパク質のサブユニットからなるらせん状の管で，繊維の基部にあるフックもタンパク質からできている．基底小体は鞭毛の回転運動の発生機構となる部分で，数種類のタンパク質やペプチドグリカンなどが複雑な構造を作っている．鞭毛運動は，膜を介した水素イオンの移動によって得られるエネルギーで基底小体が回転し，スクリューのように動くことによって起こると考えられる．回転は右向きにも左向きにも起こる．古細菌には細菌とは異なるフラジェリンが知られており，また真核生物の鞭毛の構造やその運動性は，原核生物のものとは大きく異なる．

2.6.2　走　　性

　運動能力をもつ生物が外界の物理的あるいは化学的な刺激にあったとき，その刺激に反応して方向性のある移動運動を起こすことがある．これを一般に走性（taxis）という．走性は刺激源に向かう場合を正の走性，逆を負の走性とする．微

生物も，いろいろな刺激に対して応答するが，中でも化学物質に対する応答を化学走性，光に対するものを光走性といい，よく研究されている．化学走性では正の走性の原因となる物質を誘引物質，負の走性の原因となる物質を忌避物質と呼ぶ．化学走性を引き起こす物質の種類は細菌によって異なり，それぞれの物質に対する受容体の存在も報告されている．細菌は化学物質の濃度勾配の中を移動しながらその時間的な濃度変化を比較し，その物質に近づいたり，離れたりする．濃度勾配のない一様環境下では直進と回転を交互に繰り返しながら無秩序に動くが，誘引物質がある場合は直進する時間が長くなって，その物質に引きつけられるように動く．細菌の化学走性の制御は，膜にある受容体が時間を伴った化学物質の濃度勾配を感知し，鞭毛の回転方向をコントロールすることで行われることがわかっている．光合成を行う微生物は，光に向かって移動することにより効果的に光合成をすることができる．光走性のメカニズムには化学走性と共通の部分があることが解明されている．細菌は光の強さの勾配を感知しながら移動して光の中に集まる．プリズムを通したスペクトルで運動性の光合成細菌を照射すると，その細菌のもつ光合成色素の吸収帯に一致したスペクトルに細菌が集まるのを観察することができる．

2.7 胞子（内生胞子）について

　ある種の細菌は成長に不可欠な栄養素が欠乏すると分裂を停止して**内生胞子**（または**芽胞**）（endospore）という特殊な構造を細胞内に作ることがある（**図 2.7**）．胞子は非常に強固な構造をしており，通常の細胞（栄養細胞）に比べると水分含量は非常に低い．胞子は生存力が強く，乾燥や熱，化学薬品，放射能にも耐性をもっているので種族保存に有利である．ほとんど空気のないところでも生存可能な代謝活性の低い，強い休眠状態にあるが，栄養条件や温度などが刺激となって発芽・成長し，栄養細胞になって分裂を始める．胞子は耐熱性が非常に高いため，食品製造では大きな問題になることがある．自然の土壌から分離される細菌にも胞子が多く含まれている．胞子の寿命については数百年という報告もある．胞子が強い抵抗性を示す理由の一つに，その物質透過性が低下していることがあげられる．電子顕微鏡で胞子を観察すると非常に複雑な構造をしており，タンパク質の層の内側にペプチドグリカンの層があり，さらに細胞壁，細胞膜，細胞質，核様体がある．中心部

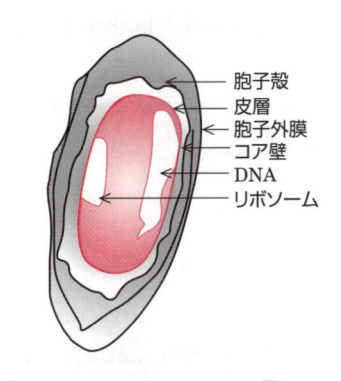

図 2.7 細菌の内生胞子

（出典：M. T. Madigan, J. M. Martinko and J. Parker 著，室伏きみ子，関 啓子 監訳： Brock 微生物学，p.94，オーム社（2003））

分にはカルシウムと結合したジピコリン酸が多量に含まれる．胞子の形成には遺伝的にコントロールされたタンパク質が関与していることがわかっている．

演習問題

Q.1 原核細胞と真核細胞の相違点を端的に述べよ．

Q.2 細菌の細胞壁と細胞膜の特徴をそれぞれ簡単に述べよ．

Q.3 グラム陽性菌とグラム陰性菌の大きな違いは何か．

Q.4 細菌の DNA は細胞内にどのような形で存在しているか述べよ．

Q.5 細菌の胞子の特徴を説明せよ．

Q.6 バイオテクノロジーにおいて生物試料として微生物がよく用いられるのはなぜか．

参考図書

1. 掘越弘毅，秋葉晄彦：絵とき微生物学入門，オーム社（1987）
2. 掘越弘毅，青野力三，中村 聡，中島春紫：ビギナーのための微生物実験ラボガイド，講談社サイエンティフィック（1993）

Chapter 2　顕微鏡と細胞の構造

3. M. T. Madigan，J. M. Martinko and J. Parker 著，室伏きみ子，関 啓子 監訳：Brock 微生物学，オーム社（2003）
4. 杉山純多，渡辺 信，大和田紘一，黒岩 常，高橋秀夫，徳田元 編：新版微生物学実験法，講談社サイエンティフィック（1999）

ウェブサイト紹介

1. 電子顕微鏡：独立行政法人 物質・材料研究機構
   http://www.nims.go.jp/it_em/
   電子顕微鏡の原理などをわかりやすく解説している．インターネットを介して離れた場所から観察できる電子顕微鏡が運営されている．
2. CELLS alive!
   http://www.cellsalive.com/index.htm
   米国 Jim Sullivan による．細胞生物学や微生物学に関係した図，動画，顕微鏡写真が豊富．

Chapter 3
微生物の生育のための栄養素，培養法，エネルギー代謝

　自然界から分離した微生物を，実験室でも生育させることは可能である．そのためには，微生物を取り扱う実験を行う前に，一般的な培地や微生物培養法について理解しておくことが非常に重要である．本章では，微生物を取り扱ううえでの基礎知識，続いて微生物が生育のためにどのようなエネルギー代謝を行っているかについて説明する．

Chapter 3 微生物の生育のための栄養素，培養法，エネルギー代謝

3.1 培地，微生物の培養法

3.1.1 培地について

〔1〕培地の物性による分類

　培地を物性から分類すると，液体培地，固体培地，半固形培地などに分けられる．液体培地は，フラスコや試験管を用いて微生物を培養するのに適している．一方，固体培地は，液体培地に 1.5 〜 2％の寒天を加えて，オートクレーブ滅菌（→ 3.1.2 項）を行い，シャーレ（平板寒天培地用）や試験管（スラント（傾斜培地）用）に流し込んで培地を固化する．固体培地は，主に土壌からの菌の分離や大腸菌などを用いた形質転換実験や菌株の保存などによく用いられる．半固形培地は，液体培地に 0.2 〜 0.5％の寒天を加えた軟寒天培地であり，主にシャーレを用いて微生物の運動性の確認をするときや試験管に高層培地を作り，嫌気性細菌の保存や微生物の糖の資化性試験[*1]などをするときに用いられる（図 3.1）．

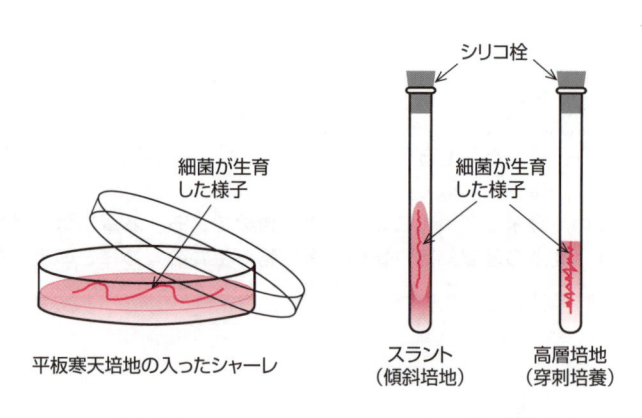

図 3.1　平板寒天培地，スラント，高層培地

[*1] 資化性試験：微生物が生育のために，どのような栄養素（糖，タンパク質など）を利用したり，分解したりするかを見る試験法．

〔2〕培地成分について

培地を培地成分で区別すると合成培地（synthetic medium）と天然培地（complex medium）に分けられる．合成培地は，無機塩類や糖など化学成分がはっきりしているものだけを混合して作る培地なので，微生物のアミノ酸要求性などの栄養検定や特定化合物分解菌の探索に用いられる．天然培地は，肉汁や酵母エキスなど化学組成が必ずしも明らかでない天然成分が含まれていて，微生物を培養するときに一般的に用いられる．

〔3〕微生物培養に用いられる一般的な天然成分

天然培地に用いられる代表的な天然成分について表 3.1 に示した．このほかにも工業的には，廃糖みつやコーンスターチを製造するときの副産物であるコーンスティープリカー（CSL）が用いられている．市販されている天然成分は，同一の成分名でもメーカにより組成が異なるので，どのメーカのものを培養に使うかも注意が必要である．

表 3.1　天然培地に用いられる天然成分

天然成分	性質，製法，用途など
ペプトン	カゼイン，獣肉，大豆タンパク質などをタンパク質分解酵素で分解したものを乾燥させた粉末で，オリゴペプチド，アミノ酸を主成分とする．カゼインは，牛乳に含まれる乳タンパク質の約 80％を占めるタンパク質であり，このうち，タンパク質をトリプシンで分解したものを"トリプトン"といい，比較的分子量の大きいペプチドが含まれている．カゼインペプトンは，トリプトファンが比較的多く，硫黄を含むアミノ酸が少ない．逆に獣肉ペプトンは，トリプトファンが少なく，硫黄を含むアミノ酸が多い．
カザミノ酸	カゼインの塩酸加水分解物．塩酸加水分解時にトリプトファンが分解を受けるが，それ以外のアミノ酸を適当な比率で含む．ほぼ完全にアミノ酸のみからなるので，合成培地にアミノ酸混合物として使用される．
酵母エキス	生育させた食用酵母を空気遮断すると自己溶解を起こす．このとき得られた細胞抽出液を乾燥させたもの．アミノ酸，核酸，ビタミンを多く含む極めて富栄養な乾燥粉末．
麦芽エキス	麦芽の抽出物を乾燥した粉末で，麦芽糖などの糖分を多く含んでいる．
肉エキス	獣肉（または獣肉＋カツオ）の抽出物を濃縮したもので，ペースト状で市販されている．

〔4〕代表的な培地組成と培地作製上の注意点

微生物培養で用いられる代表的な培地を表 3.2 にまとめた．固体培地を作製する場合は，寒天を 1.5〜2％加えて，オートクレーブ滅菌を行う．合成培地を用いる

表 3.2 代表的な微生物培養用培地

培地名	培地組成	用途
LB 培地 (Luria-Bertani broth)	トリプトン：10 g，酵母エキス：5 g，NaCl：10 g，蒸留水：1 l，pH：7.2〜7.4 に調整する．	広く微生物・分子生物学実験において使用される
L 培地 (Luria-broth)	トリプトン：10 g，酵母エキス：5 g，NaCl：5 g，蒸留水：1 l，pH：7.2〜7.4 に調整する．	
肉汁培地	肉エキス：10 g，ペプトン：10 g，NaCl：5 g，蒸留水：1 l	
M9 培地	$Na_2HPO_4・7H_2O$：12.8 g，KH_2PO_4：3 g，NaCl：0.5 g，NH_4Cl：1 g，を蒸留水 1 l で溶解し，滅菌する．手で持てる程度に冷めたら，別滅菌しておいた以下のものを加える．2 M グルコース：11.2 ml，1 M-$MgSO_4$：2 ml，1 M-$CaCl_2$：0.1 ml．このほかに必要なアミノ酸，ビタミンなどを適宜添加する．	大腸菌や枯草菌などに用いられる合成培地
MY 培地	酵母エキス：3 g，麦芽エキス：3 g，ペプトン：5 g，グルコース：10 g，蒸留水：1 l，pH：6.0 に調整する．	酵母・カビ用培地
Bennet 培地	ブドウ糖：10 g，肉エキス：1 g，ペプトン：2 g，酵母エキス：1 g，蒸留水：1 l，pH 7.2 に調整する．	放線菌用培地

場合の注意点として，実験に使用する微生物が要求するアミノ酸，ビタミンなどをすべて加える必要がある．

培地を滅菌するとき培地成分を一緒に滅菌すると不都合な場合がある．このような場合は，別滅菌を行う．具体例を以下に記す．

① アミノ酸と糖類を同時に加熱すると，アミノ基とカルボニル基が反応して褐色変性してしまう（メイラード反応）．
② リン酸塩とマグネシウムまたはカルシウム塩を混合し加熱すると，リン酸マグネシウムまたはリン酸カルシウムの沈殿が生じる．
③ 寒天を酸性培地と同時に加熱すると変性して培地が固まらなくなる．アルカリ性培地を作製する際も，炭酸ナトリウムなどのアルカリ性成分を別滅菌する必要がある．

3.1.2 滅菌操作

微生物実験を行う前には使用する器具類や培地を滅菌する必要がある．実験室レベルでの滅菌操作には，乾熱滅菌，オートクレーブ滅菌，ろ過滅菌，紫外線滅菌，化学的滅菌などがある．それぞれの滅菌操作について**表 3.3** にまとめた．

表 3.3 各種滅菌操作法

滅菌操作法	特徴，用途
乾熱滅菌	ピペットや試験管など熱に強いガラス器具や薬さじなどの金属器具を滅菌する場合に用いる．一般的な滅菌条件は，乾熱器の温度を 180℃にして 1 時間加熱する．
オートクレーブ滅菌（高圧蒸気滅菌）	通常の環境では枯草菌の胞子が最も耐熱性が強い．実験室で行う滅菌もこの胞子を死滅できる 100℃以上の温度で滅菌する必要がある．オートクレーブ（高圧蒸気滅菌器）では，内部の水分を加熱することで水蒸気にすると「121℃のとき大気圧＋1 気圧」の条件になり，この条件で 20 分以上加熱して滅菌処理を行う．
ろ過滅菌	ビタミンや抗生物質などは，加熱滅菌によって分解失活を受けやすい．このような成分は，溶解して孔径 $0.22\,\mu m$ のメンブレンフィルタを通してろ過滅菌（除菌）を行う．
紫外線滅菌	クリーンベンチ内やシャーレなどは，紫外線ランプ点灯下で 20 分から 1 時間ほど滅菌処理を行う．
化学的滅菌	熱に弱い実験器具や実験者の手などを消毒するために 70%エタノールや塩化ベンザルコニウム液（オスバン液）などの殺菌消毒液が用いられる．

3.1.3 有用微生物の分離方法：集積培養

土壌中には，さまざまな微生物が混在している．その中から目的の微生物（例えば，芳香族化合物分解菌や好アルカリ性細菌などの特定の性質をもつ微生物）を高効率で分離するために，集積培養 (enrichment culture) が用いられる．集積培養とは，薬剤や温度などの化学・物理的条件などを設定して目的の微生物だけが優先的に生育する培地や環境条件で増殖させる培養法である．微生物集団から選択的に目的の微生物を増殖させる条件が設定できれば大変強力なスクリーニング方法となる．

3.1.4 植菌と単コロニー分離

長期保存していた菌株の培地やスクリーニングなどの培地で生育した微生物を新しい培地に植え換える場合，白金耳（エーゼ，図 3.2 (a)，(b)）を用いる．スラントや平板寒天培地に生育した菌をかき取る場合，先端がループ状になったものを用いる．また，嫌気性細菌を高層寒天培地に植菌する場合は，白金耳の先端を針状にしたものを用い，白金耳の先端に菌を付着させて新しい高層培地に 2～3 回刺し込む．これを穿刺培養 (stab culture) と呼ぶ．平板培地に菌の希釈液を塗布する際には，滅菌処理をしたスプレッダを用いる（図 3.2 (c)，(d)）．スプレッダは，

(a) 白金耳：ループ状

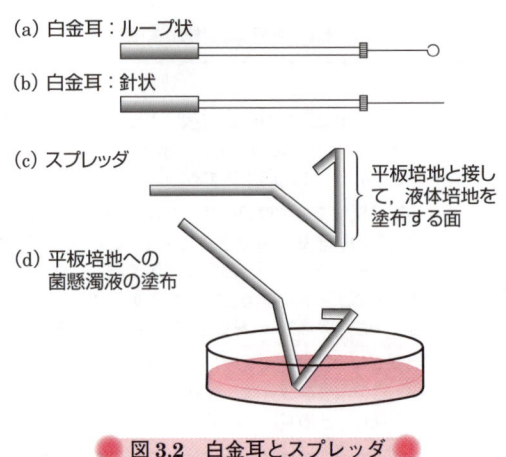

(b) 白金耳：針状

(c) スプレッダ　平板培地と接して，液体培地を塗布する面

(d) 平板培地への菌懸濁液の塗布

図3.2　白金耳とスプレッダ

ガラス製または滅菌処理済みの使い捨てタイプのプラスチック製のものがある．

　長期保存していた菌株は，保存期間中に変異を起こした細胞や生育の悪いものが混在しているので，実験を行う前に，もとの性質を保持した均質な菌株を使う必要がある．このような場合，単コロニー分離（single colony isolation）を行う（図3.3）．分離したい菌株少量をループ状の白金耳でかき取り平板固体培地上に白金耳を往復させて，1回目の植菌線を引く．白金耳の先端を火炎滅菌し，空冷後，1回目の線の一部をなぞるように2回目の植菌線を描く．さらに同様の操作をもう一度行う．活発に増殖する菌ならば，この操作によって菌株密度の希釈ができ，いくつかの単コロニーが出現するはずである．

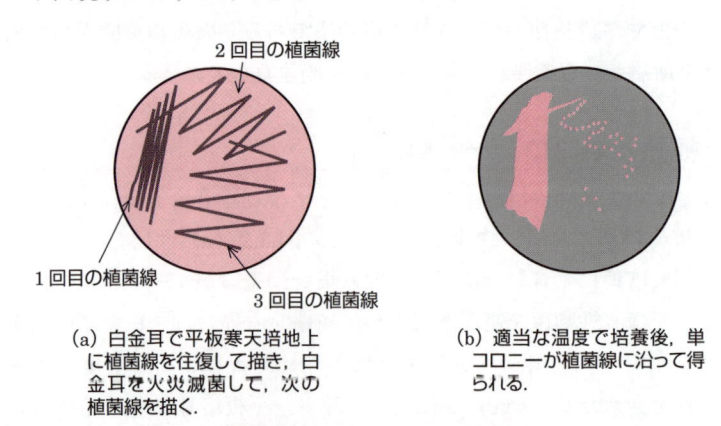

(a) 白金耳で平板寒天培地上に植菌線を往復して描き，白金耳を火炎滅菌して，次の植菌線を描く．

(b) 適当な温度で培養後，単コロニーが植菌線に沿って得られる．

図3.3　単コロニー分離

3.1.5　培養方法：液体培養用容器およびフタ

　フラスコスケールでの好気性微生物の生育には，一般に往復かくはん式または回転かくはん式の振とう培養器が用いられる．培養フラスコには，三角フラスコや坂口フラスコ（別名：振とうフラスコ）や三角フラスコの底面にヒダを付けることによって酸素溶解度が良くなるように工夫したヒダ付き三角フラスコが用いられる．大量培養には，ジャーファーメンタが用いられ，反対に少量培養では，試験管やL字型（T字型）試験管が用いられる．

　液体培養用容器の写真を図3.4に，また，それぞれの容器の特徴や用途について表3.4（次頁）にまとめた．

　液体培地で菌を培養するときのフラスコのフタの種類には，シリコ栓，アルミキャップ，綿栓などがある（図3.5）．未脱脂綿を丸めて固めた綿栓は通気性が良い．

(a) 三角フラスコ 　(b) ヒダ付き三角フラスコ 　(c) 坂口フラスコ 　(d) ジャーファーメンタ（写真提供 ABLE 社）
(e) 試験管 　(f) L字型試験管 

図3.4　液体培養用の容器

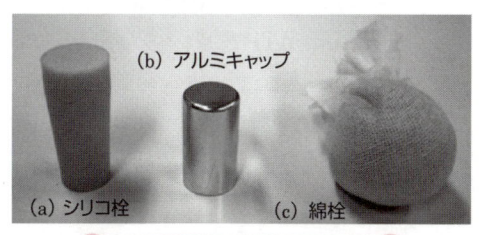

(a) シリコ栓　(b) アルミキャップ　(c) 綿栓

図3.5　各種フラスコのふた

Chapter 3 微生物の生育のための栄養素，培養法，エネルギー代謝

●表 3.4 液体培養容器とその特徴●

液体培養用容器名	特徴，用途
三角フラスコ	一般的な中規模振とう培養で用いられる．
ヒダ付き三角フラスコ	三角フラスコより培地中の酸素濃度が高くなるので好気性細菌の培養に適する．激しい振とう培養時には，培地がはねて栓を汚染することがある．また，カビなどの培養には菌糸への衝撃の影響が大きいので注意が必要である．
坂口フラスコ（振とうフラスコ）	往復振とう培養で用いる．激しい振とうでも，培養液はフラスコの肩の部分より上に飛散しない．微生物一般の培養に適する．
ジャーファーメンタ	大量液体培養用に用いられる．ジャー内部にかくはん器やpH・温度センサ，空気入口・出口，サンプリング口などが付属し，外部から培養条件をコントロールすることができる．
試験管	少量の振とう培養で用いられる．培養液量によっては管部を比色計に直接挿入して吸光度（濁度）が測れるので，継時的に生育を追跡しながら培養できる．
L字型試験管 T字型試験管	試験管で10 ml程度の培地で培養すると，通気性が悪くなる．この場合，L字型またはT字型の試験管を用い，シーソー振とうやモノード振とうによって，空気に触れる液面が大きくなるように振とう培養を行う．継時的に生育を追跡しながら培養できる．

3.2 エネルギー論（代謝）

　微生物細胞の生命活動には，エネルギー貯蔵物質となる**ATP**（アデノシン三リン酸）（図 3.6）とプロトン駆動力（proton motive force）が重要な役割を果たしている．細胞におけるATP生成方法は，大きく分けて三つ［基質レベルのリン酸化（substrate-level phosphoryation），酸化的リン酸化（OXPHOS：oxidative phosphorylation），光リン酸化（photophosphorylation）］ある．また，プロトン駆動力は，細菌細胞膜を隔てたプロトン（H^+）の移動による電気化学的ポテンシャルの形成によって，物質輸送，ATP生成，べん毛モータの回転エネルギーなどに利用されている．このことからも，プロトン駆動力が微生物のエネルギー代謝の中心的役割を担っているといえる．ここでは，微生物細胞内でのエネルギー転換反応の概説と発酵について述べる．なお，酸化的リン酸化については3.3節，光リン酸化についての詳細は12.1節で解説している．

図 3.6　アデノシン三リン酸（ATP）の構造式

3.2.1　生体におけるエネルギー転換反応

図 3.7 は，生体でのエネルギー転換反応と発酵，呼吸，光合成により得られるエネルギーの相互関係を示している．生物が生きていくためには，下の三つの仕事を行う必要があり，それらの仕事を行うためにプロトン駆動力と ATP が利用されていることがわかる．

- 能動輸送エネルギー：栄養やイオン類を運ぶためのエネルギー
- 生合成エネルギー：さまざまな高分子の生合成に必要なエネルギー
- 運動エネルギー：運動器官による運動のエネルギー

プロトン駆動力を消費して細胞膜に存在する ATP 合成酵素で ATP を生成することができるし，逆に，ATP 合成酵素の逆反応で ATP を ADP と H^+ に分解して細胞膜外に H^+ を排出し，プロトン駆動力を形成することもできる．つまり，プロトン駆動力と ATP は，相互のエネルギー交換が可能となっている．

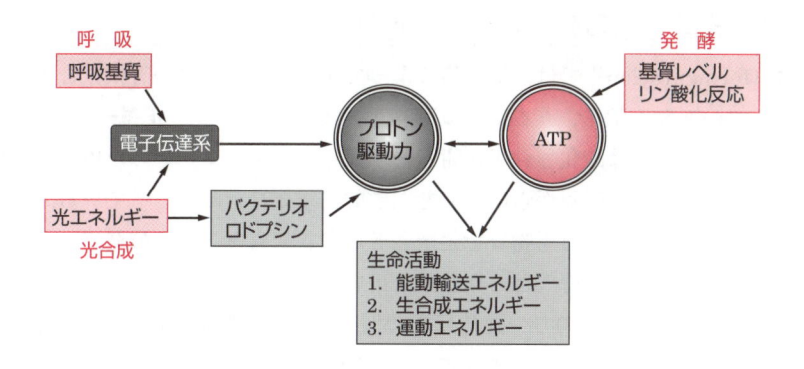

図 3.7　生体でのエネルギー転換反応

バクテリオロドプシンは，好塩性古細菌がもつ膜タンパク質で，光エネルギーを直接利用してプロトン駆動力を形成することができる（出典：畝本力：未来の生物科学シリーズ〈27〉特殊環境に生きる細菌の巧みなライフスタイル，p.53，共立出版（1993）を改変）．

3.2.2 プロトン駆動力

細胞膜は，疎水性が高くイオン不透過性である．微生物細胞は，化学または光エネルギーを利用して細胞膜に存在するプロトンポンプを動かし，細胞膜外にH^+を排出する．このとき膜を介して正の電荷をもったH^+が移動するので，イオンの移動による膜電位（電気エネルギー，electrical energy）とH^+の濃度勾配（化学的エネルギー，chemical energy）の形成が起こる．この2成分の和からなる電気化学的エネルギーをプロトン駆動力という（図3.8）．

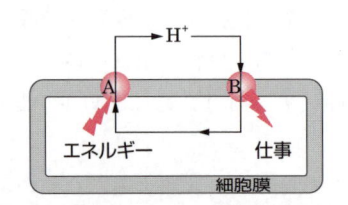

図3.8　微生物細胞でのプロトンサイクル

細胞膜は，疎水性でイオンが極めて通りにくい．H^+は，細胞膜に存在するプロトンポンプによって細胞膜外に排出される．このとき化学または光エネルギーが利用される(A)．H^+の移動によって，プロトン駆動力が形成され，今度は，このプロトン駆動力を利用して物質輸送やATP合成に関与する特別なプロトン輸送酵素が，H^+を細胞内へ再流入させる(B)．結果的に，プロトンサイクルは循環する．

3.2.3 発酵と基質レベルのリン酸化

発酵（fermentation）では，微生物によって嫌気的に糖などの有機化合物が分解されアルコールや有機酸，炭酸ガスが生成し，その過程でエネルギーを獲得する．出発物質は，完全には酸化されず代謝産物が大量に蓄積する．そのため，微生物における物質生産という観点からは，発酵工学的に重要な意味をもっている．このような背景から，微生物に有用物質を生産させるときにも"アミノ酸発酵"や"核酸発酵"の例のように"発酵"という言葉が用いられている．

発酵による基質レベルのリン酸化反応の例としては，解糖反応によるATP生成と嫌気性細菌でのピルビン酸の酸化に伴うATP生成があげられる（図3.9）．いずれの場合も高エネルギーリン酸化合物を経てATPが生成されている．この発酵過程でのATP生成を基質レベルのリン酸化という．

(a) 解糖系における基質レベルのリン酸化による ATP 合成

```
   O                              O
   ‖                              ‖
   C-O~Ⓟ    ADP  ATP             C-OH
   |              ↘              |
H-CHOH      ────────────→   H-CHOH
   |                              |
   CH₂O-Ⓟ                        CH₂O-Ⓟ

  1,3-ジホスホグリセリン酸        3-ホスホグリセリン酸
```

```
   O                              O
   ‖                              ‖
   C-O⁻    ADP  ATP              C-O⁻
   |              ↘              |
   C-O~Ⓟ    ────────────→        C=O
   ‖                              |
   CH₂                            CH₃

 ホスホエノールピルビン酸          ピルビン酸
```

(b) 嫌気性細菌でのピルビン酸酸化に伴う ATP 合成

```
   O                              O                              O                              O
   ‖     CoASH   HCOOH            ‖       Pi   CoASH             ‖    ADP   ATP                 ‖
   C-O⁻   ↘                       C~SCoA   ↘                     C-O~Ⓟ         ↘               C-O⁻
   |      ────────────→           |        ────────────→         |    ────────────→            |
   C=O                            CH₃                            CH₃                           CH₃
   |
   CH₃

  ピルビン酸                      アセチル CoA                   アセチルリン酸                  酢 酸
```

● 図 3.9　発酵における基質レベルのリン酸化による ATP 合成例

3.3　呼吸と電子伝達系

　ここでは，酸化的リン酸化による ATP 生成に関与する呼吸と電子伝達系について説明する．好気性細菌では，電子伝達系を電子が流れ，最終的に酸素に電子が渡され水が生成する．このとき H^+ が細胞膜外に排出され，プロトン駆動力が形成される．そして，形成されたプロトン駆動力のエネルギーは，細胞膜に存在する ATP 合成酵素によって ATP の生成に利用される（図 3.10）．この電子伝達系に

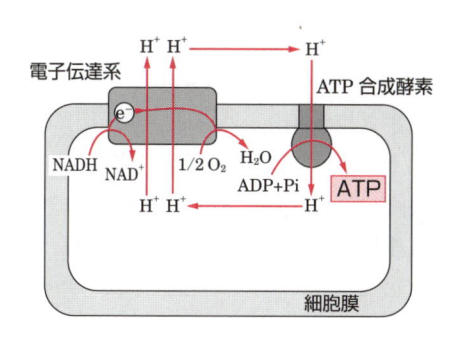

● 図 3.10　好気性細菌における電子伝達系と酸化的リン酸化による ATP 生成の概略図
　ここでは，呼吸基質である NADH が酸化されて酸素に電子が渡され水が生成している．このとき，電子伝達系から H^+ が細胞外へ排出され，プロトン駆動力が形成される．そのエネルギーで H^+ が ATP 合成酵素を介して細胞内へ再流入するときに ATP が合成される．

おけるプロトン駆動力を利用したATP生成を酸化的リン酸化という．この理論は，化学浸透圧説（chemiosmotic hypothesis）として知られている．嫌気性細菌においても最終電子受容体が酸素ではなく硝酸塩（NO_3^-）や亜硝酸塩（NO_2^-）となり最終的に窒素分子（N_2）が生成する過程（硝酸呼吸）などでH^+の排出によってプロトン駆動力が形成され，これを利用してATPが合成される．

　真核生物は，細胞内小器官（オルガネラ）であるミトコンドリアで酸化的リン酸化によるATPの生成に関与している．ミトコンドリアの場合は，1分子のNADHから酸化的リン酸化によってATPが3分子生成する．グルコース1分子当たり生成するATP量は，基質レベルのリン酸化では2分子であるのに対して，クエン酸回路を経て完全酸化されると酸化的リン酸化によって38分子と大きなエネルギーを獲得することができる（解糖系とTCA回路に関する詳細は，Chapter 5で解説する）．

> **Topics　化学浸透圧説**
>
> 　ミトコンドリアや細菌細胞膜の電子伝達系で起こっているATP生成反応について，初め多くの研究者は，基質レベルのリン酸化のときのように，高エネルギーリン酸化合物を経てATPが生成されている（化学共役説）と考え，この未知なる物質を探し求めていた．しかし，1961年にイギリスのミッチェル（P. Mitchell）博士が，これとは根本的に異なる"化学浸透圧説"を提唱した．現在では，この化学浸透圧説が広く認められている．ミッチェル博士は，この業績により1978年ノーベル化学賞を受賞している．

3.3.1　電子伝達物質について

　電子伝達系では，フラボプロテイン，キノン，鉄-硫黄タンパク質，シトクローム（チトクローム）の4種類の電子伝達物質が電子を運ぶ役割を担っている．このうち，キノンだけが脂質に分類され，細胞膜中を自由に移動できる特性をもっている．そのほかの電子伝達物質はタンパク質に分類され，その機能を発揮するために補欠分子族[*2]をタンパク質中に含んでいる．それぞれの電子伝達物質の特徴に

[*2] 補欠分子族：酵素には，タンパク質のみで構成され活性を発現するものと，活性発現のためにさらに一つ以上の補助因子（cofactor）を必要とするものがある．補助因子は，金属イオン（活性因子）かあるいは有機化合物（**補酵素**）である．補助因子は，タンパク質部分に固く結合している場合と緩く結合する場合がある．固く結合しているような補助因子を特に**補欠分子族**という．

3.3 呼吸と電子伝達系

については，以下にまとめる．また，電子伝達に関与する化合物の構造を**図3.11**に示した．電子伝達物質の分類とその補欠分子族については，**表3.5**にまとめた．

[1] フラボプロテイン

フラビンモノヌクレオチド（FMN），フラビンアデニンジヌクレオチド（FAD）をタンパク質中に含む．

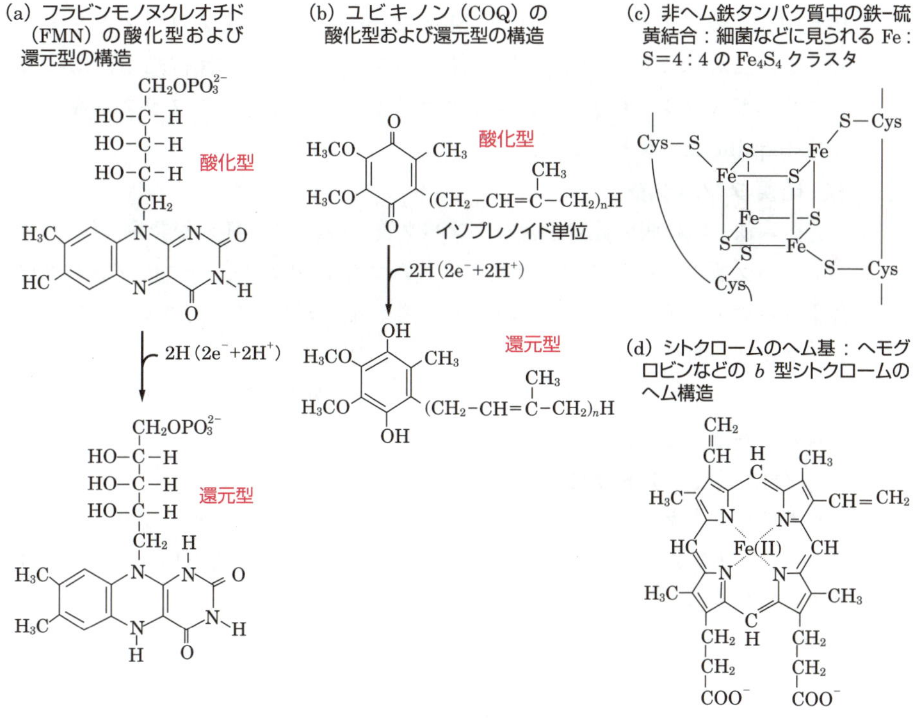

(a) フラビンモノヌクレオチド（FMN）の酸化型および還元型の構造

(b) ユビキノン（COQ）の酸化型および還元型の構造

(c) 非ヘム鉄タンパク質中の鉄-硫黄結合：細菌などに見られる $Fe:S=4:4$ の Fe_4S_4 クラスタ

(d) シトクロームのヘム基：ヘモグロビンなどの b 型シトクロームのヘム構造

図3.11　電子伝達に関与する化合物構造

表3.5　電子伝達物質

電子伝達物質	分類	補欠分子族
フラボプロテイン	タンパク質	フラビン（FAD, FMN）
キノン	脂質	—
鉄-硫黄プロテイン	タンパク質	鉄-硫黄クラスタ（FeS）
シトクローム	タンパク質	ヘム

Chapter 3　微生物の生育のための栄養素、培養法、エネルギー代謝

Chapter 3　微生物の生育のための栄養素，培養法，エネルギー代謝

〔2〕キノン
① 細胞質膜中を動いて電子やプロトンをほかの電子伝達系タンパク質複合体から受け取ったり渡したりしている．
② すべてのキノンは，疎水性のイソプレノイド側鎖をもつ．イソプレンの繰返しは 6 ～ 10 個．
③ 細菌は，呼吸鎖中にユビキノン（Ubiquinone，CoQ のこと．ミトコンドリア中にもある）とメナキノン（Menaquinone）の 2 種類のキノンをもっている．このほかのキノンとして *Sulfolobus* 属など好熱性古細菌がもつカルダリエラキノン（CQ）やクロロプラストなどに存在するプラストキノン（Plastoquinone）などがある．

〔3〕鉄−硫黄タンパク質
① 非ヘム鉄と酸に弱い硫黄を含むタンパク質（pH 1 で，H_2S が発生）．
② タンパク質中の鉄と硫黄の存在比は，いつも 1：1 だが，一つのタンパクに含まれる鉄・硫黄の割合は，1 組以上．例えば，ミトコンドリアの鉄−硫黄タンパク質は，四つの鉄−硫黄クラスタをもっている．
③ タンパク質中で鉄は，タンパク質のシステイン残基の硫黄（この硫黄は，酸に対して安定）と結合している．

〔4〕シトクローム（チトクローム）
① ヘム鉄をもつタンパク質である．
② ヘムは，4 個のピロール環がメチン（−CH＝）架橋で結合したポルフィリンの鉄錯体をいう．

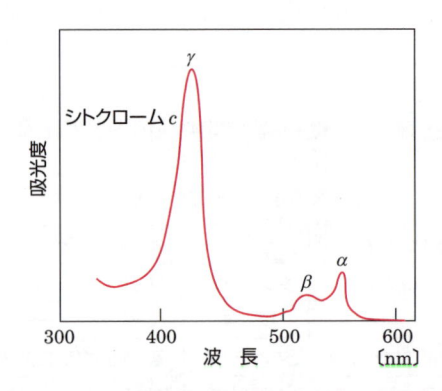

図 3.12　還元型シトクローム c の可視光スペクトル
特徴的な α，β，γ 吸収帯が見られる．

③ 全部で4種類のシトクロム（a, b, c, d）があり，それぞれ，ヘム a, b, c, d をもっている．
④ 還元状態のシトクロムは，α バンド，β バンド，γ バンドの特異的な吸収領域をもっている（図3.12）．

3.3.2　ミトコンドリアにおける電子伝達系の概要

真正細菌の電子伝達系を理解するためには，まず真核生物の細胞小器官であるミトコンドリアの電子伝達系を学習することによって，より理解が深まる．図3.13にミトコンドリアにおける電子伝達系とATP生成の概略図を示した．

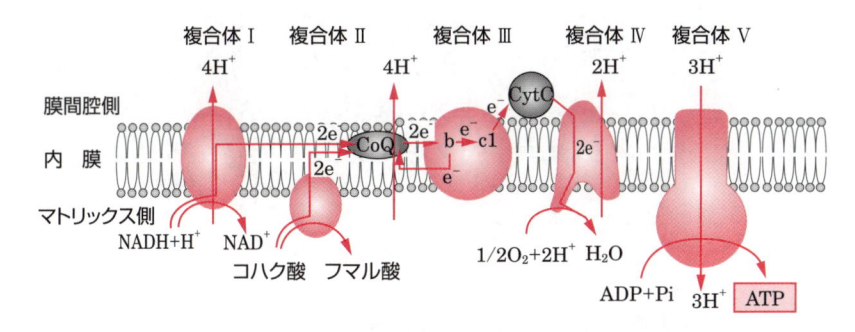

図3.13　ミトコンドリアの電子伝達系とATP合成の概略図

ミトコンドリアの電子伝達系では，解糖系-TCA回路から供給されるNADHとコハク酸が酸化される．NADHを酸化する酵素をNADH-CoQ酸化還元酵素（複合体Ⅰ），コハク酸を酸化する酵素をコハク酸-CoQ酸化還元酵素（複合体Ⅱ）と呼ぶ．CoQ（コエンザイムQ）は，キノン類の一種であるユビキノンのことである．複合体Ⅰ，Ⅱでの酸化還元反応で同時に電子（e⁻）が引き抜かれ，CoQへ渡され還元型のユビキノール（CoQH₂）になる．ユビキノールは，細胞膜中を移動してCoQ-シトクローム c 酸化還元酵素（複合体Ⅲ）に電子を渡し，再び酸化型のユビキノンに戻る．電子は，複合体Ⅲから電子伝達物質であるシトクローム c（cyt c）に渡され，末端酸化酵素であるシトクローム c 酸化酵素（複合体Ⅳ）に電子を渡し，最終的に酸素に電子が渡り，水が生成する（電子伝達系で最後に電子を受け取る酵素のことを末端酵素と呼ぶ）．複合体ⅠとⅢとⅣの3か所では，酸化還元エネルギーを利用してマトリクス側から膜間腔側へプロトンが輸送され，プロトン駆動力が形成される．このエネルギーを利用してATP合成酵素（複合体Ⅴ）をプロト

ンが膜間腔側からマトリクス側へ再流入するときに ATP が生成される．この ATP 生成が，ミトコンドリアで行われている酸化的リン酸化反応である．

3.3.3　細菌における電子伝達系についての概要

3.3.2項のミトコンドリアでの電子伝達系を解説した．ここでは，真正細菌の電子伝達系を見てみる．真正細菌の電子伝達系の種類は，ミトコンドリアのそれとは異なり多種多様である．そして，どの電子伝達経路を電子が流れるかも生育環境に依存している（図3.14）．しかし，ミトコンドリアの電子伝達系と類似しているところもある．相違点と類似点を〔1〕，〔2〕にまとめた．

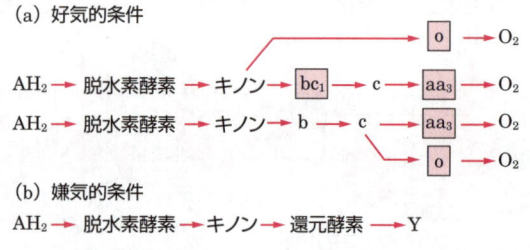

(a) 好気的条件

$AH_2 \rightarrow$ 脱水素酵素 $\rightarrow$ キノン $\rightarrow bc_1 \rightarrow c \rightarrow aa_3 \rightarrow O_2$
　　　　　　　　　　　　　　　　　　↗ o → O_2

$AH_2 \rightarrow$ 脱水素酵素 $\rightarrow$ キノン $\rightarrow b \rightarrow c \rightarrow aa_3 \rightarrow O_2$
　　　　　　　　　　　　　　　　　　↘ o → O_2

(b) 嫌気的条件

$AH_2 \rightarrow$ 脱水素酵素 $\rightarrow$ キノン $\rightarrow$ 還元酵素 $\rightarrow Y$

AH_2：電子供与体（NADH，コハク酸など），Y：酸素以外の無機化合物の電子受容体（硝酸塩など）または有機化合物の電子受容体（フマル酸など），bc_1，b，c，o，aa_3 は，それぞれ異なるシトクロームを示している．bc_1 は，ミトコンドリアの複合体IIIと相同性があるタンパク質複合体．

図3.14　細菌で見られる一般的な電子伝達系路

（出典：David White：The physiology and biochemistry of Prokaryotes, 2nd edition, p.110, Oxford University Press（2000）を改変）

〔1〕細菌の呼吸鎖とミトコンドリアの電子伝達系との大きな相違点

① 細菌の電子伝達経路では，末端電子受容体（末端酵素・シトクローム酸化酵素）に電子が渡る途中で経路が分岐する．すなわち，ミトコンドリアとは異なり末端酵素となり得るものが複数存在する．分岐点は，キノンかシトクロームに電子が渡った段階の2通りがある（図3.14（a）参照）．

② 多くの細菌が，生育環境に応じて電子伝達中の電子の流れを変えることができる．例えば，大腸菌は，生育環境中の酸素濃度に応じてシクローム bo 型とシトクローム bc 型の2種類の酸化酵素を使い分けている．

〔2〕そのほかの相違点と類似点

相違点：① 嫌気的条件で電子伝達系は，最終的に酸素の代わりに硝酸やフマル酸などに電子を渡す（嫌気性細菌）（図3.14（b））．

② 細菌は，上記以外にも乳酸脱水素酵素やピルビン酸脱水素酵素などにより電子を供与できる．

類似点：① 細菌の電子伝達系は，キノン類によって結ばれた脱水素酵素や酸化酵素の複合体からできている（図3.14（a））．

② キノン類は，脱水素酵素から電子を受け取り，次の酸化酵素複合体へ電子を渡す（図3.14（a））．

③ 細菌の中には，ミトコンドリアの複合体Ⅰ，複合体Ⅱに相同性のあるNADH脱水素酵素やコハク酸脱水素酵素をもっているものもある．

パラコッカスデニトリフィカンス（*Paracoccus denitrificans*）という細菌の電子伝達系は見かけ上ミトコンドリアのものとよく似ている．特にこの細菌のシトクロームc-550の一次構造が真核生物のシトクロームcのものと似ていることや，電子伝達系のキノンがユビキノン-10（UQ_{10}）であることなどが理由になって，アメリカのマーグリスによる細胞内共生説（Endosymbiotic theory）におけるミトコンドリアの進化的起源の最も有力な候補として考えられている．

3.4　物質輸送（細胞膜を介した物質（栄養素）の輸送）

微生物が生きていくためには細胞膜を介して物質の輸送が必要となる．膜を介した物質の輸送は，大きく二つに分けることができる（**図3.15**）．一つ目は濃度の濃いところから薄いところへの物質輸送である受動輸送（passive transport）であり，これは，さらに細胞膜を自由に拡散できる場合（単純拡散（simple diffusion））と，そこを通るのにタンパク質などの助けを借りる場合（促進拡散（facilitated diffusion））とに分けられる．二つ目は，濃度の薄い所から濃い所への物質輸送である能動輸送（active transport）であり，仕事をしなければいけないので輸送にエネルギーが必要となる．膜に埋め込まれた輸送タンパク質（transport protein）が働かなければならない．そのエネルギー源として，ATPなどの化学エネルギーを利用する場合とプロトン駆動力などを利用する場合があり，

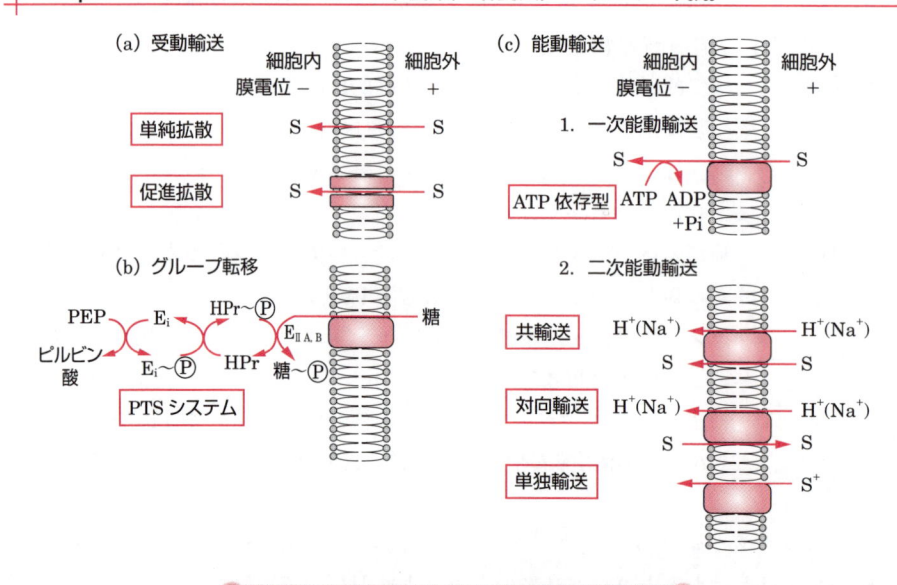

Chapter 3 微生物の生育のための栄養素，培養法，エネルギー代謝

図 3.15 微生物に見られる物質輸送の概略図

S：輸送される物質（solute），(b) グループ転移では，高エネルギーリン酸結合をもつホスホエノールピルビン酸（PEP）からいくつかのリン酸転移酵素（E_i, HPr, $E_{IIA, B}$）を経て輸送される糖へリン酸基が渡される．一次能動輸送との違いは，糖の輸送とリン酸化を ATP 1 分子相当のエネルギーでまかなっている点である．

そのほかにも物質を変化させて運ぶ場合がある．

能動輸送は，一次能動輸送と二次能動輸送に分けられる．この区別は，利用するエネルギー源によって決まる．一次能動輸送は，直接エネルギー源を利用する．二次能動輸送は，一次能動輸送によって形成された電気化学的エネルギー（プロトン駆動力や Na^+ 駆動力）を利用する．一次能動輸送として，大腸菌の ATP 依存 K^+ 取込みシステムや糖の取込み系である PTS システムなどがある．PTS システム（The PhosphoTransferase System）は，細菌に幅広く存在するが，絶対好気性細菌，真核生物には存在しない．PTS システムでは，糖類がリン酸化されて輸送される．このことから，PTS システムを厳密には一次能動輸送とは分類せずグループ転移と呼ぶ．二次能動輸送では，プロトン駆動力か Na^+ 駆動力が使われる．二次能動輸送は，細菌，カビ，植物，高等動物などが幅広くもっている輸送系である．どのタイプの輸送システムを使って物質の取込みを行うかは，微生物によって多種多様である．例えば，大腸菌（通性嫌気性細菌）では，PTS システムでグルコースの輸送を行うが，シュードモナス属細菌（絶対好気性細菌）では，H^+ とグルコース

の共輸送によって二次能動輸送を行う．

3.5 無機物酸化によるエネルギー獲得系

微生物を代謝に着目して栄養的分類を行うと，どのようなエネルギー源と炭素源を利用するかで分類することができる．エネルギー源の利用では，光合成生物（光リン酸化によるATP生成）と化学合成生物（酸化的リン酸化によるATP生成）の2種類に分類される．また，炭素源の利用では，二酸化炭素を利用する独立栄養，有機物に依存する従属栄養，二酸化炭素と有機物をどちらも利用する混合栄養の3種類に分類される．

微生物の中にはアンモニアや亜硝酸塩のような無機窒素化合物や亜硫酸やチオ硫酸のような無機硫黄化合物を酸素で酸化してエネルギーを獲得して生きているものがある．これらの微生物の炭素源には，二酸化炭素が利用される．このように，無機物を酸化してエネルギーを獲得している微生物のことを無機化学栄養微生物（chemolithoautotrophic bacteria），あるいは化学合成独立栄養微生物（chemoautotrophic bacteria）という．化学生成独立栄養微生物の中には，C1化合物（メタン，メタノール，メチルアミンなど）を炭素源として利用するものも含

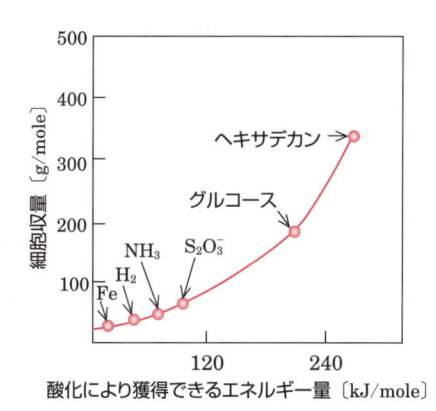

● 図3.16 無機化合物と有機化合物の酸化によって得られるエネルギー量と細胞収量の関係
無機化合物（Fe，H_2，NH_3，$S_2O_3^-$）は，有機化合物（ヘキサデカン，グルコース）に比べ酸化によって獲得できるエネルギー量が非常に低く，これと細胞収量の間には相関関係が見られる（Adapted from Brock, T.D., and M.T. Madigan：Biology of Microorganisms. Reprinted by permission of Prentice-Hall, Englewood Cliffs（1991）を改変）．

まれる．無機化合物の酸化によって獲得したエネルギーは，酸化的リン酸化によるATPの生成に使われるが，有機化合物の好気呼吸に比べ大きなエネルギーを得ることができないので，細胞収量が少なく生育速度も遅くなる（図3.16）．

表3.6には，主な無機化合物を無機化学栄養微生物とそのエネルギー獲得反応について簡単にまとめた．無機化学栄養微生物についてさらに詳しく調べたい場合は，参考図書3，4を参考にするとよい．

表3.6 主な無機化学栄養微生物のエネルギー獲得

Schlegel, H. G and H. W. Jannasch, 1992 Prokaryotes and their habitats, pp.75-125. In：The Prokaryotes, Vol.I. A. Balows, H. G. Truper, M. Dworkin, W. Harder and K.-H. Schleifer（eds.）Springer-Verlag, Berlinを改変

微生物グループ	代表的な種名	エネルギー獲得反応	炭素源
水素酸化細菌	*Alcaligenes eutrophus*	$H_2 + 1/2\,O_2 \rightarrow H_2O$	CO_2
アンモニア酸化細菌	*Nitrosomonas europaea*	$NH_3 + \frac{3}{2} O_2 \rightarrow NO_2^- + H^+ + H_2O$	CO_2
亜硝酸酸化細菌	*Nitrobacter winogradskyi*	$NO_2^- + 1/2\,O_2 \rightarrow NO_3^-$	CO_2
硫黄酸化細菌	*Thiobacillus thiooxidans*	$S^{2-} + 2\,O_2 \rightarrow SO_4^{2-}$ $S^0 + \frac{3}{2} O_2 + H_2O \rightarrow SO_4^{2-} + 2\,H^+$ $S_2O_3^{2-} + 2\,O_2 + H_2O \rightarrow 2\,SO_4^{2-} + 2\,H^+$	CO_2
鉄酸化細菌	*Thiobacillus ferrooxidans*	$Fe^{2+} + 1/4\,O_2 + H^+ \rightarrow Fe^{3+} + 1/2\,H_2O$	CO_2

演習問題

Q.1 微生物を培養するときに用いる合成培地と天然培地についてそれぞれ説明せよ．

Q.2 微生物実験を行うために器具類や培地を滅菌する必要がある．滅菌操作には，どのような種類があるか．

Q.3 培地を滅菌するとき培地成分を一緒に滅菌すると不都合な場合がある．その例を二つあげて説明せよ．

Q.4 細胞内でのATP生成方法を三つ説明せよ．

Q.5 キノン類のどのような物性的性質が電子伝達系でのキノン類の働きに役立っているのか説明せよ．

Q.6 細菌の電子伝達系とミトコンドリアの電子伝達系の類似点と相違点をそれぞれ二つずつあげよ．

Q.7 生命が生きていくためには，三つの仕事を行わなくてはならない．その三つを答えよ．

Q.8 一次能動輸送と二次能動輸送の違いを説明せよ．

Q.9 次にあげる能動輸送系は，一次能動輸送系と二次能動輸送系のどちらか．
(A) 電子伝達系の複合体Ⅲ
(B) Na^+/H^+対向輸送
(C) 大腸菌Kdpシステムによる細胞内へのK^+の取込み輸送

Q.10 無機化学栄養微生物にはどのようなものがいるか．

参考図書

1. 畝本力：未来の生物科学シリーズ〈27〉 特殊環境に生きる細菌の巧みなライフスタイル，共立出版（1993）
2. 掘越弘毅，青野力三，中村聡，中島春紫：ビギナーのための微生物実験ラボガイド，講談社サイエンティフィック（1993）
3. 山中健生：微生物のエネルギー代謝改訂，学会出版センター（1999）
4. 山中健生：環境にかかわる微生物学入門，講談社（2003）
5. M. T. Madigan, J. M. Martinko and J. Parker 著，室伏きみ子，関啓子 監訳：Brock微生物学，オーム社（2003）
6. David White：The physiology and biochemistry of Prokaryotes, 2nd edition, Oxford University Press（2000）
7. Adapted from Brock, T. D., and M. T. Madigan：Biology of Microorganisms, Reprinted by permission of Prentice-Hall, Englewood Cliffs（1991）
8. H. G. Schlegel and H. W. Jannasch, Prokaryotes and their habitats, In：The Prokaryotes, Vol. I. pp.75-125, A. Balows, H. G. Truper, M. Dworkin, W. Harder and K.-H. Schleifer（eds.），Springer-Verlag, Berlin（1992）

MEMO

Chapter 4
微生物の生育と条件

　微生物を含めて生物は，生育に栄養物質と最適な生育条件を必要とする．栄養物質は微生物細胞の構成成分として，さらに構成成分を生合成するのに必要なエネルギーを供給するために利用される．大部分の微生物はエネルギー源として有機化合物を利用するが，無機化合物や光をエネルギー源とする微生物も存在している．生育条件は微生物の最適な生育環境を提供するものであり，生育温度，生育 pH，好気的条件，嫌気的条件などの環境は微生物によりかなり異なっている．それでは，微生物はどのような環境条件のもとで，どのように生育するのかを見てみよう．

Chapter 4

微生物の生育と条件

4.1 生育と分裂

　微生物が新しい培地に移されると，培地に含まれる栄養物質を細胞内に取り入れて生育を始める．微生物は細胞分裂（cell division）によって生育する．親細胞がほぼ2倍の大きさになり，細胞構成物質が複製されると細胞は分裂し，二つの娘細胞を生じる．このように細胞が二つの細胞に分裂して生育するので，微生物の生育は細胞数が増加することを意味する．細胞分裂において，微生物は一般的に2分裂（binary division）または出芽（budding）により細胞数が増加する．2分裂中に細胞構成成分を複製して二つの細胞に分裂する．このとき隔壁が二つの細胞間に作られ，それが分離して二つの娘細胞となる．原核細胞（prokaryotic cell）は分裂の前に染色体（chromosome）を複製し，娘細胞に分配される．分裂後の形態として，細胞同士が連鎖状や繊維状になることがある．また，生育条件によっては通常は桿菌の微生物が繊維状の形態になることもある．酵母やある種の細菌では，出芽によって生育する．細胞体の一部から突起が生じて，それが生育して一つの細胞程度の大きさになり，親細胞から離れて新しい細胞になる．

　細菌およびラン藻は原核細胞であり，核膜をもたず，有糸分裂（mitosis）を行わない．原核細胞の対語として，核膜に包まれた核をもち，有糸分裂を行う**真核細胞**（eukaryotic cell）がある．酵母は真核細胞である．

4.2 増殖曲線

　微生物の1種類を新しい液体培地に接種して一定の環境条件で培養すると，微生物が培地に含まれる栄養物質を摂取して生育し始め細胞数が増加する．このとき細胞数の変化を測定すると，図4.1に示すような**増殖曲線**（growth curve）が得られる．これは最初に含まれる栄養物質のみにより培養される場合であり，**回分培養**（batch culture）と呼ばれている．回分培養の初期は**誘導期**（lag phase）と呼

4.2 増殖曲線

ばれ，細胞数の増加はほとんどないが，細胞内は代謝的に活発であり，培地から栄養物質を取り込んで増殖に必要な酵素を合成している．誘導期の期間は微生物の種類，培地の組成，接種された微生物の状態などにより変化する．一般的に，増殖が活発な状態で接種された微生物は 1 ～ 2 時間で増殖を開始するが，微生物の種類によっては増殖が開始されるまでに長くて数日間かかることがある．

生育に必要な栄養物質が与えられると，細胞は対数的に増殖を始める．この時期を**対数増殖期**（exponential phase）といい，このとき図 4.1 のように Y 軸を対数で表すと微生物の増殖は直線になり，最も速い速度で増殖している．対数増殖期では細胞の代謝は一定であり，一定の分裂時間で細胞分裂を繰り返している．細胞が分裂して細胞数が 2 倍になる時間は微生物の種類により異なるが，個々の微生物においては一定の培養条件では一定であり，**世代時間**（generation time）と呼ばれている．細胞を対数増殖期に維持することは，微生物工業において重要である．工業的な大型培養槽に添加される種菌は，対数増殖期の細胞を用いている．対数増殖期の細胞を種菌として添加すると，大型培養槽では誘導期なしで細胞を増殖させることができ，微生物の培養を最小時間で終わらせることが可能である．

培地中の栄養物質が微生物に消費されるとともに，乳酸や酢酸などの代謝産物が培養液中に蓄積し始める．栄養物質が減少すると微生物の増殖が低下し，**定常期**（stationary phase）となる．定常期は細胞の生育が低下し，細胞分裂によって新しい細胞が生成すると同時に同数の細胞が死滅する時期である．この場合，培養液中の生細胞数は一定の値になる．図 4.1 は定常期を水平の直線で表している．培地中の栄養物質濃度は低下し，生成された代謝物質により培地 pH が変化し，細胞毒を示す代謝物質が生成されることもある．

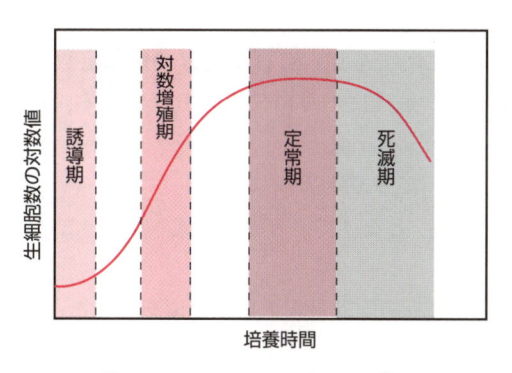

図 4.1　微生物の増殖曲線

培地中の栄養物質が微生物に完全に消費されると微生物は分裂できなくなり，生育が停止し死滅し始める．この時期を死滅期（decline phase）と呼び，生細胞数は指数関数的に減少する．胞子（spore）を形成する微生物は定常期の終わり頃から胞子を形成し始め，死滅期ではほとんどの細胞が胞子を形成するようになる．

微生物の増殖速度（growth rate）は，次式のように細胞数 X に比例する．

$$dX/dt = \mu \cdot X \tag{4.1}$$

ここで，X は細胞数，t は培養時間，μ は比増殖速度（specific growth rate）である．

初発細胞濃度を X_0 として式（4.1）を積分すると，

$$X = X_0 \cdot \exp(\mu \cdot t) = X_0 \cdot e^{\mu \cdot t} \tag{4.2}$$

となる．また，細胞が分裂して細胞数が2倍になる時間（世代時間）を t_g とすると次式のようになる．

$$t_g = \ln 2/\mu = 0.693/\mu \tag{4.3}$$

μ および t_g は，微生物の種類だけでなく，培地中の栄養物質の組成，温度，pH，圧力などにより変化する．増殖速度の速い大腸菌（*Escherichia coli*）の世代時間は培養条件が最適である場合，20分程度であるが，遺伝子組換え大腸菌の場合は60分以上になる場合がある．酵母では2時間程度，藻類では十数時間程度である．

培地中には栄養物質として各種の成分が含まれているが，その中で特定の成分を S とし，S 以外の成分は充分量培地中に存在しているとする．この場合，成分 S を制限基質（limiting substrate）といい，S と μ との関係については各種のモデルが提案されている．一般的に用いられているモデルに次式で示される Monod 式がある．

$$\mu = \mu_{max} \cdot S/(K_s + S) \tag{4.4}$$

ここで，μ_{max} は最大比増殖速度，K_s は基質 S の飽和定数である．Monod 式は実験式であり，微生物の増殖速度の算出に用いられている．この場合，増殖速度を Monod 式で表すと次式が得られる．

$$dX/dt = [\mu_{max} \cdot S/(K_s + S)] \cdot X \tag{4.5}$$

対数増殖期では $S \gg K_s$ となっているので，式（4.5）は，

$$dX/dt = \mu_{max} \cdot X \tag{4.6}$$

となり，対数増殖期では，細胞は最大の増殖速度を示すことになる．

4.3 生育の測定法

　微生物の生育の測定は，細胞が分裂して増殖していく細胞数を計数すること，または増殖による細胞重量の増加量を測定することにより行われる．これには標準平板希釈法，位相差顕微鏡とトーマの血球計算盤を用いて一定体積中の細胞数を算出する方法，濁度測定法，乾燥重量測定法，コールターカウンタ法やフローサイトメトリー法などがある．

4.3.1 標準平板希釈法

　標準平板希釈法は，生きた1個の微生物が寒天平板培地（agar plate）で増殖して目に見える1個のコロニー（colony）を形成することを根拠として細胞数を計測する方法である．微生物の培養液を生理食塩水で希釈して，希釈した細胞懸濁液の 0.1 ml を寒天平板培地にガラス製スプレッダを用いて均一に塗り拡げる．この方法は塗沫法と呼ばれる．一方，希釈した細胞懸濁液を溶けた寒天培地に加えて均一に混合した後，空のシャーレに注いで固める方法を混釈法と呼ぶ．いずれかの方法で細胞を接種した寒天平板培地を恒温培養器に入れ一定時間の培養後，寒天平板培地上または内部に生育したコロニー数を計数することにより，もとの培養液中の細胞数を求めることができる．寒天平板培地に 30 ～ 300 個程度のコロニーが生育するように，培養液の希釈倍率を設定すると精度の高いデータが得られる．希釈方法としては，生理食塩水を用いて 10 倍ずつ段階的に希釈する方法を行い，最適と考えられる希釈倍率の希釈液とその前後の希釈液を用いて寒天平板培地で培養すると良い．

4.3.2 血球計算盤法

　罫線が入ったスライドガラスであるトーマの血球計算盤に培養液の一定量を滴下し，一定の格子区画内に存在する細胞数を位相差顕微鏡を用いて計数する．算出式に当てはめることにより培養液 1 ml 中の細胞数が得られる．正確な細胞数を得るには培養液中の微生物が均一に分散されていることが必要であるが，生細胞と死細胞を区別できないのが欠点である．また，微生物の細胞数が少ないときには，計数誤差が大きくなるので使用できない．

4.3.3 濁度測定法

　微生物が培地中に生育すると，細胞により培養液が濁ることを利用した方法である．この濁度を比色計（colorimeter）や分光光度計（spectrophotometer）を用いて測定する．一般的に波長 660 nm における吸光度（absorbance）を測定して濁度とする場合が多い．培養液の濁度が高い場合は生理食塩水などで希釈して吸光度を測定するが，逆に濁度が低い場合は測定誤差が大きくなる．この方法は濁度の測定装置さえあれば迅速かつ正確に測定できるため，微生物培養における細胞濃度の測定に広く使用されている．

4.3.4 乾燥重量測定法

　一定量の培養液中に存在する微生物細胞をろ過や遠心分離により回収し，乾燥器で乾燥させた後，重量を測定して細胞量を算出する方法である．簡便なので微生物培養においてよく用いられる．単細胞の微生物の場合は，4.3.3 項で述べた濁度測定法により測定された吸光度（細胞濃度）と，乾燥細胞重量とは相関関係が見られるので，短時間で測定できる濁度測定法により吸光度を測定した後，乾燥細胞重量に換算することが行われている．乾燥細胞重量は，消費基質量当たりの細胞収率や増殖細胞量当たりの生産物収率などを表すのに用いられる．

4.3.5 コールターカウンタ法

　コールターカウンタは粒子の数を電気抵抗法によって測定する装置で，酵母などの細胞数を計数できる．細孔（アパチャ）の両側に設置された両電極間に電流を流し，電解液中に懸濁した粒子が細孔を通過するとき，両電極間の電気抵抗変化量が細孔を通過する粒子の大きさに比例することを利用して，粒子の計数と大きさの測定を行う方法である．細胞数の測定だけでなく，粒度分布の測定も可能である．

4.3.6 フローサイトメトリ法

　蛍光染色された細胞の一つひとつにレーザ光を照射し，細胞から発する散乱光と蛍光を検出することにより，細胞の計数とその性状を解析する方法である．細胞を蛍光染色する必要があるが，大腸菌，酵母，カビなどの総菌数と死菌数を短時間で測定可能である．蛍光強度と散乱光強度を計測することから，微生物の細胞数だけでなく，個々の細胞の大きさ，核酸量の分布も測定できる．

4.4 連続培養（ケモスタット）

連続培養（continuous culture）とは，培養槽に一定速度で培地を供給し，供給した培地と同量の培養液を連続的に培養槽から取り出す培養方法である．回分培養では細胞濃度，培地中の栄養物質濃度や生産物濃度は培養時間の経過とともに変化するが，連続培養では培地の供給速度を一定にすることで培養環境条件を一定に維持できることから，培養槽内の細胞の代謝活性を一定の状態にすることが可能である．これにより，細胞の生理学的研究や反応速度論的研究などの研究や，生理活性が均一な細胞を大量に採取するのに適している．一定濃度の栄養物質を含む培地の供給速度を調節することにより，定常状態を維持する方法を培養槽内の化学成分が一定に保たれるということから，ケモスタット（chemostat）と呼ばれている．ケモスタットによる連続培養では，細胞は培地供給速度（希釈率（dilution rate））に応じて生育する．一定の希釈率で培養すると，細胞増殖量と培養槽から排出される培養液中の細胞量とが一致するようになり，定常状態になる．

図 4.2 に示すような完全混合型培養槽について，細胞濃度 X における物質収支をとると，

$$V \cdot dX/dt = -F \cdot X + V \cdot \mu \cdot X \tag{4.7}$$

となる．ここで，F は培地供給速度，V は培養槽内の培養液量である．希釈率 $D = F/V$ とすると，

$$dX/dt = (\mu - D) \cdot X \tag{4.8}$$

となる．希釈率は単位時間に培養槽中の培養液が，供給された培地と入れ替わる回数を表している．

次に，基質濃度 S における物質収支をとると，

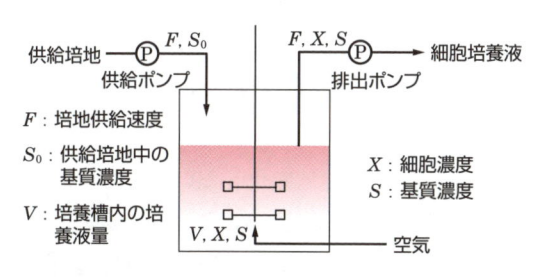

供給培地 —(P)— F, S_0 → F, X, S —(P)→ 細胞培養液
供給ポンプ　　　　　　排出ポンプ

F：培地供給速度
S_0：供給培地中の基質濃度
V：培養槽内の培養液量
V, X, S
X：細胞濃度
S：基質濃度
空気

図 4.2　ケモスタットによる連続培養

$$V \cdot dS/dt = F \cdot S_0 - F \cdot S - V \cdot \mu \cdot X / Y_{X/S} \tag{4.9}$$
$$dS/dt = D \cdot (S_0 - S) - \mu \cdot X / Y_{X/S} \tag{4.10}$$

となる.ここで,S_0は供給培地中の基質濃度,$Y_{X/S}$は細胞収率(cell yield)を表し,細胞の増殖量を基質消費量で除した値である.

定常状態においては,式(4.8)と式(4.10)において$dX/dt=0$および$dS/dt=0$になるので,

$$\mu = D = F/V \tag{4.11}$$
$$X = Y_{X/S} \cdot (S_0 - S) \tag{4.12}$$

となる.定常状態にある連続培養での細胞の比増殖速度μは,希釈率Dまたは培地供給速度Fにより制御できることを示している.しかし,細胞の比増殖速度μは微生物により決まった最大値があるので,希釈率Dを最大比増殖速度μ_{max}より大きくすると培養液の排出により低下する細胞量が細胞増殖量より大きくなるので,培養槽内の細胞量が急激に低下し,細胞が培養槽より流れ出ることになる.この現象をウォッシュアウト(washout)と呼び,培養液中の細胞濃度は低下し0になる.

比増殖速度をMonod式で表すと,

$$\mu = D = \mu_{max} \cdot S / (K_s + S) \tag{4.13}$$
$$S = K_s \cdot D / (\mu_{max} - D) \tag{4.14}$$
$$X = Y_{X/S} \cdot (S_0 - K_s \cdot D / (\mu_{max} - D)) \tag{4.15}$$

となる.ウォッシュアウトが起こる限界の希釈率をD_{crit}(critical dilution rate)とすると,D_{crit}は$S_0 = S$として求められる.

$$D_{crit} = \mu_{max} \cdot S_0 / (K_s + S_0) \tag{4.16}$$

これより,ウォッシュアウトが起こる限界の希釈率D_{crit}はほぼ最大比増殖速度μ_{max}に近い値となる.ここで,細胞の生産性Pを培養液量と単位時間当たりの細胞増殖量で表すと,

$$P = F \cdot X / V = D \cdot X \tag{4.17}$$

となる.**図4.3**に希釈率D,細胞濃度X,基質濃度Sおよび細胞生産性Pの関係の概念図を示す.

これまで,培養中の細胞収率$Y_{X/S}$は変化しないとしてきたが,実際には希釈率が小さい場合やD_{crit}に近い場合は$Y_{X/S}$がかなり変動することが知られている.特に,D_{crit}に近い場合は,希釈率の変化に対して細胞濃度の変化が大きくなるので,培地供給速度が少し変動すると細胞濃度が変化し,定常状態で培養することが難し

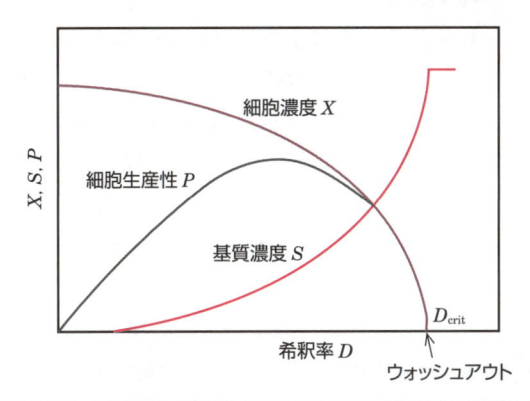

図 4.3 連続培養における希釈率，細胞濃度，基質濃度および細胞生産性の関係

くなる．

連続培養法にはケモスタットのほかに細胞濃度を一定に維持する制御方式であるターピドスタット（turbidostat）と栄養物質濃度を一定に維持する制御方式であるニュートリスタット（nutristat）がある．このように培養液中の特定の因子を指標として培養を制御する方式をフィードバック制御（feedback control）と呼ぶ．

4.5　生育に影響を与える環境因子

微生物は地球上のあらゆる環境で見られるが，通常の生物が生育できないようなさまざまな自然環境でも見い出される．温泉や深海底の熱水噴出孔などの高温環境，冷蔵庫や南極の氷床などの低温環境，水圧の高い深海底泥などの高圧環境，強い酸性からアルカリ性の環境および高塩濃度環境にも生育する微生物が存在する．このように微生物の生育範囲は広いが，それぞれの環境において生育可能な微生物の種類は限られている．

4.5.1　温度が生育に与える影響（低温，高温）

生育可能な最低温度および最高温度は微生物の種類によってかなり異なっている．微生物の生育温度によって好熱菌（thermophile），中温菌（mesophile），低温菌（psychrophile）に分類されている（→ 13.2.2 項）．

好熱菌は 55 〜 60℃でよく生育し，温泉水やコンポストなどに生育しているこ

とが多い．コンポスト中によく見られる *Bacillus stearothermophilus* は 75℃ が最高生育温度である．また，深海底の熱水噴出孔近くでは 110℃ で生育する**超好熱菌**（hyperthermophile）が見つかっている．好熱菌は高温環境で生育できることから，耐熱性酵素の生産に使われている．とくに，*Thermus aquaticus* が生産する耐熱性酵素 *Taq* DNA ポリメラーゼは 95℃ 付近でも失活しないので，試験管内で DNA を大量に増幅させる反応である **PCR**（polymerase chain reaction → 8.5.1 項〔3〕）に用いられている．

中温菌は 25 〜 37℃ でよく生育し，通常の常温環境においてよく見られる．その中でも大腸菌はヒトの体内で生育することから，体温の 37℃ が最適生育温度である．また，中温菌には食品の腐敗に関係する微生物が多い．

低温菌は 12 〜 18℃ でよく生育するが，0℃ でも生育する微生物があり，冷蔵庫などに保存した食品を腐敗させることがある．

微生物は至適生育温度より少し高い温度が最高生育温度であることが多く，最高生育温度より 10℃ 以上高い温度では急激に死滅する．しかし，胞子は耐熱性が高いことから，微生物を完全に死滅させるためには，オートクレーブを用いて 121℃ で 20 分程度の高圧滅菌すると良い．また，低温では微生物の生育が抑制されることから，食品などを冷蔵庫に保存するが，低温菌が増殖することがある．そのため，食品を冷凍して −20℃ で保存することが行われている．

4.5.2　pH が生育に与える影響（低 pH，高 pH）

微生物の生育は培地の pH により大きく影響される．生育温度と同じようにおのおのの微生物には至適生育 pH が存在する．一般的には中性の pH 7 付近が至適生育 pH であるが，酸性の pH 環境やアルカリ性の pH 環境を好む微生物も多く存在している．微生物は至適生育 pH によって**好酸性菌**（acidophile），**好中性菌**（neutrophile），**好アルカリ性菌**（alkaliphile）に分類される．

好酸性菌は pH 0.1 〜 5 の範囲でよく生育する微生物である．酵母やカビは pH 5 程度の微酸性の培地によく生育する．特に，硫黄酸化細菌の *Thiobacillus thiooxidans* は pH 1 〜 5 の範囲でよく生育する．また，バクテリアリーチング[*1]（bacteria leaching）に使用されている *Thiobacillus ferrooxidans* は，pH 2 〜 4 で生育する．

[*1] バクテリアリーチング：鉄酸化細菌や硫黄細菌などの微生物を利用して，鉱石中の金属成分（銅，ウランなど）を溶出して採取する方法．

4.5 生育に影響を与える環境因子

　好中性菌はpH 5 ～ 8の範囲でよく生育する．好中性菌である大腸菌は中性付近のpHで培養されるので，培養槽や培地などの殺菌を十分に行わないと培養中に雑菌に汚染されることがある．

　好アルカリ性菌はpH 10 ～ 11のアルカリ性環境でよく生育し，中性のpH範囲では生育できない．耐アルカリ性といわれる微生物はpH 9が生育限界であり，好アルカリ性菌とは生育pH範囲が異なる．*Bacillus alkaliphilus*は天然藍染発酵液から見出された好アルカリ性菌で，生育には特別な栄養因子を必要とすることが知られている．酵素のアルカリプロテアーゼ（alkaline protease）は家庭用洗剤の洗浄補助材として用いられているが，この酵素を生産する好アルカリ性菌の探索が行われている．

　このように微生物の生育可能なpHは微生物の種類によって大きく異なっているが，細胞内のpHは細胞膜にあるプロトンポンプ（→ 3.2.2項）により中性に維持されている．細胞外の環境が極端な酸性やアルカリ性であっても，このような環境でプロトンポンプが機能する微生物は細胞内を中性pHにすることで，生育可能になっていると考えられる．また，微生物を液体培地で培養すると，乳酸や酢酸のような酸性の代謝物質が生産されて培地pHが酸性になり生育が阻害されることがある．このような場合にはアンモニアや水酸化ナトリウムのようなアルカリ性物質を培地に添加して，培地のpHを微生物の至適pHに戻す必要がある．

4.5.3　浸透圧が生育に与える影響

　微生物の細胞質中にはDNAや多種類のタンパク質，化学物質が存在するので，細胞内は高浸透圧である．そのため，微生物には細胞膜を通して物質を選択的に細胞内外に輸送する，物質の輸送システムが機能している．細胞膜は，水を浸透により細胞内と外とに移動させている．高濃度の塩を含む溶液は浸透圧が高いため，そのような溶液中にある細胞は水が細胞外に流れ出し，細胞膜が細胞壁から離れ**原形質分離**（plasmolysis）を起こす．逆に低い浸透圧の溶液では細胞に水が入るため膨張する．このため，細胞を培養するには培養液の浸透圧を最適に保つ必要がある．

　食品を塩漬けや砂糖漬けにして貯蔵するのは，食品の外部を高い浸透圧に保持することにより，食品を腐敗させる微生物の生育を抑制するためである．

　微生物の中でカビや酵母は高い浸透圧に耐えることが可能である．高い浸透圧条件において生育可能な微生物を**好浸透圧菌**（osmophile）と呼び，とくに高濃度の食塩が存在する環境において生育する微生物を**好塩菌**（halophile）と呼ぶ．塩田

Chapter 4　微生物の生育と条件

などに生育している高度好塩菌の *Halobacterium salinarum* は20％以上の食塩水中でしか生育しない．この菌は光駆動性のプロトンポンプであるバクテリオロドプシン（bacteriorhodopsin）から構成されている紫膜を有している．また，醤油酵母の *Zygosaccharomyces rouxii* は15％程度の食塩存在下で生育する．

Topics　高度好塩菌のバクテリオロドプシン

　ロドプシンは視細胞の桿体に含まれる視物質のことであるが，古細菌（archaea）の一種である高度好塩菌 *Halobacterium salinarum* の細胞膜に存在する光感受性の膜タンパク質をバクテリオロドプシンと呼ぶ．バクテリオロドプシンは1971年にD. OesterheltとW. Stoeckeniusによってサンフランシスコ湾の塩田に生育していた赤紫のハロバクテリアから発見された．彼らはこの微生物の細胞膜上にある紫膜と呼ばれる部分にタンパク質としてバクテリオロドプシンがあること，このタンパク質は光エネルギーを利用してプロトンを能動輸送する光駆動性プロトンポンプで，このプロトン濃度勾配を用いてATPを合成することを明らかにした．バクテリオロドプシンはレチナールを発色団とする，248個のアミノ酸残基からなる分子量26 kDaの膜タンパク質であり，1975年にR. Hendersonらによって2次元結晶の電子線結晶構造解析が行われ，立体構造が明らかにされた．その構造は α ヘリックスが7回膜を貫通しており，この構造体によりプロトンが細胞質から細胞外へ運ばれるのであり，これまでにプロトンの輸送経路はほぼ明らかにされている．バクテリオロドプシンは各種のイオンポンプの中で一番その仕組みがよく理解されている膜タンパク質である．このバクテリオロドプシンは光反応を起こして黄色に脱色し，またもとの紫色の状態に戻ることから，バイオ素子，つまり光スイッチングメモリなどとして利用する研究が行われている．高度好塩菌は培養液の塩濃度を高くして培養できるので，雑菌汚染の心配が少ないことから大量の細胞体が容易に得られる．また，バクテリオロドプシンが2次元結晶化している紫膜は回収と精製が容易である利点がある．微生物が生存するためにもっている機能性タンパク質を，半導体を中心に成り立っている電子機器の一部として利用する技術を開発することは，生物機能の応用として大きな夢のある研究であると思われる．

4.5.4 酸素濃度が生育に与える影響

酸素により受ける生育への影響は微生物により異なり，生育に酸素を必要とする**好気性菌**（aerobe）と酸素を必要としない**嫌気性菌**（anaerobe）の2種類に大きく分けられる．好気性菌は，酸素が原因となる酸化的損傷に対して防御する機構が存在するため空気中で生育可能であり，一方，嫌気性菌はこのような機構をもたないため空気中では生育できない．枯草菌（*Bacillus subtilis*）は好気的な呼吸に酸素を必要とする**偏性好気性菌**（obligate aerobe）であり，大腸菌は好気的および嫌気的のいずれの環境でも生育可能な**通性嫌気性菌**（facultative anaerobe）である．アセトンとブタノールの微生物生産に以前用いられた *Clostrisium acetobutyricum* は**偏性嫌気性菌**（obligate anaerobe）であり，酸素があると生育しない．

酸素は水溶液に常温で $8\ \mathrm{mg}/l$ 程度しか溶解しないため，好気性菌を液体培地で培養する場合には，培養容器を激しく振とうしたり，空気を培養液に吹き込んだりして酸素を微生物に供給する必要がある．しかし，微生物によっては培養液中の酸素濃度を高くしすぎると生育が低下する場合があるので，溶存酸素濃度を最適値に制御する必要がある．

4.6 生育に必要な栄養物質

微生物もすべての生物と同様に増殖に栄養物質を必要とする．栄養物質は微生物細胞の構成成分を合成する材料として，また構成成分を合成するためのエネルギーを供給するのに利用される．一方，光合成を行う微生物や無機化合物の酸化によってエネルギーを獲得する微生物は，獲得したエネルギーを利用して炭酸ガスから有機物質を生合成できる．微生物細胞を構成する元素のうち主要なものとして炭素，水素，酸素，窒素，リンおよび硫黄があり，また微量元素として銅，鉄，コバルト，ナトリウム，カリウム，亜鉛，マグネシウム，マンガン，カルシウム，モリブデンなどがある．微生物の生育にはこれらの元素を含む栄養物質を培地として与える必要があるが，微生物が利用できる栄養物質の種類や量はそれぞれの微生物によって大きく異なっている．微生物を培養する場合には，その微生物がどのような栄養物質を必要としているかを調べて，微生物に適した栄養物質を供給しなければならない．また，栄養物質の供給については，それらの種類や供給方法によって代謝反応

Chapter 4 微生物の生育と条件

が変化するので，微生物の培養の目的にあった方法を選択する必要がある．

4.6.1 炭素源，窒素源

微生物を培養するには一般的に炭素源としてグルコース，フルクトース，ラクトース，マルトース，スクロース，デンプンなどの糖類やタンパク質の加水分解物であるペプトンなどを用いる．また，メタン細菌のように炭素源としてメタンおよびメタノールを要求する微生物がある．窒素源としてはアンモニア，アンモニウム塩，硝酸塩，尿素などの窒素化合物やアミノ酸類，ペプトン，肉エキスなどを用いる．

4.6.2 無機塩

微生物は炭素源と窒素源以外に多種類の無機塩を生育に要求する．無機塩には細胞の構成成分に用いられるもの，酵素反応に必要とされるもの，培地の緩衝作用や浸透圧の調整に必要とされるものがある．リン酸は核酸，ATP，リン脂質などの構成成分として大量に必要とされ，リン酸塩として培地に添加される．硫黄は含硫アミノ酸のシステイン，メチオニンの合成に必要であり，硫酸塩の形で培地に添加される．また，微生物がマグネシウム，鉄，カリウムなども比較的大量に必要とするので，いずれも硫酸マグネシウムのような無機塩の形で添加される．そのほか，カルシウム，亜鉛，モリブデン，銅などの微量元素も培地に加える必要があるが，天然の培地成分を用いている場合は，その中に含まれている量で十分である．

4.6.3 生育因子

大腸菌などはグルコースと無機塩のみで生育することが可能であるが，微生物によっては生育に必要な因子を細胞内で合成できないため，**生育因子**（growth factor）としてビタミンやアミノ酸などを生育に要求する場合がある．例えば，酵母（*Saccharomyces cerevisiae*）は合成培地での生育は非常に悪いが，パントテン酸，ビオチン，チアミン，イノシトールを培地に添加すると増殖促進効果が見られる．生育因子はこのような増殖促進効果のみならず，生理活性の発現因子や代謝制御因子になっている場合があり，生育因子は微生物の生育において非常に重要である．これらの生育因子を供給するための栄養物質として酵母エキス，肉エキス，カザミノ酸などが用いられる．

演習問題

Q.1 微生物の細胞分裂としてどのような形式があるか説明せよ．

Q.2 培地 9 ml を入れた試験管に細胞濃度が 10^5 cells/ml の大腸菌の種培養液 1 ml を入れて，37°C で 5 時間振とう培養した．培養後の大腸菌の 1 ml 当たりの細胞数を求めよ．ただし，世代時間を 20 分とする．

Q.3 グルコースを制限基質 S として大腸菌をケモスタットにより連続培養を行った．2 g/l 濃度のグルコースを含む培地を希釈率 D 1.0 1/h で供給した結果，培養液中のグルコース濃度は 0.01 g/l，細胞濃度 X は 1 g/l となった．このときの飽和定数 K_s が 4 mg/l であるとして，最大比増殖速度 μ_{max} および細胞収率 $Y_{X/S}$ を求めよ．

Q.4 ケモスタットにより微生物を連続培養する際に，ウォッシュアウト現象が起こることがある．この現象について説明せよ．

Q.5 ヒトの病原菌が生育する至適温度は何°C 程度と推定できるか．

Q.6 アルカリ性の培地で好アルカリ性微生物を培養したとき，この微生物はどのようにして自身の生育を維持しているかを説明せよ．

Q.7 偏性好気性菌は生育に分子状酸素を必要とするが，偏性嫌気性菌は分子状酸素の存在下ではまったく生育しない．その理由について説明せよ．

参考図書

1. 林 英生，岩本愛吉，神谷 茂，高橋秀実 監訳：ブラック微生物学，丸善（2003）
2. 塚越規弘 編：応用微生物学，朝倉書店（2004）
3. 海野 肇，中西一弘，白神直弘，丹治保典：新版 生物化学工学，講談社サイエンティフィク（2004）
4. 新家 龍，今中忠行：微生物工学入門，朝倉書店（1991）
5. 吉田賢右，茂木立志 編：生体膜のエネルギー装置，共立出版（2000）
6. 掘越弘毅，秋葉晄彦 編：好アルカリ性微生物，学会出版センター（1993）

ウェブサイト紹介

ブラック微生物学のホームページ

　　http://www.wiley.com/college/black

　　イラストやアニメーションを多数使用して，微生物とその関連の事項についてわかりやすく解説されている．

MEMO

Chapter 5
代謝とその調節

 生物（細胞）は外界からさまざまな物質を取り込み，生命活動の維持に必要なエネルギーや生体を構成する種々の物質を作り出す．これらの変化はすべて化学反応であり，生体内で引き起こされる化学反応の過程を総称して代謝（metabolism）という．代謝は大きく異化（catabolism）と同化（anabolism）に分類される．

Chapter 5

代謝とその調節

5.1 異化と同化

　外界から取り込んだ物質を分解し，エネルギーを取り出す過程を異化という．ここで得られたエネルギーはいったんアデノシン三リン酸（ATP：adenosine triphosphate → 3.2 節）の形で蓄えられた後，運動エネルギーや熱エネルギーの形に変換され生命活動に用いられる．一方，生体内において生命活動の維持に必要な物質を作り出す過程が同化である．同化は生合成ともよばれ，同化により糖質（sugar），脂質（lipid），アミノ酸（amino acid），ヌクレオチド（nucleotide）などの生体構成物質が作られることになる．

　ここでは代謝を異化と同化に分けて説明したが，両過程は互いに密接に関連している．**図 5.1** に代謝経路の概略を示す．異化により取り出したエネルギーは同化の際に利用される．また，生体内で何らかの物質が不足した場合には，代謝経路の連結により不足した物質を補う仕組みがある．すなわち，各種生体構成物質の代謝経路は互いに独立ではなく，例えば糖質から脂質を作ることができ，またアミノ酸から糖質を作ることができる．これらの物質の代謝経路に，**解糖系やクエン酸回路**（→ 5.2 節）が共通してかかわっているためである．解糖系やクエン酸回路は，種々の生体構成物質代謝のまさに交差点といえよう．以後の各節では，生体構成成分である糖質，脂質，アミノ酸および核酸の代謝とその調節について説明する．

5.2 糖質の代謝

　糖質とは分子内に複数個のヒドロキシル基をもつケトンまたはアルデヒド，ならびにそれらの脱水縮合体を指す．糖質は炭素・水素・酸素原子から構成され，その多くは一般式 $C_m(H_2O)_n$ で表されることから**炭水化物**（carbohydrate）とも呼ばれる．植物は太陽エネルギーを利用した光合成により，二酸化炭素と水からデンプ

5.2 糖質の代謝

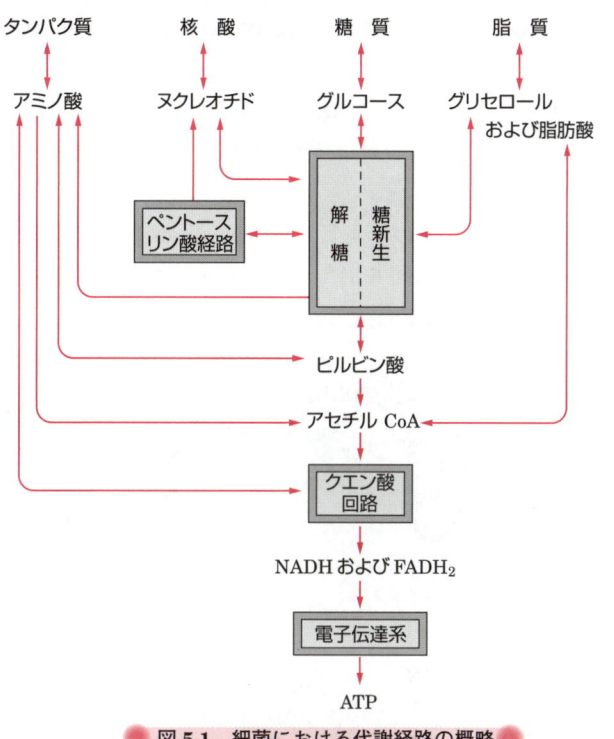

図 5.1 細菌における代謝経路の概略

ンを作り出す．デンプンは**単糖**[*1]（monosaccharide）のグルコース（glucose）がグリコシド結合（glycoside bond）により直鎖状に多数連結した化合物で，**多糖類**（polysaccharide）に属する．植物が作り出したデンプンはグルコースまで加水分解された後，種々の生物によって代謝される．本節では，グルコースを中心とする糖質の代謝について説明する．

5.2.1 糖質の分解

生物は自然界に最も豊富に存在する糖質であるグルコースを分解し，エネルギー通貨としての ATP を生成する．その過程は**解糖系**（glycolysis），**クエン酸回路**（citric acid cycle），**電子伝達系**（electron transport system）の3段階からなる．

[*1] 単糖：糖質の性質を示し，酸によりこれ以上加水分解されない最小の分子単位．単糖が2分子結合したものを二糖，多数結合したものを多糖という．また，単糖のうち，炭素数が6のものを六炭糖（ヘキソース），5のものを五炭糖（ペントース）と呼ぶ．

Chapter 5　代謝とその調節

また，グルコースはペントースリン酸経路（pentose phosphate pathway）によっても分解を受け，各種生合成系において還元剤として用いられる還元型ニコチンアミドアデニンジヌクレオチドリン酸（NADPH：nicotineamide adenine dinucleotide phosphate）（図 5.2）や核酸の生合成に必要なリボース 5-リン酸を生成する．

〔1〕 解糖系

1 分子のグルコースを 2 分子のピルビン酸（pyruvate）にまで分解し，ATP を取り出す過程が解糖系である（図 5.3）．解糖系はすべての生物に共通して備わっており，一連の反応は細胞質で進行する．

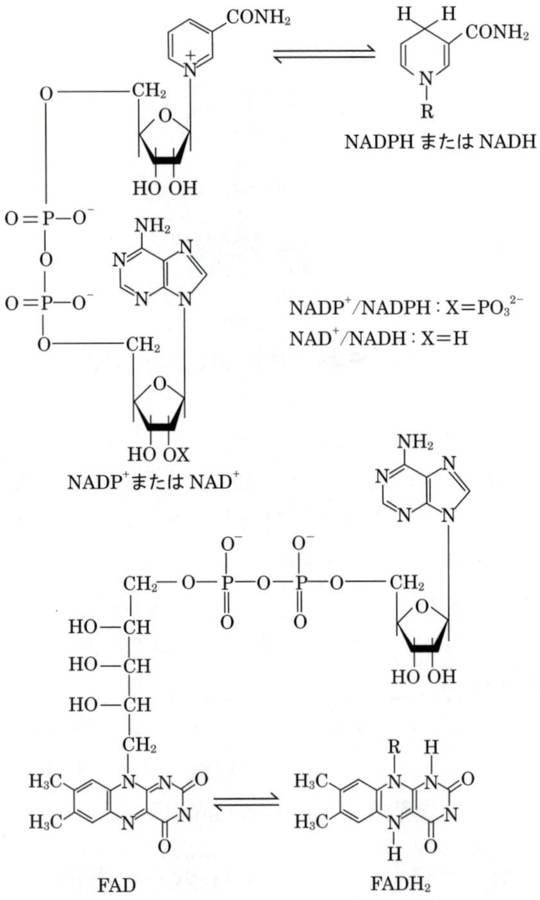

図 5.2　$NADP^+/NADPH$，$NAD^+/NADH$ および $FAD/FADH_2$ の化学構造

5.2 糖質の代謝

グルコース (C₆)
→ ヘキソキナーゼ (ATP → ADP)
→ グルコース 6-リン酸 (C₆)
→ グルコース 6-リン酸イソメラーゼ
→ フルクトース 6-リン酸 (C₆)
→ ホスホフルクトキナーゼ (ATP → ADP)
→ フルクトース 1,6-ビスリン酸 (C₆)
→ アルドラーゼ
→ ジヒドロキシアセトンリン酸 (C₃) ＋ グリセルアルデヒド 3-リン酸 (C₃)
（トリオースリン酸イソメラーゼ）

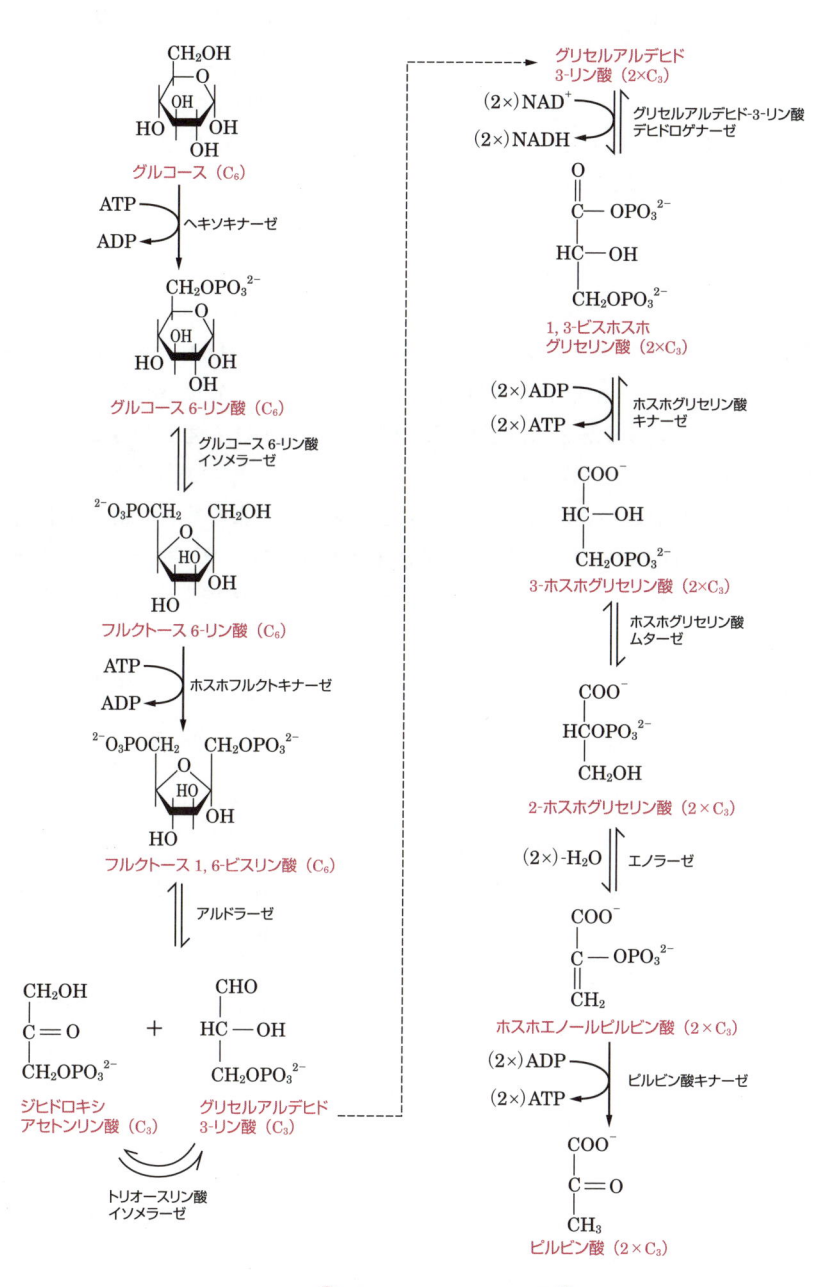

グリセルアルデヒド 3-リン酸 (2×C₃)
→ グリセルアルデヒド-3-リン酸デヒドロゲナーゼ ((2×)NAD⁺ → (2×)NADH)
→ 1,3-ビスホスホグリセリン酸 (2×C₃)
→ ホスホグリセリン酸キナーゼ ((2×)ADP → (2×)ATP)
→ 3-ホスホグリセリン酸 (2×C₃)
→ ホスホグリセリン酸ムターゼ
→ 2-ホスホグリセリン酸 (2×C₃)
→ エノラーゼ ((2×)-H₂O)
→ ホスホエノールピルビン酸 (2×C₃)
→ ピルビン酸キナーゼ ((2×)ADP → (2×)ATP)
→ ピルビン酸 (2×C₃)

● 図 5.3　解糖系の概略 ●

Chapter 5　代謝とその調節

まず，グルコース（C_6）はATPからリン酸を受け取り，次いでフルクトース（C_6）へと異性化した後，さらにATPからリン酸を受け取りフルクトース1,6-ビスリン酸（C_6）となる．フルクトース1,6-ビスリン酸は2分割され，ジヒドロキシアセトンリン酸（C_3）とグリセルアルデヒド3-リン酸（C_3）が生成する．ジヒドロキシアセトンリン酸は異性化によりグリセルアルデヒド3-リン酸となるため，1分子のグルコースから2分子のグリセルアルデヒド3-リン酸が生じることになる．ここまでの過程では，2分子のATPが消費されている．そして，グリセルアルデヒド3-リン酸からピルビン酸（C_3）が生成するまでの過程で，2分子の還元型ニコチンアミドアデニンジヌクレオチド（NADH：nicotineamide adenine dinucleotide）と4分子のATPが作られる．結局，1分子のグルコースが2分子のピルビン酸に分解される過程で，2分子のNADHと差し引き2分子のATPが生成される．

上述の解糖系は酸素の有無によらず進行する．酸素が豊富な場合（好気条件），解糖系で生じたNADHは後述する電子伝達系へと進み，酸化型ニコチンアミドアデニンジヌクレオチド（NAD^+）の再生が行われる．一方，酸素供給が十分でない場合（嫌気条件），ピルビン酸を乳酸（あるいはアルコール）にまで還元することでNAD^+を再生する．これが，発酵とよばれる過程で，古くから酒造りなどに利用されてきた．

〔2〕クエン酸回路

解糖系で生じたピルビン酸は補酵素A（CoA：coenzyme A）と結合してアセチルCoAとなった後，オキサロ酢酸と結合してクエン酸となり，いくつかの反応を経由して再びオキサロ酢酸に戻る．これがクエン酸回路であり，トリカルボン酸回路（TCA回路）とも呼ばれる（図5.4）．ピルビン酸は回路を回ることで最終的に二酸化炭素と水にまで分解され，その過程でATPが合成される．

ピルビン酸（C_3）はミトコンドリアに取り込まれ，脱水素酵素および脱炭酸酵素の働きでアセチルCoA（C_2）へと変化する．その際に生じる二酸化炭素は細胞外に放出され，水素原子はNAD^+に渡されNADHの形で電子伝達系に供給される．アセチルCoAはオキサロ酢酸（C_4）と結合してクエン酸（C_6）となった後，脱水素反応・脱炭酸反応などを受け，イソクエン酸（C_6），2-オキソグルタル酸（α-ケトグルタル酸；C_5），スクシニルCoA（C_4），コハク酸（C_4），フマル酸（C_4），リンゴ酸（C_4）の順に段階的に変化し，最終的にオキサロ酢酸に戻る．1分子のピルビン酸がアセチルCoAを経てクエン酸回路を1周することで，3分子の二酸

図 5.4　クエン酸回路の概略

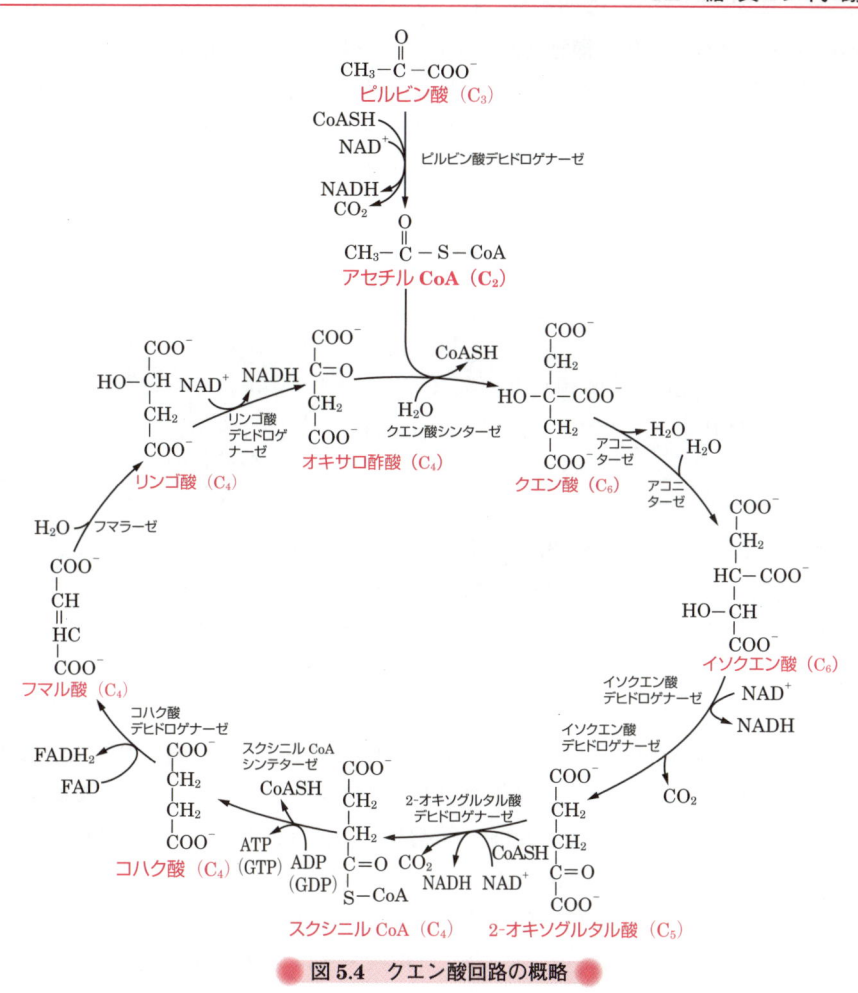

化炭素と 10 原子の水素が生成する．ここで生じた二酸化炭素は細胞外に放出される．一方，水素原子は補酵素に渡され，4 分子の NADH と 1 分子の還元型フラビンアデニンジヌクレオチド（$FADH_2$：flavin adenine dinucleotide）（図 5.2 参照）の形で電子伝達系に供給される．また，1 分子のクエン酸がクエン酸回路を 1 周する間に，1 分子の ATP（動物ではグアノシン三リン酸（GTP：guanosine triphosphate））が生成される．

〔3〕電子伝達系

解糖系やクエン酸回路により NADH や $FADH_2$ の形で捕捉された水素原子は，

Chapter 5 代謝とその調節

一連のタンパク質複合体，補酵素Q（ユビキノン），さらには電子伝達タンパク質であるシトクロムcの連鎖を経て，最終受容体の酸素分子に渡されて水が生じる（図5.5）．その際，タンパク質や補酵素間で電子の授受が行われるため，この過程は電子伝達系と呼ばれる（→3.3節）．この過程は，真核生物ではミトコンドリアにおいて進行する．

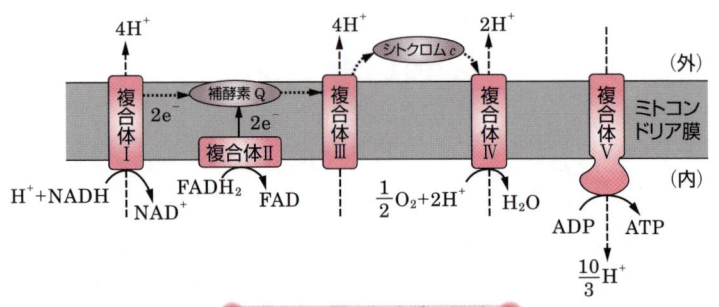

図5.5 電子伝達系の概略
────▶ は電子，----▶ はプロトンの流れを表す．

解糖系やクエン酸回路から供給されたNADHの酸化には複合体Ⅰ（NADH-補酵素Qレダクターゼ），Ⅲ（補酵素Q-シトクロムcオキシドレダクターゼ）およびⅣ（シトクロムオキシダーゼ）が，そしてクエン酸回路に起因する$FADH_2$の酸化には複合体Ⅱ（コハク酸-補酵素Qレダクターゼ），ⅢおよびⅣが関与する．NADHや$FADH_2$の酸化の過程で生じたミトコンドリア膜内外のプロトン（H^+）濃度勾配を利用して，複合体Ⅴ（H^+輸送ATP合成酵素）の働きによりATPが合成される．この過程は酸化的リン酸化（oxidative phosphorylation）と呼ばれる．NADHの酸化に共役して3分子のATPが，そして$FADH_2$では2分子のATPが作られる．グルコースが好気的に代謝された場合，解糖系・クエン酸回路・電子伝達系により，1分子のグルコースから38分子ものATPが生じる．一方，嫌気代謝においては，解糖系から2分子のATPが得られるにすぎない．好気代謝により嫌気代謝の19倍ものATPが生産される点は特筆に値する．

〔4〕ペントースリン酸経路

ペントースリン酸経路は，ホスホグルコン酸経路・ヘキソースリン酸側路などとも呼ばれる．解糖系のグルコース6-リン酸から分岐し，フルクトース6-リン酸またはグリセルアルデヒド3-リン酸の形で戻る代謝経路である（図5.6）．ペントースリン酸回路によりNADPHが供給されるほか，ヌクレオチド生合成の材料であるリボース5-リン酸も生成する（→5.4節）．

5.2 糖質の代謝

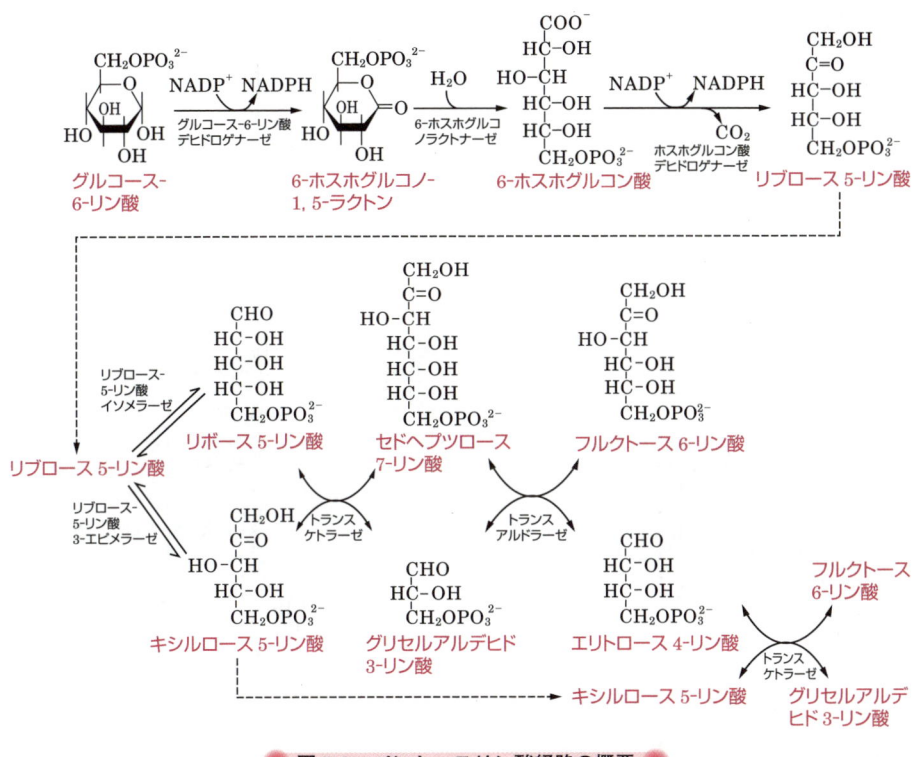

図 5.6 ペントースリン酸経路の概要

5.2.2 糖質の生合成

ピルビン酸やオキサロ酢酸などから，解糖系を逆行してグルコースを生合成する経路を**糖新生**（gluconeogenesis）という（**図 5.7**）。

糖新生の中間産物はすべて解糖系の中間産物と同一であり，大部分の酵素は共通である。しかしながら，解糖系においては不可逆な過程が 3 か所あり，それらは別の四つの酵素反応によりバイパスされる。もし，完全に解糖系を逆行できるとすれば，ATP の消費は 2 分子ですむはずであるが，実際には 4 分子の ATP と 2 分子の GTP が消費される。これは，解糖系における不可逆反応を単なる加水分解反応でバイパスしたことに起因する。

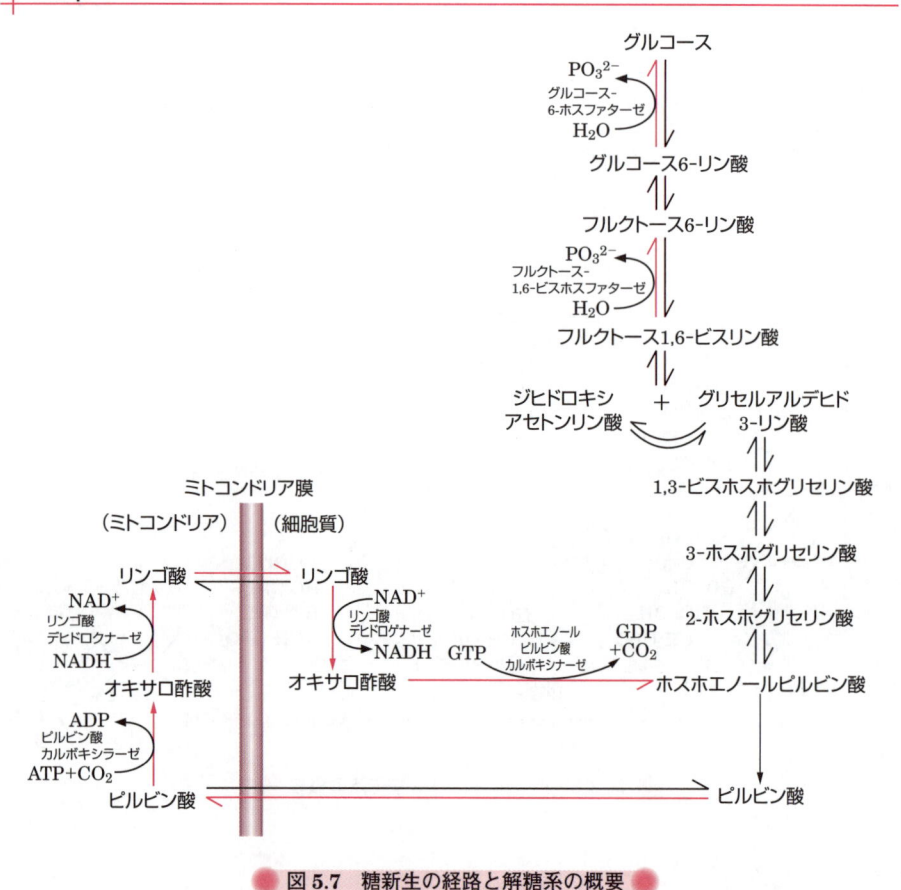

Chapter 5 代謝とその調節

図 5.7 糖新生の経路と解糖系の概要

糖新生においては，赤い矢印で示したバイパス経路をとることで，グルコースを生合成する．

5.3 脂質の代謝

　長い炭化水素鎖をもつカルボン酸を脂肪酸（fatty acid）という．炭化水素鎖に二重結合をもたない飽和脂肪酸と二重結合をもつ不飽和脂肪酸がある．脂質とは，分子内に長鎖脂肪酸を有する一連の物質を指し，水に溶けにくい性質を示す．単純脂質（脂肪，fat），複合脂質（リン脂質（phospholipid），スフィンゴ脂質（sphingolipid）および糖脂質（glycolipid））などに分類される（図 5.8）．微生物

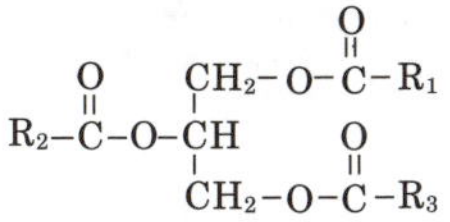

脂肪（トリアシルグリセロール）の構造：
$R_2-\overset{O}{\underset{\|}{C}}-O-CH$、$CH_2-O-\overset{O}{\underset{\|}{C}}-R_1$、$CH_2-O-\overset{O}{\underset{\|}{C}}-R_3$　　$R_1 \sim R_2 =$ アシル基

脂肪（トリアシルグリセロール）

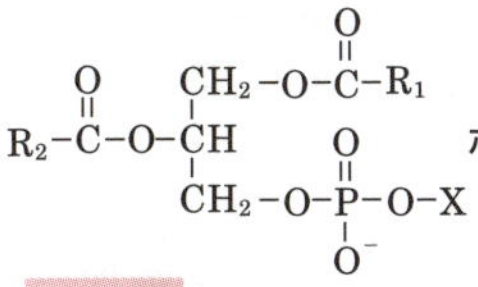

リン脂質の構造：
$R_2-\overset{O}{\underset{\|}{C}}-O-CH$、$CH_2-O-\overset{O}{\underset{\|}{C}}-R_1$、$CH_2-O-\overset{O}{\underset{\|}{P}}-O-X$（$O^-$）　　ホスファチジルエタノールアミン：$X=-CH_2CH_2\overset{+}{N}H_3$

リン脂質

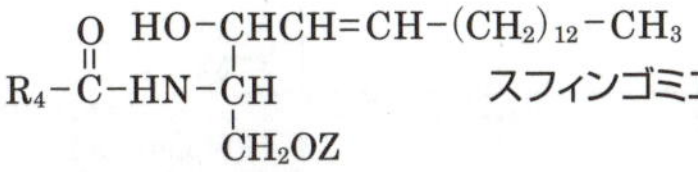

スフィンゴ脂質の構造：
$R_4-\overset{O}{\underset{\|}{C}}-HN-CH$、$HO-CHCH=CH-(CH_2)_{12}-CH_3$、$CH_2OZ$　　スフィンゴミエリン：$R_4=-\overset{O}{\underset{\|}{C}}-(CH_2)_{14}-CH_3$　$Z=-CH_2CH_2\overset{+}{N}(CH_3)_3$

スフィンゴ脂質

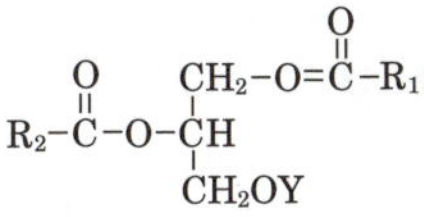

糖脂質の構造：
$R_2-\overset{O}{\underset{\|}{C}}-O-CH$、$CH_2-O-\overset{O}{\underset{\|}{C}}-R_1$、$CH_2OY$　　モノガラクトシルアシルグリセロール：$Y=$ ガラクトース残基

糖脂質

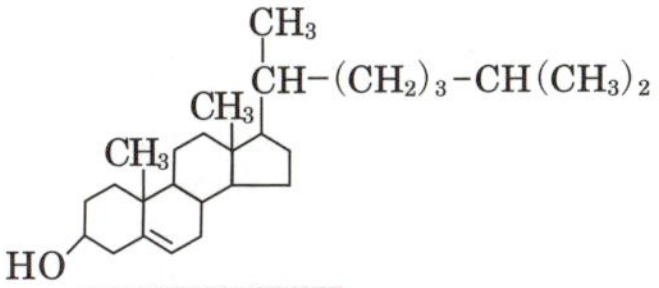

コレステロールの構造（ステロイド骨格に $-CH(CH_3)-(CH_2)_3-CH(CH_3)_2$ 側鎖、$HO-$ 基）

コレステロール

図 5.8　生体内で見られる脂質の化学構造

の細胞膜はリン脂質であるホスファチジルエタノールアミンを多く含む．一方，動物における脂質の役割は単に膜の構成成分として働くだけではない．例えば，余分に作り出されたエネルギーは脂肪の形で生体内に蓄えられ，脂肪中の脂肪酸の分解により大量のエネルギーを取り出すことができる．本節では，動物を例にとり，脂肪の分解と生合成について概説する．

5.3.1　脂質の分解

　脂肪（トリアシルグリセロール，トリグリセリドともいう）は加水分解酵素の働きで1分子のグリセロール（glycerol）と3分子の脂肪酸に分解される（図 **5.9**）．

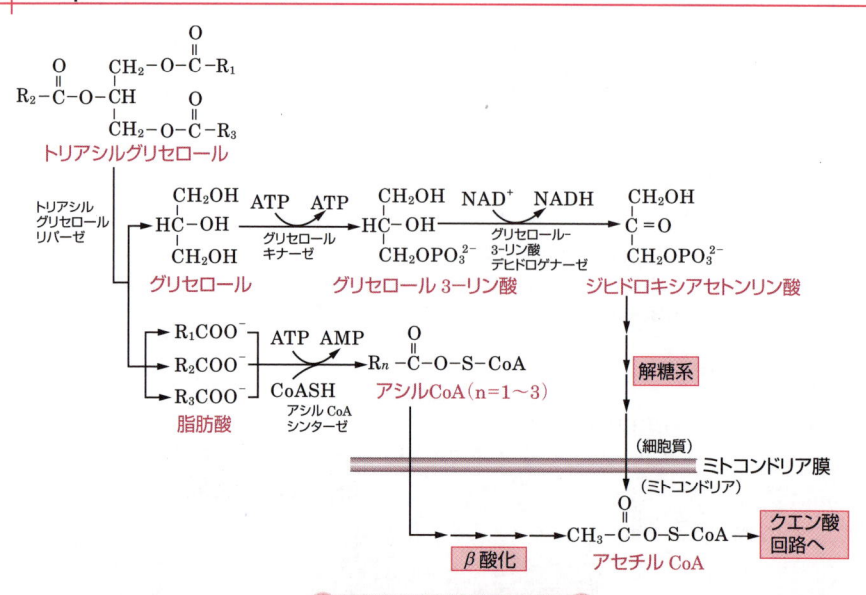

Chapter 5 代謝とその調節

図 5.9 脂肪分解の概要

グリセロールはグリセロール 3-リン酸を経てジヒドロキシアセトンリン酸となり，解糖系で代謝される．一方，脂肪酸は CoA と結合してアシル CoA となった後，ミトコンドリアへと移行する．アシル CoA が β-酸化（CoA から見て 2 番目の β 位の炭素での切断，図 5.10）を繰り返し受けることで，多数のアセチル CoA が生

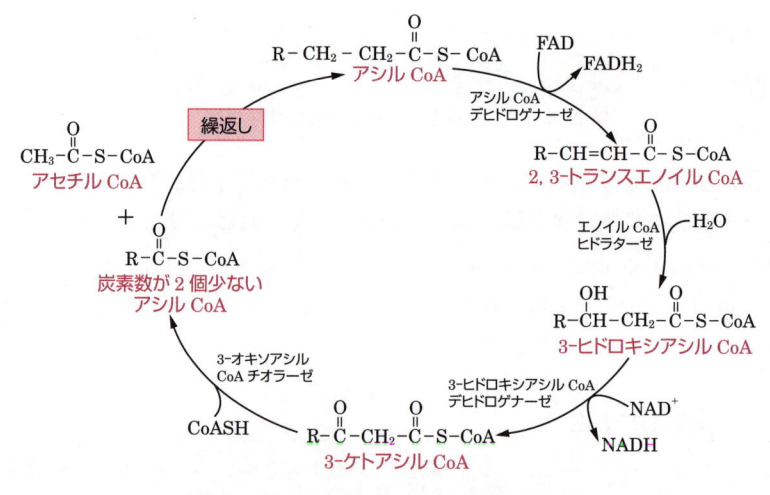

図 5.10 アシル CoA の β 酸化の概要

じる．アセチル CoA の大部分はクエン酸回路に入り，ATP の合成に働く．

5.3.2 脂質の生合成

　脂肪は細胞質において，脂肪酸とグリセロールから合成される．脂肪酸生合成の材料は，脂肪代謝により生じたアセチル CoA である（図 5.11）．ミトコンドリアで作られたアセチル CoA はオキサロ酢酸と結合し，クエン酸の形で細胞質に運ばれた後，逆反応によりアセチル CoA に戻る．細胞質に移行したアセチル CoA はマロニル CoA となった後，アシル基運搬タンパク質（acyl carrier protein）上に結合したアセチル CoA にアセチル基を転移することで，脂肪酸の鎖が延びていく．一方，グリセロール生合成の材料は，解糖系の中間体であるジヒドロキシアセトンリン酸である（図 5.12）．ジヒドロキシアセトンリン酸に，あるいはジヒドロキシアセトンリン酸より生成したグリセロール 3－リン酸に 2 分子のアシル CoA が結合し，ホスファチジン酸となる．脱リン酸の後，さらに 1 分子のアシル CoA が結合することで脂肪の生合成が完結する．

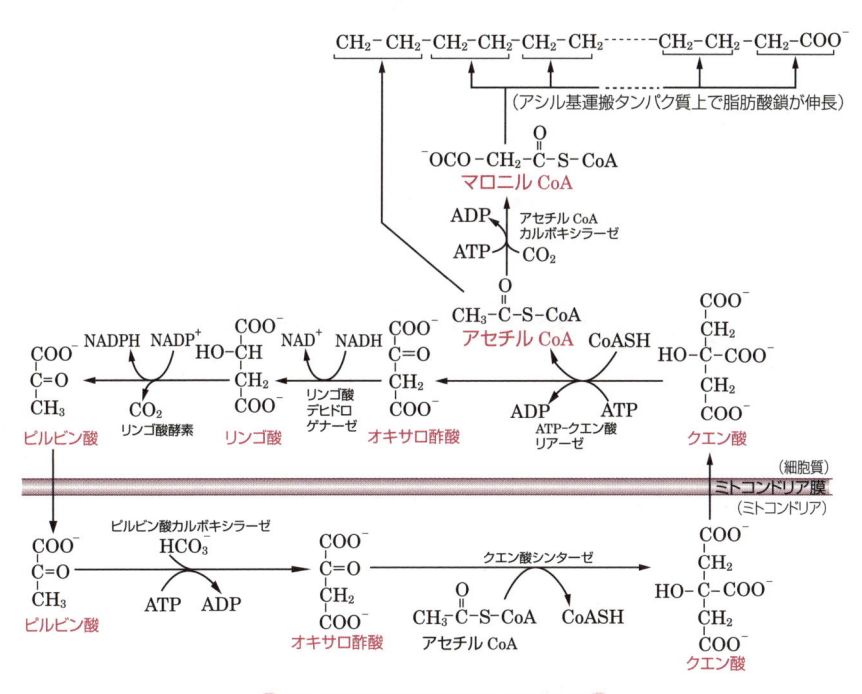

図 5.11　脂肪酸生合成系の概略

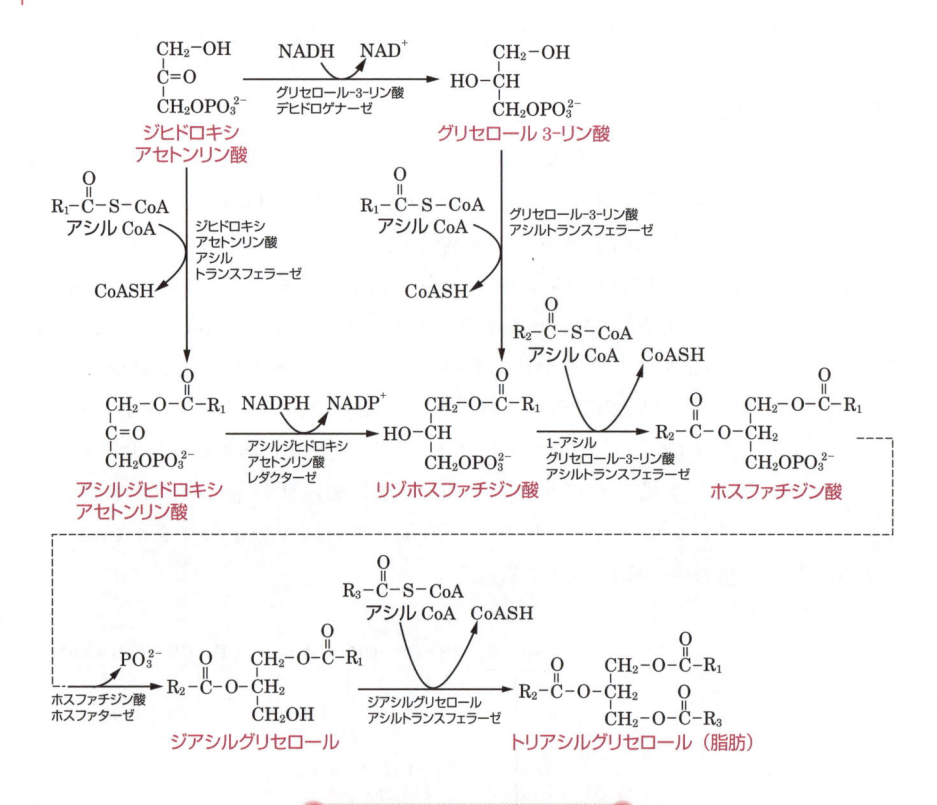

Chapter 5　代謝とその調節

●図 5.12　脂肪生合成系の概略

5.4　アミノ酸の代謝

　生命現象の主役ともいえるタンパク質（protein）は，アミノ酸[*2]がペプチド結合（peptide bond）を介して直鎖状に連結した分子である．タンパク質を構成するアミノ酸は 20 種類ある（**表 5.1**）．タンパク質の加水分解などにより生体内に取り込まれたアミノ酸の大部分はタンパク質合成に用いられるが，過剰なアミノ酸は代謝されてエネルギー源となる．また，アミノ酸はヘムやヌクレオチドといった生体

[*2] アミノ酸：同一分子中にアミノ基とカルボキシル基をもつ化合物を指す．タンパク質を構成するアミノ酸には，いずれも同一炭素原子にアミノ基とカルボキシル基の両方が連結した α-アミノ酸（プロリンのみ α-イミノ酸）である．

5.4 アミノ酸の代謝

● 表 5.1　タンパク質を構成するアミノ酸の化学構造 ●

名　称 [三文字表記，一文字表記]	化学構造式
非極性側鎖アミノ酸	
グリシン (glycine) [Gly, G]	$H-\underset{\underset{NH_3^+}{\mid}}{\overset{COO^-}{\underset{\mid}{C}}}-H$
アラニン (alanine) [Ala, A]	$H-\underset{\underset{NH_3^+}{\mid}}{\overset{COO^-}{\underset{\mid}{C}}}-CH_3$
バリン (valine) [Val, V]	$H-\underset{\underset{NH_3^+}{\mid}}{\overset{COO^-\ \ CH_3}{\underset{\mid}{C}-\underset{\mid}{CH}}}\!\!-CH_3$
ロイシン (leucine) [Leu, L]	$H-\underset{\underset{NH_3^+}{\mid}}{\overset{COO^-}{\underset{\mid}{C}}}-CH_2-\underset{\underset{CH_3}{\mid}}{CH}-CH_3$
イソロイシン (isoleucine) [Ile, I]	$H-\underset{\underset{NH_3^+}{\mid}}{\overset{COO^-\ \ CH_3}{\underset{\mid}{C}-\underset{\mid}{CH}}}\!\!-CH_2-CH_3$
メチオニン (methionine) [Met, M]	$H-\underset{\underset{NH_3^+}{\mid}}{\overset{COO^-}{\underset{\mid}{C}}}-CH_2-CH_2-S-CH_3$
プロリン (proline) [Pro, P]	(プロリン環構造)
フェニルアラニン (phenylalanine) [Phe, F]	$H-\underset{\underset{NH_3^+}{\mid}}{\overset{COO^-}{\underset{\mid}{C}}}-CH_2-\text{C}_6\text{H}_5$
トリプトファン (tryptophan) [Trp, W]	$H-\underset{\underset{NH_3^+}{\mid}}{\overset{COO^-}{\underset{\mid}{C}}}-CH_2-\text{(インドール)}$

Chapter 5　代謝とその調節

表 5.1 つづき

名　称 ［三文字表記，一文字表記］	化学構造式
セリン（serine） ［Ser, S］	$\mathrm{H-\underset{\underset{+}{NH_3}}{\overset{COO^-}{C}}-CH_2-OH}$
トレオニン（threonine） ［Thr, T］	$\mathrm{H-\underset{\underset{+}{NH_3}}{\overset{COO^-}{C}}-\underset{CH_3}{\overset{}{CH}}-CH_3}$
アスパラギン（asparagine） ［Asn, N］	$\mathrm{H-\underset{\underset{+}{NH_3}}{\overset{COO^-}{C}}-CH_2-\overset{O}{\overset{\|}{C}}-NH_2}$
グルタミン（glutamine） ［Gln, Q］	$\mathrm{H-\underset{\underset{+}{NH_3}}{\overset{COO^-}{C}}-CH_2-CH_2-\overset{O}{\overset{\|}{C}}-NH_2}$
チロシン（tyrocine） ［Tyr, Y］	$\mathrm{H-\underset{\underset{+}{NH_3}}{\overset{COO^-}{C}}-CH_2-\bigcirc-OH}$
システイン（cystein） ［Cys, C］	$\mathrm{H-\underset{\underset{+}{NH_3}}{\overset{COO^-}{C}}-CH_2-SH}$
リシン（lysine） ［Lys, K］	$\mathrm{H-\underset{\underset{+}{NH_3}}{\overset{COO^-}{C}}-CH_2-CH_2-CH_2-CH_2-\overset{+}{NH_3}}$
アルギニン（arginine） ［Arg, R］	$\mathrm{H-\underset{\underset{+}{NH_3}}{\overset{COO^-}{C}}-CH_2-CH_2-CH_2-NH-\overset{\overset{+}{NH_2}}{\overset{\|}{C}}-NH_2}$
ヒスチジン（histidine） ［His, H］	$\mathrm{H-\underset{\underset{+}{NH_3}}{\overset{COO^-}{C}}-CH_2-}$ イミダゾール環
アスパラギン酸 （aspartic acid） ［Asp, D］	$\mathrm{H-\underset{\underset{+}{NH_3}}{\overset{COO^-}{C}}-CH_2-COO^-}$
グルタミン酸 （glutamic acid） ［Glu, E］	$\mathrm{H-\underset{\underset{+}{NH_3}}{\overset{COO^-}{C}}-CH_2-CH_2-COO^-}$

極性無電荷側鎖アミノ酸

極性電荷側鎖アミノ酸

構成物質を作り出すための材料としても重要である．

5.4.1 アミノ酸の分解

アミノ酸のアミノ基が 2-オキソグルタル酸（α-ケトグルタル酸）に転移することで，α-ケト酸とグルタミン酸が生じる．脱アミノ化で生じた α-ケト酸のうち，ピルビン酸・スクシニル CoA・オキサロ酢酸・2-オキソグルタル酸・フマル酸は，クエン酸回路を経て糖新生（→ 5.2 節）によるグルコース合成に利用される（図 5.13）．また，アセト酢酸やアセチル CoA は脂肪酸の生合成などに用いられる（→ 5.3 節）．一方，アミノ基の転移により生じたグルタミン酸は，酸化的脱アミノ反応によりアンモニアを遊離して，2-オキソグルタル酸へと戻る．2-オキソグルタル酸は再びアミノ酸転移反応の基質として，あるいはクエン酸回路に入りエネルギー生成に用いられる．なお，この際に生じた有毒なアンモニアは，尿素回路[*3]（urea cycle, 別名オルニチン回路）によって無毒な尿素に変換される．

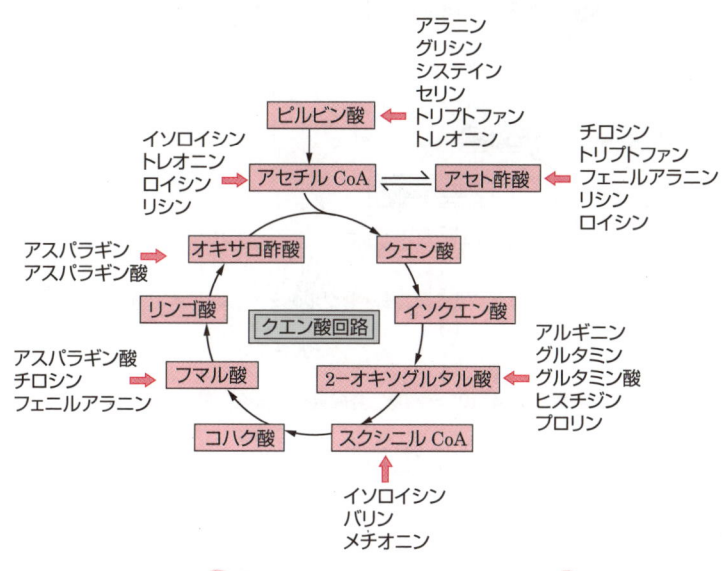

図 5.13 アミノ酸分解経路の概略

[*3] 尿素回路：アルギニンが加水分解すると尿素とオルニチンが生成され，オルニチンにアンモニアと二酸化炭素が付加することで，再びアルギニンが生成される．この回路を回すことで，アミノ酸の分解によって生じたアンモニアを無毒化することができる．

5.4.2 アミノ酸の生合成

アミノ酸の生合成経路は多様であるが，炭素骨格は解糖系・クエン酸回路・ペントースリン酸経路から供給される（→ 5.2 節）．植物や微生物におけるアミノ酸の生合成経路は，炭素骨格の供給元に基づき六つに分けられる（図 5.14）．

植物や微生物は20種類のアミノ酸のすべてを生合成できるが，ヒトのような高等動物ではそのうちの8種類（トリプトファン，ロイシン，リシン，バリン，トレオニン，フェニルアラニン，メチオニンおよびイソロイシン）を合成できない．これらは必須アミノ酸とよばれ，食物から摂取する必要がある．必須アミノ酸はいずれも生合成経路の最終段階にあるものばかりであり（図5.14 参照），高等動物は自らの手で合成する負担を回避したものと考えられる．

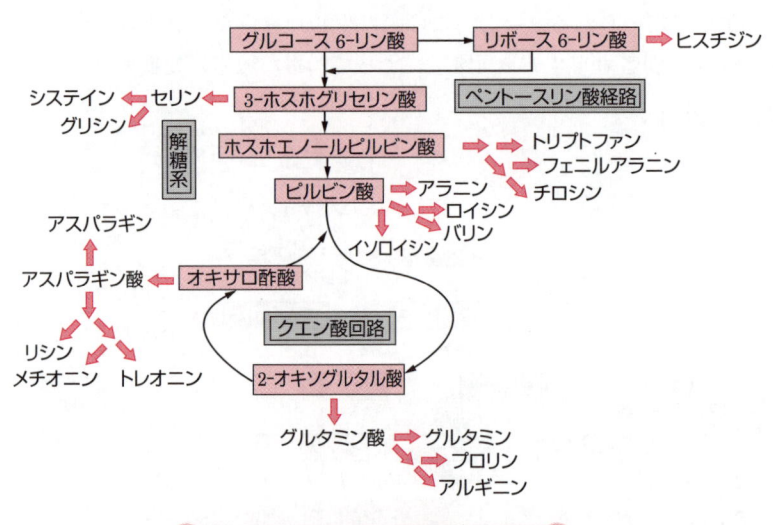

図 5.14 アミノ酸生合成経路の概略

5.4.3 アミノ酸を材料とする生体物質

アミノ酸はヘムやヌクレオチドといった生体物質の生合成に際し，窒素源として働く．ヘムはヘモグロビンやシトクロムなどの機能性タンパク質の補因子で，中心金属として鉄を含む（図 5.15）．ヘムの複雑な基本骨格はグリシンとスクシニルCoA から合成される．それ以外にも，核酸を構成するヌクレオチド（→ 5.5 節），ヒスタミン・アドレナリンといった生理活性アミンなど，アミノ酸を材料とする生体物質は多い．

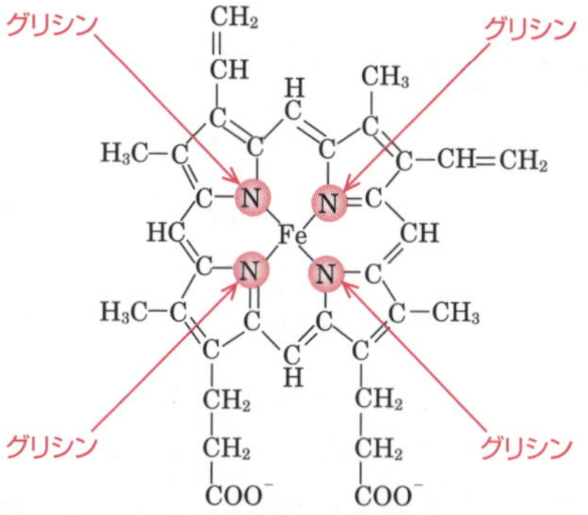

図 5.15　ヘムの化学構造と窒素原子の由来

5.5　ヌクレオチドの代謝

　ヌクレオチドは，糖質（RNAではリボース（ribose），DNAではデオキシリボース（deoxyribose））に塩基（アデニン（adenine），グアニン（guanine），ウラシル（uracil, RNAのみ），チミン（thymine, DNAのみ）およびシトシン，cytosine）とリン酸が結合した構造をとる（→5.2節）．遺伝情報の担い手である核酸（nucleic acid）は，ヌクレオチドがリン酸ジエステル結合（phosphodiester bond）で直鎖状に連結したものである．ヌクレオチドの一部は分解後に糖質やアミノ酸の代謝経路に入り再利用されるが，ほとんどの生物においてヌクレオチドは *de novo*（新規に）合成される．

5.5.1　ヌクレオチドの分解

　ヌクレオチドは酵素分解により無機リン酸を遊離し，ヌクレオシドとなる．ヌクレオシドはさらに酵素分解を受け，リボースと塩基が生じる．リボース部分は糖質の代謝経路に入り利用される．また，遊離塩基のうち，プリン塩基（アデニンおよびグアニン）はキサンチンを経て尿酸となる．一方，ピリミジン塩基（チミン，ウラシルおよびシトシン）は β-アラニンとなった後，アミノ酸の代謝経路に入りクエン酸回路や脂肪酸の生合成に利用される．

5.5.2 ヌクレオチドの生合成

RNA を構成するリボヌクレオチドの生合成について，プリンリボヌクレオチドとピリミジンリボヌクレオチドとに分けて説明する．さらに，DNA を構成するデオキシリボヌクレオチドの生合成について述べる．

[1] プリンリボヌクレオチドの生合成

リボース部分は，ペントースリン酸回路（→ 5.2 節）からリボース 5 – リン酸の形で供給される．リボース 5 – リン酸は 5 – ホスホリボシル 1 – ピロリン酸（後述図 5.17 参照）となった後，これを土台にプリン環が組み立てられていく（*de nove* 合成）．プリン環を構成する各原子は，アスパラギン酸，ギ酸，グルタミン，グリシンおよび CO_2 に由来する（**図 5.16**）．複数の過程からなるプリンリボヌクレオチドの生合成系は，いくつかの過程で調節を受けている．

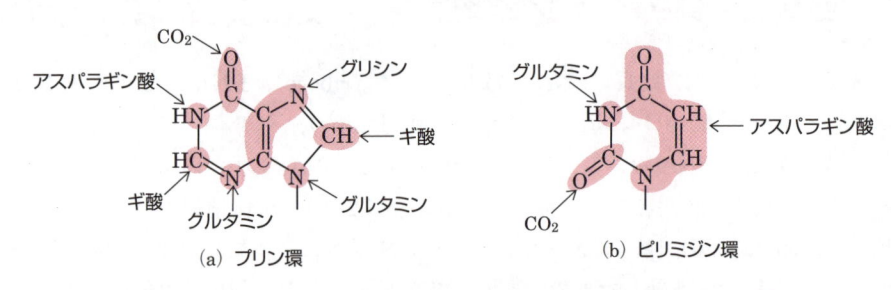

図 5.16 プリン環およびピリミジン環の化学構造と各原子の由来

上述の *de novo* 合成系以外に，代謝分解による遊離プリンを再利用する経路があり，サルベージ（salvage）経路とよばれる．*de novo* 合成系がすべての生物に共通であるのに対し，サルベージ経路は生物によりまちまちである．

[2] ピリミジンリボヌクレオチドの生合成

上述のプリンリボヌクレオチド生合成とは異なり，ピリミジンリボヌクレオチドの生合成ではピリミジン環部分が独立して作られ，環の完成後に 5 – ホスホリボシル 1 – ピロリン酸と結合する（**図 5.17**）．ピリミジン環を構成する各原子はアスパラギン酸，CO_2 およびグルタミン酸に由来する（図 5.16 参照）．プリンリボヌクレオチドの場合と同様，ピリミジンリボヌクレオチドの生合成も調節を受けており（→ 5.6 節），またサルベージ経路も存在する．

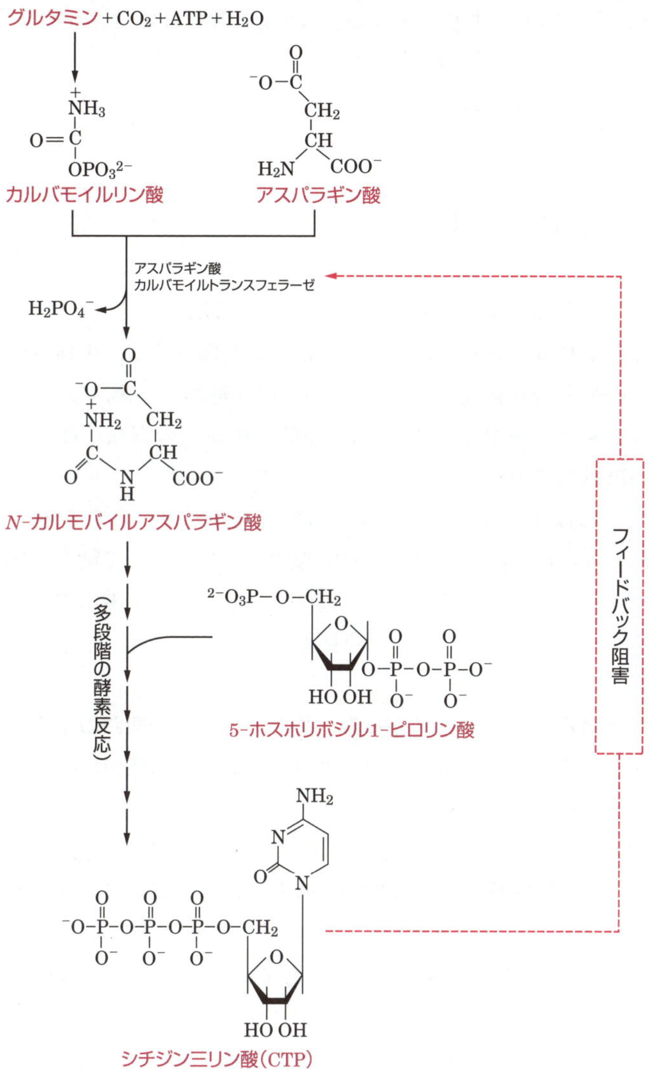

図 5.17 ピリミジンリボヌクレオチド生合成経路（*de novo* 合成系）の概略（大腸菌の例）

〔3〕デオキシリボヌクレオチドの生合成

　リボヌクレオチドがリボースを材料とする *de novo* 合成で作られるのに対し，デオキシリボヌクレオチドの生合成はデオキシリボースからの *de novo* 合成によらない．デオキシリボヌクレオチドは，リボヌクレオチドに含まれるリボースの還元

（デオキシ化）により生じる．なお，DNA に含まれるデオキシチミジル酸（デオキシチミジン 1-リン酸）は，デオキシウリジル酸（デオキシウリジン 1-リン酸）のメチル化により作られる．

5.6 代謝の調節

　生物が生命活動を維持し続けるためには，同化と異化のバランスが重要となる．代謝系に含まれる大部分の化学反応には酵素が関与する．生体内の酵素反応は，① 細胞内での酵素の局在化，② 異化経路と同化経路の分離，③ 基質濃度や pH などによる反応速度の調節，④ 酵素活性や酵素生産量の調節，などの方法で巧妙かつ精密に制御されている．

　真核生物にはミトコンドリアなどの細胞内小器官（オルガネラ）が備わっており，それぞれの細胞内小器官に特異的な酵素群が局在している．例えば，グルコースの代謝経路のうち，解糖系は細胞質に，そしてクエン酸回路と電子伝達系はミトコンドリアに存在する．代謝経路を隔離することで，互いの干渉から逃れることができる．

　解糖系と糖新生とは別経路をとる．また，クエン酸回路のようにサイクルを構成する代謝経路も少なくない．これらのように異化と同化の経路を分離することで，両方向の反応速度の調節が可能となる．

　生体内に充分量の ATP が蓄積されている状態では，細胞質中の ADP 濃度は低く，結果として解糖系の働きは抑制される．需要に応じて，必要な代謝経路を動かす仕組みが備わっているといえる．

　酵素活性の調節による代謝調節の例としては，ヌクレオチドの生合成系があげられる（→ 5.5 節）．例えば，大腸菌においてピリミジンヌクレオチドの生合成は図 5.17 のように進行する．すなわち，グルタミン酸の代謝により生じたアンモニアが CO_2 と結合することでカルバモイルリン酸が生成する．カルバモイルリン酸とアスパラギン酸から，多段階の過程を経て，最終的にシチジン三リン酸（CTP）が生成する．この生合成経路のうち，N-カルモバイルアスパラギン酸が生成する過程を触

---

*4 アロステリック酵素：活性部位とは別に調節部位（アロステリック部位）をもつ酵素．調節部位に基質と無関係の物質（代謝系酵素にあっては，その代謝経路の最終産物など）が結合することで，酵素の立体構造が変化し，酵素活性が調節される．

媒する転移酵素は，最終産物である CTP によってフィードバック阻害を受ける．この転移酵素はいわゆるアロステリック酵素[*4]であることが知られている．一方，酵素生産量の調節による代謝調節の例としては，大腸菌ラクトースオペロンにおける転写調節が有名である（→ 7.8 節）．

演習問題

Q.1 なぜグルコースが糖質代謝経路の出発点になっているか考察せよ．

Q.2 発酵の生理的意義について述べよ．

Q.3 グルコースが好気的に代謝された場合，解糖系・クエン酸回路・電子伝達系により，1 分子のグルコースから何分子の ATP が生じるか，実際に計算せよ．

Q.4 解糖系の完全逆行が可能になれば，糖新生において ATP の消費を抑えられると期待される．解糖系のすべての反応が可逆反応であった場合，どのような不都合が生じるか考察せよ．

Q.5 必須アミノ酸 8 種をあげ，動物がそれらを生産しないことの生理的意義について考察せよ．

参考図書

1. D. Voet, J. G. Voet 著，田宮信雄，村松正実，八木達彦，吉田 実，遠藤斗志也 訳：ヴォート生化学（上），（下）第 3 版，東京化学同人（2005）
2. E. E. Conn, P. K. S. Stump, G. Bruening and R. H. Doi 著，田宮信雄，八木達彦 訳：コーン・スタンプ生化学　第 5 版，東京化学同人（1988）
3. 広瀬茂久 著，井上晴夫，北森武彦，小宮山真，高木克彦，平野眞一 編：基礎化学コース　生命化学Ⅲ　細胞・代謝・ホルモン，丸善（1997）
4. 前野正夫，磯川桂太郎：はじめの一歩のイラスト生化学・分子生物学，羊土社（1999）

ウェブサイト紹介

福岡大学理学部化学科機能生物化学研究室ホームページ・講義資料「代謝マップ」

http://www.sc.fukuoka-u.ac.jp/~bc1/Biochem/index.html

三大栄養素である糖質・脂質・アミノ酸が，さまざまな代謝経路によって分解されたり，新しく生合成されたりする仕組みについて，たくさんのイラストを用いてまとめている．

MEMO

Chapter 6
細菌遺伝学

　本章では，分子生物学や遺伝子工学発展の基礎となった細菌遺伝学について，大腸菌やプラスミド，バクテリオファージなどを題材として簡単に説明する．現在，『細菌遺伝学』あるいは『微生物遺伝学』というタイトルの教科書は残念ながらどこの出版社からも出版されていない．多くの場合，これらの分野の内容は分子生物学や分子遺伝学の教科書の関連する部分に分かれて記述されているが，それは一つひとつの事柄が基礎知識としていろいろなことに影響を与えているからである．本章の内容のうちプラスミドに関しては Chapter 7 や Chapter 11 と関連が深いので，通読後，二つの章を参照しながら再び読むと理解の助けになる．また，接合や遺伝子地図に関しては偉大な学者でノーベル賞受賞者，テータム，レーダーバーグ，ジャコブらが実験やその結果の解析に頭を悩ませていたことを想像し，そのような難しいことを自分は理解するのだと，楽しみながらゆっくりと読み進めてほしい．

Chapter 6

細菌遺伝学

6.1 突然変異

　DNA の複製中に何らかの理由で複製ミスが生じて，DNA 分子の塩基配列が変化してしまうことがある．これを**突然変異**（mutation）と呼ぶが，突然変異の結果，遺伝子産物が正常に機能しなくなり，観察可能な特徴（**表現型**，phenotype）が変化してしまうことがある．大腸菌や枯草菌の場合，それぞれの細胞は環状 DNA を 1 分子もつだけなので，特定の遺伝子に突然変異が生じその遺伝子が破壊されると，必ず表現型に現れる．すなわち，遺伝的構成（DNA 上にある遺伝子の組合せ）である**遺伝子型**（genotype）と表現型は 1 対 1 の関係にある．このことは，細菌の遺伝の一つの特徴である（真核細胞の場合は，通常は二倍体なので，一方の遺伝子に突然変異が生じても，対立遺伝子が正常ならば表現型には現れないことがある）．

6.1.1 栄養要求突然変異

　突然変異は，その細胞にとって完全に致死的なこともあるが（したがって，そのような突然変異をもつ細胞を手に入れることはできない），致死的でない突然変異の場合は，表現型が変化した細胞（**突然変異株**あるいは簡単に**変異株**，mutant）をほかの圧倒的多数の通常の表現型を示す細胞（**野生株**，wild type）の中から比較的簡単に選び出すことができる．
　例えば，突然変異の結果，生育のために必要なある栄養素を合成できなくなった**栄養要求変異株**（生化学的変異株）の場合を考えてみよう．このような変異株は特定のアミノ酸やビタミンを合成できなくなっているので，培地に合成できなくなった栄養素を加えれば正常に生育する．そこで，まず，**完全培地**（complete medium）と**最少培地**（minimal medium）と呼ばれるものを用意する．完全培地は栄養要求変異株の生育に必要と考えられるすべての栄養素を含むように作られているので，この培地を使えば，例えばメチオニンを合成できない突然変異株 met^- も生育できる．ここで，斜体の三つの小文字はメチオニン合成に関する遺伝子を，

6.1 突然変異

また右肩の−記号はその遺伝子に欠損があることを示している．これに対し，メチオニンを合成できる菌は met^+ と表す．遺伝子ではなく遺伝子産物，したがって表現型に着目するならば，Met$^-$，Met$^+$ などと遺伝子型と区別するために1字目は大文字にして立体で表すのが普通である．当然，Met$^-$ はメチオニンを合成できない菌，Met$^+$ はできる菌である．一方，最少培地は野生株が生育できる最も簡単な組成をもつ合成培地である．したがって，この培地では栄養要求変異株，今の場合ならば，met^- は生育できない．そこで，栄養要求変異株の分離は次のような手順で行う．まず，完全培地，最少培地それぞれに寒天を加えシャーレの中で固めたもの（これをプレートと呼ぶ）を作製する．菌の培養液を十分に希釈して完全培地のプレート表面に塗り（このような操作をプレーティングと呼ぶ）37℃で一晩おく．栄養豊富なので野生株だけでなく，もし培養液に栄養要求変異株が含まれていたのならば野生株と同様に生育して，寒天表面上に肉眼で容易に観察できる**コロニー**（colony）を形成するはずである．コロニーとは1匹の菌が次々と増殖しておよそ 10^8 匹近くになったとき見えてくる菌の集団であり，遺伝的にはまったく同一と考えることができる．次に，シャーレより少し直径が小さい木製の台に滅菌したビロードを固定したものを用意し，コロニーが生じた完全培地のプレートを逆さまに

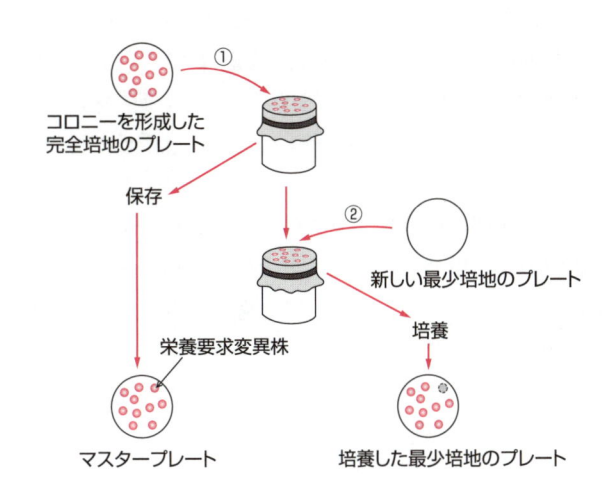

図6.1 レプリカ法

① コロニーを形成した完全培地のプレートを逆さまにして，滅菌したビロードに軽く押しつけ，コロニーをビロードに移す．プレートはマスタープレートとして保存する．
② 新しい最少培地のプレートにビロード上のコロニーを移し培養する．培養後，マスタープレートと比較し，変異株があれば分離する．

Chapter 6 細菌遺伝学

して固定されたビロードに軽く押しつけると，各コロニーはそれぞれの相対的位置関係を維持したままビロードに移される．このプレートはマスタープレートとして大切に保管する．次に，新しい（菌の生えていない）最少培地のプレートをビロードに軽く押しつければ，ビロード上のコロニーは今度は最少培地のプレートに移ることになる．コロニーが移った最少培地のプレートを37℃で一晩おき，コロニーが生じたところでマスタープレートと比較し，マスタープレート上ではコロニーを形成しているのに，最少培地プレート上の対応する位置ではコロニーを形成していないものが見つかれば，マスタープレート上のそのコロニーを形成している菌が栄養要求変異株である（図6.1）．どのような栄養素を要求するのかは，順次，最少培地に栄養素を加えて生育するか否かを観察すれば良い．この方法はレプリカ法（replica plating method）と呼ばれ，温度感受性変異株（→ 6.1.2項）や薬剤耐性菌などの取得にも応用できる簡便で優れた方法である．

6.1.2 条件致死突然変異

突然変異には条件致死突然変異と呼ばれるものが存在する．この変異をもつ細菌は特定の条件下でのみ生育可能であるが，それ以外の条件下では変異による欠損のため，生育できない．代表的なものに温度感受性突然変異をあげることができる．この変異をもつ菌は特定の温度（制限温度，例えば42℃）下の環境では生育できないが，ほかの温度（許容温度，例えば30℃）下では野生株と同じ表現型を示し生育することができる．温度感受性突然変異には高温感受性と低温感受性の2通りあるが，"ts（temperature sensitive）mutant" という場合，通常は高温感受性菌のことであり，低温感受性菌の場合は "cs（cold sensitive）mutant" と表現し区別することが多い．この変異の場合，制限温度下では，遺伝子産物（タンパク質）の構造が不安定になり正常に機能しなくなるものと考えられている．条件致死突然変異にはサプレッサー感受性突然変異と呼ばれるものもある．第1の突然変異をもつ遺伝子とは異なる遺伝子に第二の突然変異が起こり，その結果，第一の突然変異が抑制され野生株と同様の表現型を示すようになるものである．このような菌に対して"サプレッサーをもつ"と表現することがあるが，多くの場合，tRNAに変異が生じている．なお，栄養要求突然変異は，条件致死突然変異には含まないのが普通である．

6.1.3 突然変異の分子機構

突然変異とはDNAに生じた塩基配列の変化の結果であるが，より詳細にはどの

ようなことが起きているのであろうか．Chapter 7 で詳細に学ぶが，タンパク質を構成するアミノ酸は三つの塩基の並びで指定されている．したがって，何らかの理由で複製時に誤りが起こり，ある塩基がほかのものに置き換えられてしまうと（一塩基置換）指定されるアミノ酸が違うものとなり正しいタンパク質が作られなかったり，アミノ酸を指定するコドンがストップコドンとなりタンパク質合成が途中で止まってしまうことが考えられる．これを点突然変異（point mutation）と呼ぶ．あるいはまた，アミノ酸を指定している途中で1塩基あるいは2塩基の挿入や欠失が起きると，それ以降のアミノ酸の指定がすべてずれてしまい（フレームシフト変異，frameshift mutation），まったく異なるおそらくは機能をもたないタンパク質が作られてしまう．もちろん，もっと多くの塩基の挿入や欠失があっても同様のことが考えられるが，フレームシフト変異という場合は，通常は挿入や欠失は1塩基または2塩基である．ところで，塩基の並びに変化があっても表現型には現れないこともある．コドン表（→ 7.7 節，図 7.20 参照）をみればわかるように，一つのアミノ酸に複数のコドンが対応する場合がほとんどである．また，性質や大きさが似たアミノ酸ならばタンパク質中に取り込まれた場合，そのタンパク質の機能には大きな影響を及ぼさないであろう．これらのことは，実際は塩基の並びに変化があっても遺伝子の機能は損なわれない場合があることを示している．そのため，このような変異を静的変異と呼ぶことがある．また例えば，ある栄養要求変異株を培養している間に，それまで必要とした栄養素を必要としないで野生株の表現型を示す菌が出現することがある．これは変異が入った遺伝子に第2の変異が入り，遺伝子の機能がもとに戻ったためと考えられる．このような変異を**復帰変異**（back mutation）と呼ぶ．復帰変異の機構はいくつか考えることができるが，この変異が起きる頻度は一般に低い．

6.2　遺伝的組換え

　一つの細胞内に2種の DNA 分子種が存在する場合，両者の間で DNA の部分的な交換（組換え，recombination）が起こることがある．代表的な例の一つが高校の生物で学習する真核生物における染色体の対合とそれに続く乗換えと組換えである．もし自然界でこのようなことが起こらないとすると，生物の進化はなかったと考えられている．細菌でも同様な DNA の組換えが起こることが知られている．

Chapter 6　細菌遺伝学

自然界に普通に起こる，DNA の部分的な交換により新たな遺伝子のセットをもつ DNA が作られることを**遺伝的組換え**（genetic recombination）と呼んでいる．遺伝的組換えはその機構から，相同組換えと部位特異的組換えの二つに分けて考えることができる．いずれの組換えも，それぞれ固有の分子機構をもつが，本書では大まかな紹介にとどめる．

6.2.1　相同組換え (homologous recombination)

相同な部分をもつ DNA 分子間あるいは DNA 断片との間で観察される組換えで，最も普通に観察されるため一般的組換えと呼ばれることもある．相同と表現するときは，2 種の DNA が 100 塩基対程度の領域において同一あるいはほとんど同一の塩基配列をもつことを想定している．相同組換えに関しては，最近，急速に研究の進展が見られ関与するタンパク質群の役割解明，DNA 修復との関連などが明らかにされてきている．組換えが完成するためには DNA 鎖の切断・再結合が行われなければならないが，相同組換えに関与する酵素は高い特異性を発揮することなく，相同な配列間ならばどのような組合せであろうとその反応を触媒するという大きな特徴がある．相同組換えが起こるためにはまずはじめに相同領域の対合が必要であり，そこに RecA，RecBCD，RuvA，RuvB，DNA トポイソメラーゼなど，10〜20 種のタンパク質が関与して組換え反応が進行する．

6.2.2　部位特異的組換え (site-specific recombination)

ある特定の塩基配列の間でのみ起きる組換えで，後述する λ ファージや F 因子の大腸菌 DNA への組込みや，ある程度大きな領域にわたる配列の挿入や欠失，あるいはまたサルモネラ菌における鞭毛の相変異と呼ばれる現象の原因となっている．鞭毛の相変異とは，サルモネラ菌は鞭毛を構成するタンパク質フラジェリンを H1 と H2 の 2 種発現することができるが，あるときは H1 しか発現せず，またあるときは H2 しか発現しないという可逆的切替えをある頻度で行う現象である．DNA 上の変化としては，両端を**逆方向反復配列**（**IR**：inverted repeats）ではさまれたある DNA 領域が，相同な二つの IR 間で部位特異的組換えが起きた結果，向きが完全に逆になり入れ換わる**逆位**（inversion）という現象が起きる（**図 6.2**）．部位特異的組換えに関与する酵素は，相同組換えに関与する酵素群とは異なり，特異性が高く特定の短い配列だけを識別して反応を進め，ほかの配列間の組換えには関与しない．また，部位特異的組換え反応が起きるためには，まず始めに組換えに

6.2 遺伝的組換え

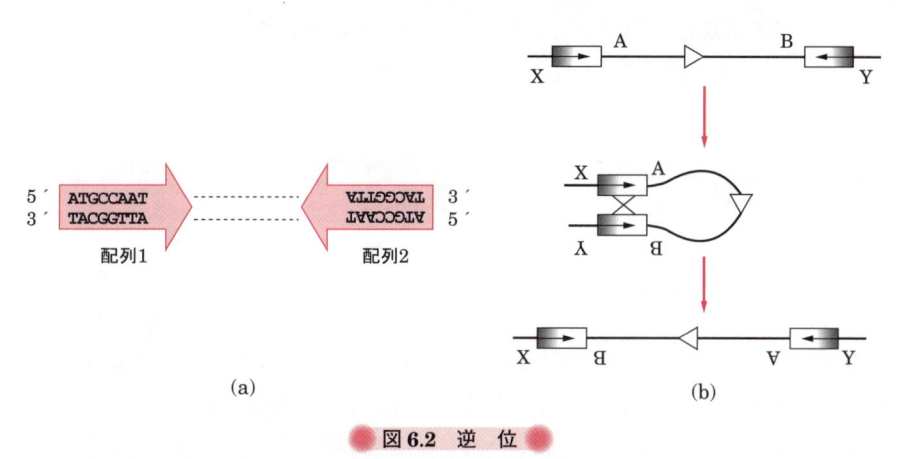

図 6.2 逆 位

(a) 配列1のIRは2となる．配列2では理解の助けのため，文字を逆さにしてある．
(b) 両端をIRではさまれた領域は逆位を起こすことがある．

関与する特異的酵素タンパク質とDNA上の特異的部位との結合が必要と考えられている．

組換えに相同部位を必要としないため，非相同組換えとして扱われることもあるのがトランスポゾン（transposon）の転移である．トランスポゾンは，その種類により，DNA上のある場所からほかへ"ジャンプ"するだけのこともあれば，複製を伴い自分はそのままでほかの場所に自分のコピーを作ることもある．現在，何種類ものトランスポゾンが知られているが，構造上の特徴としては，いずれも両端にIRをもち，それにはさまれた形で転移に必要な酵素トランスポゼースの遺伝子に加え薬剤耐性遺伝子などをもつことである．また，転移先の目印としてそれぞれ"標的配列"をもっている．さらに，挿入配列（insertion sequence）あるいはIS因子と呼ばれる長さ1～2 KbのDNA断片の転移も知られている．IS因子はトランスポゼース遺伝子が両端のIRにはさまれただけの簡単な構造をしていて，薬剤耐性遺伝子のようなマーカをもたない．そのため，単純トランスポゾンと呼ばれることもある．IS因子も標的配列をもつがその条件は非常に緩く，IS1と呼ばれるIS因子はほとんどランダムにどこへでも転移する．トランスポゾンやIS因子が転移すると遺伝子の破壊が起きたり逆に活性化が引き起こされたりすることがある．転移先が遺伝子領域内であれば遺伝子は破壊されるであろうし，トランスポゾンもIS因子もトランスポゼース遺伝子などの発現のためのプロモータをもつので，そのプロモータの影響が転移先に隣接する遺伝子に及ぶことがあるからである．しか

し，遺伝子の破壊は生物にとって好ましいことではないので，トランスポゾンやIS 因子の転移は一定の制御を受けているものと考えられている．

6.3 プラスミド

　細菌の中にはプラスミド（plasmid）と呼ばれる環状 DNA をもつものがある．プラスミドはいわゆる核外遺伝子の一種で，宿主染色体とは別個の複製単位，レプリコンとして存在する．プラスミドが宿主細胞の生存に必須である例はほとんどないが，プラスミド上に薬剤，例えば抗生物質を分解する酵素や重金属耐性に関する情報がコードされていれば，そのようなプラスミドを保持する細菌は（たとえ同じ大腸菌であっても），保持していない細菌と比べれば生存上，有利である．プラスミドは細胞分裂時に娘細胞に分配され受け継がれていくのが普通であるが，菌の扱い方を誤ると消失してしまうこともある．細菌のプラスミドの大きさは数 Kb から 100 Kb 程度までさまざまである．また一つの特徴として複製開始点（*ori* → 9.7.1 項）の構造を反映して，プラスミドは宿主特異性をもつ．例えば，大腸菌細胞内では複製するが枯草菌細胞内では複製しない，あるいはこの逆の場合など，特定の細菌細胞内でしか複製しないのが一般的である．プラスミドを論じる場合，伝達性，複製メカニズム，コピー数，あるいは不和合性などいくつかの点を考慮しなければならない．

6.3.1 プラスミドの伝達性

　プラスミドの中には一つの細胞からほかの細胞へ移る（伝達する）ことができるものがある．このようなプラスミドは**伝達性プラスミド**とも呼ばれ，伝達に必要な情報をもつ *tra*（transfer）オペロンと呼ばれるかなり複雑な遺伝子群とその制御機構を備えている．したがって，伝達性プラスミドは一般にサイズが大きい．代表例としては，大腸菌の性を決定する F 因子（後述）や薬剤耐性を運ぶ R 因子などがある．非伝達性プラスミドとしては Col E1 などを代表としてあげることができる（ただし，Col E1 などは F 因子の移動の際に同時に移動することもある）．

6.3.2 複製メカニズム

DNA複製はθ型モデルに従うと考えてよいが，複製そのものは*ori*の構造に大きく左右される．例えば，F因子やR因子は自分自身がコードするタンパク質（Repタンパク質）を複製のために必要とする．一方，複製に必要な酵素はすべて宿主DNAがコードしていて宿主に完全に"おまかせ"のプラスミド，例えばCol E1系のプラスミドも存在する．F因子やR因子は大腸菌DNAの複製と同様に，主にpol IIIにより複製されるが，Col E1系のプラスミドはpol Iにより複製される．つまりCol E1系のori部分をもつプラスミドは大腸菌に導入されれば通常は複製されるが，*pol A*⁻（*pol A*はpol Iの遺伝子）の大腸菌では複製されない．pol IIIは大腸菌の生育に必須である（したがって，pol IIIを欠く大腸菌は存在しない）が，他方，pol Iは必須ではないので*pol A*⁻の大腸菌は存在するのである．

6.3.3 コピー数

それぞれのプラスミドは，宿主細胞内でのコピー数（一つの細胞内で何分子存在するかという数）が大体決まっている．コピー数を制御する情報はプラスミド上に存在する．F因子やR因子などコピー数を少なく（1～2個）制御する場合をstringent，Col E1系プラスミドのコピー数を多く（20～100個）制御する場合をrelaxedということがある．コピー数の制御メカニズムは複製メカニズムと密接に関連している．Repタンパク質をコードするプラスミドの場合，プラスミドDNAとRepタンパク質の複合体形成の度合い，つまりRepタンパク質の濃度がコピー数を第一に制御するものと考えられている．例えば薬剤耐性を運ぶR1の場合，Repタンパク質の発現は転写および翻訳の二つの段階で制御されているためRepタンパク質の濃度は常に非常に低く抑えられていることになり，結局プラスミドDNAとRepタンパク質の複合体形成は容易には起こらないことになる．コピー数の多いCol E1系のプラスミドの場合，コピー数を制御しているのはRNA Iと呼ばれるアンチセンスRNAである．アンチセンスRNAとは本来機能するべきRNA，例えばmRNAと相補的な配列をもち2本鎖を形成することによりそのRNAが機能することを妨げるRNAである．Col E1系プラスミドのリーディング鎖合成のプライマーRNA（細胞内では，DNA合成のプライマーはRNAであることを思い出そう）の前駆体はRNA IIと呼ばれるが，RNA IはRNA IIと2本鎖複合体を形成してプライマー生成を阻害するのである．しかし，RNA Iは大腸

菌内では不安定で，プラスミドのコピー数はある程度まで上昇するが，その間にRNA I の供給も十分となり結局コピー数の増加はある上限のところで止まることになる．

6.3.4　プラスミドの不和合性（plasmid inconpatibility）

不和合性とは，近縁のプラスミドを同一の細菌細胞内に安定に保持することができない現象で，近縁のプラスミド2種をもつ細菌を培養し続けると，結果としてどちらか一方のプラスミドのみをもつ細胞集団となる．これは複製開始調節機構が近縁のプラスミドではよく似ているため，コピー数制御機構が2種類のプラスミドを見分けることができないことに起因すると考えられている．関連の薄いプラスミド同士の場合は，それぞれの機構に類似性があまりないため，識別するシグナルが異なり共存することになる．したがって，不和合性はプラスミドを分類する際の一つの指標となっている．

6.4　バクテリオファージ

ウイルスが増殖するためには，寄生して増殖に利用する宿主細胞が必要である．ウイルスは遺伝情報を担う核酸とそれを包むタンパク質の殻から構成されているが，動物細胞を宿主とするウイルスの中にはさらにその外側をエンベロープと呼ばれる膜構造で包まれているものもある．ウイルスは核酸部分（遺伝物質）の違いによりDNAウイルス，RNAウイルスなどと分類することもあれば，宿主細胞の種類により動物ウイルス，植物ウイルスおよび細菌ウイルスと分類することもある．細菌ウイルスを特にバクテリオファージ（bacteriophage）あるいは簡単にファージ（phage）と呼ぶ．"バクテリオファージ" とは，"バクテリアを食べてしまうもの" という程度の意味である．ファージは宿主細胞との関係を重視して大きく2種類に分類するのが一般的である．

6.4.1　ヴィルレントファージ（virulent phage）

毒性ファージとも呼ばれるもので，細菌に感染すると宿主細胞内で増殖し，溶菌して子孫のファージを放出する．例えば，大腸菌を宿主とする T_4 ファージが代表例である．T_4 ファージは，DNAを含むタンパク質からなるほぼ正二十面体の頭，首，

6.4 バクテリオファージ

尾筒とそれを包む収縮する鞘，基盤および尾毛などからなる，ファージとしては非常に複雑な構造をもち，タンパク質の自己集合の研究材料とされている（図 **6.3**）．一匹の大腸菌に感染後，100 程度の子ファージを作る．

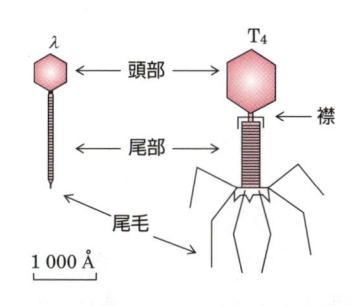

図 6.3 代表的バクテリオファージの形状

6.4.2 テンペレートファージ（temperate phage）

細菌に感染しても必ずしも溶菌を引き起こさない（が，特定の刺激を受けると溶菌を引き起こす）ファージであり，例えば，大腸菌を宿主とする λ ファージがその代表例である．λ ファージは T_4 ファージと比べるとはるかに簡単な構造をしているが（図 6.4 参照），λ ファージに関する研究は細菌遺伝学そして分子生物学の発展に大きく寄与しているので多少詳しく説明する．λ ファージは大腸菌細胞に感染すると二つの経路を取り得る．一つは，宿主細胞内で増殖し，すぐに溶菌を引き起こすものでこの場合はヴィルレントファージと同じである．もう一つの経路は，テンペレートファージ特有のもので，細菌の溶原化である．この場合，細菌はあたかも感染を受けなかったかのようにふるまい何世代も増殖を続けるが，あるとき，突然溶菌し子ファージを放出する．実験室内では，紫外線や，マイトマイシン C などの化学物質を作用させると一斉に子ファージを作るようになり溶菌する．この現象を**誘発**（induction）と呼んでいる．誘発を引き起こす菌を溶原菌と呼ぶが，溶原菌内には電子顕微鏡を用いて観察しても完成したファージ粒子は決して観察されない．しかし，"ファージの素"は溶原菌細胞内に存在するに違いないので，それを**プロファージ**（prophage）と呼んだ．プロファージの本体は何かといえば，当然，λ ファージ DNA である．λ ファージ DNA は，ファージ粒子中では直鎖状 2 本鎖で存在するが，感染後ただちに環状化する（細菌内に侵入するのは DNA だけである）．環状化した λ ファージ DNA は，自分自身がもつ *att* と呼

Chapter 6　細菌遺伝学

ばれる部位と大腸菌 DNA 上に存在する *att λ* と呼ばれる部位の間で部位特異的組換えを起こし大腸菌 DNA に組み込まれ（図 6.4），大腸菌 DNA が複製されるときにその一部として一緒に複製される．このとき，ファージの増殖は抑制されている．環境が菌の生育に好ましくない状況になると（前述の RecA が関与する SOS 応答と呼ばれる反応が起こりその結果），λ ファージの DNA は大腸菌 DNA から切り出され，ファージの増殖も始まる．λ ファージ DNA の切出しは正確に行われるが，ごく稀に切出しが左右いずれかにずれて隣に位置する大腸菌の遺伝子 *gal* あるいは *bio* のいずれかをもつ（その代わり，自分の遺伝子の一部を欠いた）ファージが出現することがある．このようなミュータントファージが gal^- や bio^- の大腸菌にそれぞれ感染すれば，感染を受けた菌は自分がもたない遺伝形質を受けたことになる．このファージを仲介とした細胞間での遺伝形質の受渡しを一般に形質導入（transduction）といい，λ ファージが関与する場合のように，特定の遺伝子のみが導入される場合を特殊形質導入と呼んでいる．これに対し，サルモネラ菌に感染する P_{22} ファージによる形質導入ではさまざまな遺伝形質が導入される．このような場合は普遍形質導入と呼び区別している．なお，λ ファージ DNA の組込みや切出しに関与する酵素の情報はいずれも λ ファージ DNA にコードされている．

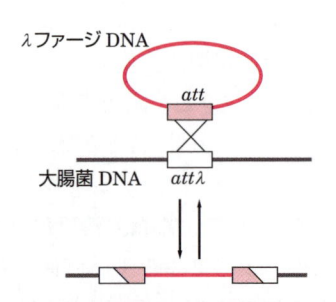

図 6.4　λ ファージ DNA の大腸菌 DNA への組込み

6.5　接　　合

1940 年代，アベリー（Avery）らによる肺炎双球菌を用いた形質転換実験（のちにこの実験こそが遺伝子の本体は DNA であることを最初に証明した実験であると評価された）や，ビードル（Beadle）とテータム（Tatum）によるアカパンカビの栄養要求変異株を用いた遺伝解析（その結果としての一遺伝子・一酵素説）が

6.5 接　　合

行われたが，微生物遺伝学で中心的役割を果たしたのはずっと大腸菌であった．遺伝解析を行う場合，"掛合せ"ができることが一つのポイントとなるが，大腸菌が微生物遺伝学で中心的な材料として用いられた理由の一つに，大腸菌にも"雄"と"雌"に相当する"性"があり，掛合せに相当する"接合（conjugation）"という現象が発見されたことをあげることができる（そもそも遺伝学とは，親から子に性質が伝えられるメカニズムを研究する学問なのであるから，分裂により同じものが2個できるだけの細菌細胞では，「遺伝学」を考えることは多少無理があった）．ビードルらの実験に触発されたレーダーバーグ（Lederberg）は，テータムの協力を得て大腸菌のいろいろな栄養要求変異株を用いて2種の異なる変異株を混合して培養するという実験を精力的に繰り返すうち，非常に低い頻度ではあるが実験に用いた2種の変異株とは異なる野生株の表現型を示す大腸菌が出現することを見い出した．ただし，この結果を得るためには，必ず2種の菌が接触できる条件下での培養が必要であった．このことは，真核生物で観察される接合と同様なことが大腸菌でも起きていることを示していた．大腸菌でも接合により組換えを起こすことが発見されたのである．

6.5.1　F因子とHfr株

　研究の結果，大腸菌に接合を起こさせる因子（**F因子**と呼ぶ）はプラスミドであることがわかった．F因子が接合型を決めていて，F因子をもつ大腸菌細胞が"雄"株（F^+と表す），もたないほうが"雌"株（F^-と表す）に相当する．10万塩基対近いサイズをもつFプラスミドはエピソームの一種であり，環状プラスミドとして存在することもあれば，λファージのように大腸菌DNAに組み込まれて存在することもできる．λファージの場合と異なるのは，組み込まれる部位がただ一つではないことで，それは組込みに大腸菌DNAおよびFプラスミド双方にそれぞれ複数個存在するISを利用しているからである．大腸菌DNAにFプラスミドが組み込まれている菌を，特に，**Hfr**（High frequency of recombination）株と呼ぶが，その理由はF^-と接合させると高頻度で組換え体が得られるからである．Fプラスミドが組み込まれる部位が複数存在することに対応して，Hfr株にもいろいろある．代表的なのはHfr HやHfr Cである．最後のHやCはそれぞれその菌を分離した研究者の名前に由来する．混乱を避けるために，表記法の確認をしておく．今後，F^+と書くときはF因子を環状プラスミドとしてもつ雄株の大腸菌のこと，Hfrと書くときはF因子を自身のDNAに組み込んだ状態でもつ雄株の大腸菌のことを指

すものとする（Hfr を"超雄"と呼び F⁺ の"雄"と区別する研究者もいる）.

6.5.2 DNA の移行

　接合は，雄株がもつ性線毛（F-pili）と呼ばれる長さ 2 〜 3 μm の細長い構造の先端が雌株と接触することにより始まる．雄株同士は表面排除タンパク質と呼ばれるものの存在によりお互いに反発し合い，接合しない．性線毛に関する情報は当然，F 因子上に存在する．大腸菌の接合では，酵母の接合とは異なり，細胞融合は起こらず DNA が雄株から雌株へと移行するだけである．接合現象が発見された当初，DNA の移行は中空の性線毛を通って行われると考えられていたが，現在では接合開始と共に 2 種の菌はより接近し，性線毛とは異なる接合橋と呼ばれる構造体が 2 種の菌の間に新たに形成され，そこを通り DNA が移行すると考えられている．まず始めに F 因子上の特定の部位で単鎖切断が起こり，生じた 5′ 端を先頭にして 1 本鎖の状態で F⁻ への DNA の移行が開始され，F⁺ から F⁻ への移行の場合ならば F プラスミド 1 分子分の長さの 1 本鎖 DNA が F⁻ へ入った時点で，また Hfr から F⁻ への移行の場合ならば接合橋が物理的に壊れた時点で移行は終了する（図 6.5）．F⁻ へ入った 1 本鎖 DNA は自身を鋳型として 2 本鎖 DNA へと変換される．一方，雄株細胞内では，1 本鎖 DNA の F⁻ への移行と同時進行的にローリングサークル型複製モデルで 1 本鎖部分が 2 本鎖へと変換され，接合前の状態に戻る．

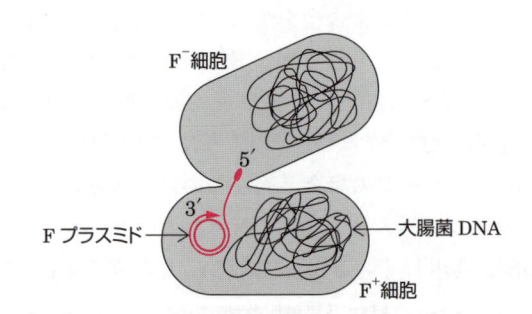

図 6.5　F プラスミドの F⁻ 菌への移行
先頭の 5′ 端には特殊なタンパク質が結合している.

　ここで，接合の前後で雄株と雌株にどのような変化があったのかを考えてみる．まず，F⁺ と F⁻ との接合では F⁺ には何の変化もなく F⁻ は接合により F プラスミドを受け取ったことになるので F⁺ へと変換される．この組合せの接合では，これ以外の変化はない．次に，Hfr と F⁻ との接合を考える．この場合も雄株である Hfr

には接合の前後で変化はない．一方，F⁻細胞内ではHfr由来の2本鎖へと変換された DNA 断片が相同組換えで F⁻ DNA に取り込まれれば，F⁻ は部分的に Hfr の遺伝形質を受け継ぐことになる．例えば，F⁻ が met^- であれば接合後 met^+ に変換されることがある．ただし，雄株に変換されることは滅多になく，F⁻ のままである．

6.6　遺伝子地図

　ブレンダーでかくはんすることにより強制的に接合橋を破壊し，接合を中断させる実験から以下の結果が得られた．特定の Hfr 株を用いて実験を行うならば，① F⁻菌に移行する遺伝子の順序は常に同じであり，② 移行する頻度も同じであった．さらに，③ 移行の順序が早い遺伝子ほど移行の頻度は高かった，のである．実例を用いて説明すると，例えばアミノ酸合成に関する遺伝子の場合，HfrC 株を用いた実験では F⁻菌への移行順序は *pro* – *leu* – *thr* – *arg* – *met*…であり，HfrH 株を用いた場合は *thr* – *leu* – *pro*…であったのである．大腸菌には約 4 000 の遺伝子が存在すると現在考えられているが，いま *a, b, c, d, e, f, g* の 7 文字で大腸菌の遺伝子を代表させると，さまざまな Hfr 株を用いた数多くの接合中断実験結果を次のようにまとめることができる．遺伝子の移行順序はあるときは *a* – *b* – *c* – *d* – *e*，*d* – *e* – *f* – *g* – *a*，*g* – *a* – *b* – *c* などであり，またあるときは *b* – *a* – *g* – *f* – *e*，*f* – *e* – *d* – *c* – *b*，*c* – *b* – *a* – *g* – *f* などとなったのである．移行が早く行われる遺伝子は組み込まれた F 因子の近くにある遺伝子であり，移行に必要な時間は F 因子との相対的な距離を表していると解釈されたのである．さらに，HfrC 株と HfrH 株の場合のように，導入される遺伝子の順序が逆になるのは F 因子が大腸菌 DNA に組み込まれるとき，逆向きに組み込まれると考えることで合理的に説明がなされた．これらのことから重要な二つのことが導かれた．一つは，大腸菌の DNA は環状構造をしているということである．オートラジオグラフィーという技法を用いて視覚的に大腸菌 DNA が環状であることが示されるより前に，遺伝的な解析からこのような結論に至ったことは細菌遺伝学の素晴らしさ，精緻さを示しているといえる．二つ目は，各遺伝子の DNA 上での位置は固定されていて，その並び順と遺伝子間の相対的距離は一定であるということである．遺伝子間の相対的な距離は移行に必要な相対的な時間だけでなく，連続する二つの遺伝子が同時に移行する頻度（遺伝子の連鎖）からも計算された．最終的に，一つの円の上に，各遺伝子の並び順と相対

的な位置が書き込まれたのである．これが遺伝子地図（gene map）であり，大腸菌 DNA すべての移行には約 100 分かかることと，歴史的な経緯から時計の 12 時に相当する場所に *thr* を置き，順次時計回りに *leu*, *pro*, *lac*（ラクトース分解酵素遺伝子）などと配置して作製されている（図 **6.6**）．遺伝子間の距離が非常に近い場合は接合中断実験からだけでは遺伝子地図を作成することはとても無理なので（4 000 個の遺伝子が 100 分で移動するとして 1 分間に平均 40 個もの遺伝子が移動することになる），そのような場合はファージを用いて詳細な解析がなされた．

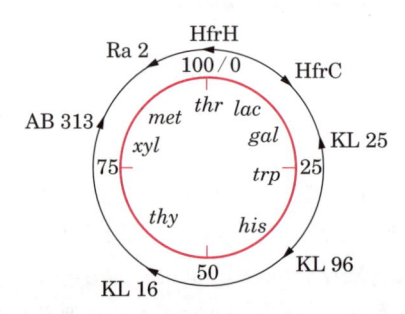

図 6.6 初期の大腸菌の遺伝子地図
外側の円にはさまざまな Hfr 株での F 因子の組み込まれた位置と方向を示してある．

演習問題

Q.1 レプリカ法でプレーティングするとき，菌の培養液を希釈するのはなぜか．

Q.2 レプリカ法を用いて薬剤耐性菌を取得するためにはどのような実験をすればよいか．

Q.3 大腸菌の接合実験では二重変異株同士，例えば，Phe⁻Cys⁻ と Thr⁻Leu⁻ の間で実験が行われた．なぜ実験に二重変異株を使う必要があったのか．

Q.4 F 因子の移行は雄株から雌株への一方向であることを確認するためには何らかの工夫が必要である．どのような工夫をすればよいか．

Q.5 Hfr 株と F⁻ 株との接合では，なぜ F⁻ 株は F⁻ 株のままにとどまるのか．

参考図書

小関治男，永田俊夫，松代愛三，由良 隆：生命科学のコンセプト 分子生物学，化学同人（1996）

Chapter 7
分子生物学

　分子生物学は，微生物遺伝学や生化学を基礎として，生命活動を分子のレベルから解明していこうとする学問分野である．特に，最近の遺伝子工学，ゲノム科学，構造生物学，分子イメージング技術の進歩により，分子生物学は生物学の中心的な領域を形成するようになった．分子生物学の発達により，生物学は従来の表現型，生理生化学的面から遺伝子の見方に大きく変わり始めた．本章では，分子生物学の歴史的背景から，遺伝子の構造・複製，遺伝子操作技術の発達による遺伝子の機能（発現，翻訳，制御），タンパク質の合成について述べる．

Chapter 7

分子生物学

7.1 遺伝子と遺伝子発現

　生物の基本的特性の一つとして，生物の自己増殖性が挙げられる．生物が自分と同じ生物を作りつつ生命を維持していく機構は，遺伝子に由来しているという考え方がしだいに明らかになってきた．この遺伝子は，メンデル（G. Mendel）がエンドウ豆の交配実験による遺伝の法則（メンデルの法則（1866年），Topics 参照）を説明するために想定した因子である．その後，ショウジョウバエ，アカパンカビや大腸菌を中心とした遺伝学の発展により，遺伝子は，染色体上の特定の場所に存在する実在の因子であることが認められてきた．

> **Topics　メンデルの法則**
>
> 　メンデルはエンドウ豆のいろいろな対照的な性質を指標にして交配実験を行った結果，優劣の法則，分離の法則，独立の法則の三つの遺伝の法則を提唱した（1866年）．1900年になってド・フリース（H. D. Vries），チェルマク（E. Tschermak），コレンス（C. Corens）の三人によって，独立にメンデルの法則が再発見され，その後，遺伝子が染色体上の実体であることが認められ，現在の遺伝子の考えに発展する．

　遺伝子の実体に関する研究も行われ，アベリーらは肺炎双球菌の病原性に関する研究から病原性にかかわる形質転換因子は DNA であることを明らかにした．
　さらに，DNA を ^{32}P で，タンパク質を ^{35}S で標識した放射性同位体を用いた大腸菌へのファージ感染実験により遺伝子の実体が DNA であることが明らかになってきた（図 7.1）．また，シャルガフ（E. Chargaff）は，いろいろな生物がもつ核酸の塩基組成や量を研究した結果，アデニンとチミン，グアニンとシトシンは等量存在することを発見した（表 7.1）．一方，X 線構造解析法により DNA は，2本の鎖がらせん状に巻いていることが明らかになってきた．

7.1 遺伝子と遺伝子発現

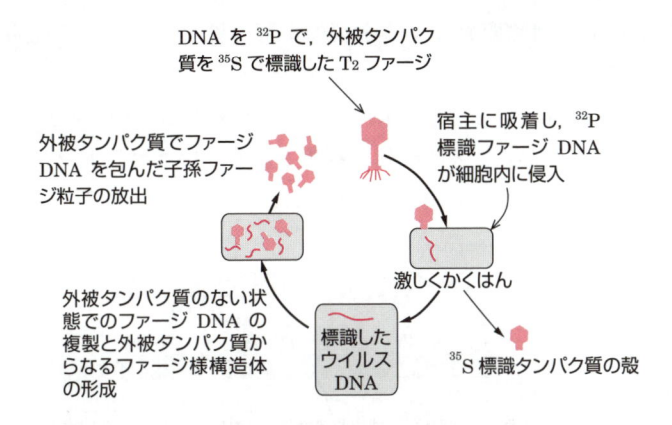

図7.1 遺伝子がDNAであることを示した実験

表7.1 シャルガフの法則

試　料	DNA の塩基組成〔mol%〕						
	G	A	C	T	Pu/Py	$\frac{A+C}{G+C}$	$\frac{A+C}{A+T}$
ウシ肝臓	21.0	28.3	21.1	29.0	0.97	1.00	0.73
ウシ精子	22.2	28.7	22.0	27.2	1.03	1.03	0.78
ヒト肝臓	19.5	30.3	19.9	30.0	0.99	1.01	0.65
ニワトリ赤血球	20.5	28.8	21.5	29.2	0.97	1.01	0.72
コムギ胚	23.2	26.8	22.0	28.0	1.00	0.95	0.82
酵　母	18.7	31.3	17.1	32.9	1.00	0.94	0.56
大腸菌	24.9	26.0	25.2	23.9	1.04	1.05	1.00

DNAの塩基組成は生物種により異なるが，GとCあるいはAとTは等量存在する．またプリン（Pu）とピリミジン（Py），あるいはA＋CとG＋Tの量も常に等しい．

　これらの研究の流れの中から，ワトソン（J. Watson）とクリック（F. Crick）はDNA二重らせん（DNA double helix）モデル[*1]を提唱した（1953年）．このモデルから通常DNAは右巻き逆向きの二重らせん構造をとることが示された．また，

[*1] DNA二重らせんモデル：DNAの構造モデルは，1953年にワトソンとクリックによって提唱された（Nature 171, pp.737-738（1953））．このDNAモデルの提唱には，ウィルキンス，フランクリンらのDNAのX線構造解析データやシャルガフのDNA塩基存在比の法則などDNAに関する既知データが利用された．

DNA複製機構や突然変異による永続的な可変性などが容易に説明できるようになった（図7.2）．

遺伝情報の発現に関しては，DNAの塩基配列がRNAの塩基配列に転写され，さらにタンパク質のアミノ酸配列に翻訳されるというセントラルドグマ（central dogma）が提唱された（1956年）（図7.3）．

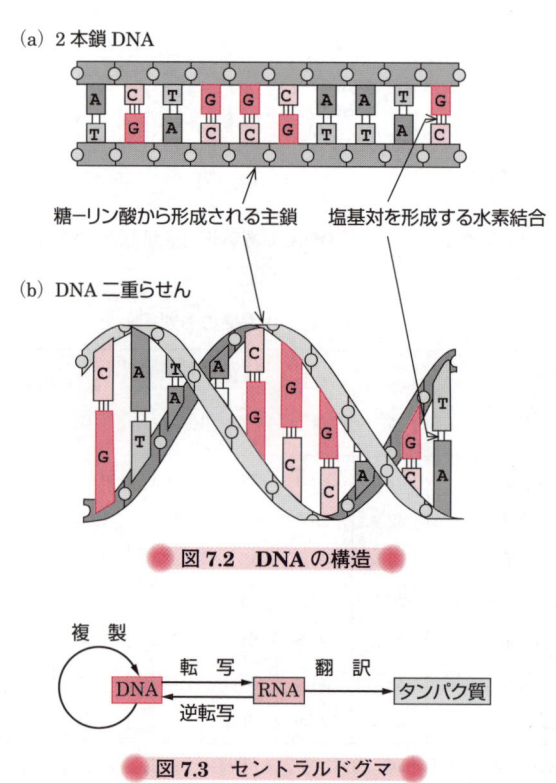

(a) 2本鎖DNA

糖-リン酸から形成される主鎖　塩基対を形成する水素結合

(b) DNA 二重らせん

図7.2　DNAの構造

図7.3　セントラルドグマ

7.2　DNAの構造

DNAは，糖，塩基，リン酸基の三つの成分から構成されている（図7.4）．糖としては2′-デオキシリボース，塩基としてはプリン塩基に属するアデニン（A），グアニン（G）とピリミジン塩基に属するシトシン（C），チミン（T）の4種が知られている（図7.5）．2′-デオキシリボースの1′位に塩基が結合したものをヌクレオ

7.2 DNA の構造

シド（nucleoside）といい，さらに，5′位にリン酸基が結合したものがヌクレオチド（nucleotide）である（図7.4）．DNAは，4種のヌクレオチドの5′位リン酸がホスホジエステル結合を介して隣のヌクレオチドの3′位に結合して重合体を形成したものである．この1本鎖DNAの5′位に遊離リン酸基を保持するヌクレオチドを5′末端，他方の5′位に-OHを保持するヌクレオチドを3′末端と呼んでいる（図7.6）．

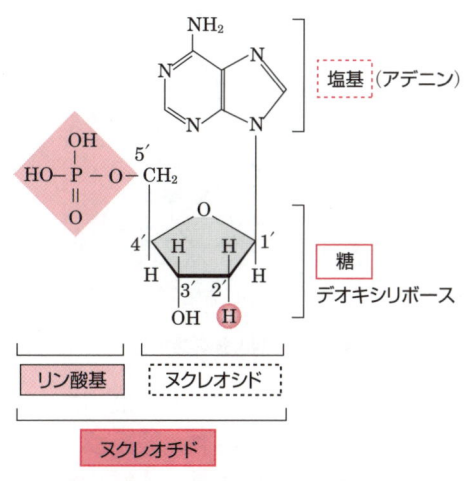

図7.4 DNAを構成する基本単位

DNAは糖，リン酸基，塩基（プリン塩基あるいはピリミジン塩基）を単位とするヌクレオチド（例図はデオキシアデノシン一リン酸）から構成される．

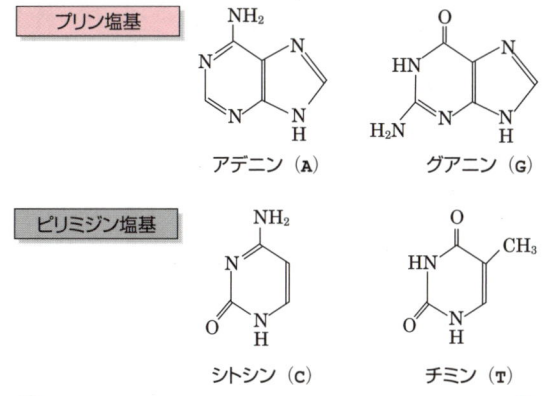

図7.5 DNA鎖の構成因子を形成する塩基の種類
（ ）はそれぞれ塩基の略称を示す．

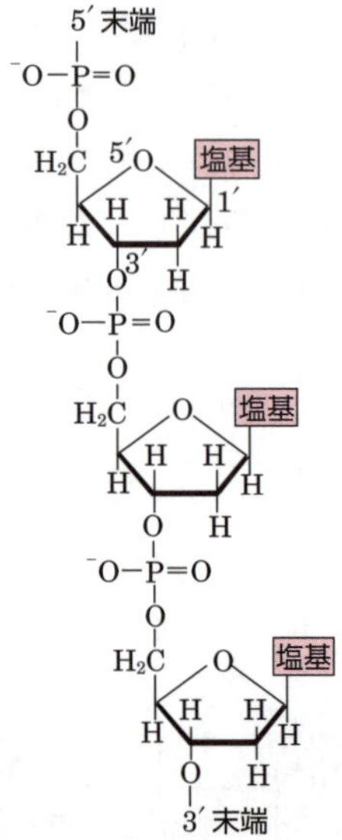

Chapter 7 分子生物学

図 7.6　DNA 鎖の方向性

　一般的な生物における DNA の構造は，糖-リン酸-糖-リン酸結合で構成される主鎖が外側に出た形態の 2 本鎖 DNA から構成される右巻き，逆平行の二重らせん構造をしており，その内側を 2 組の塩基対，ケト型のアデニン（プリン）対チミン（ピリミジン）またはグアニン（プリン）対シトシン（ピリミジン）の相補的塩

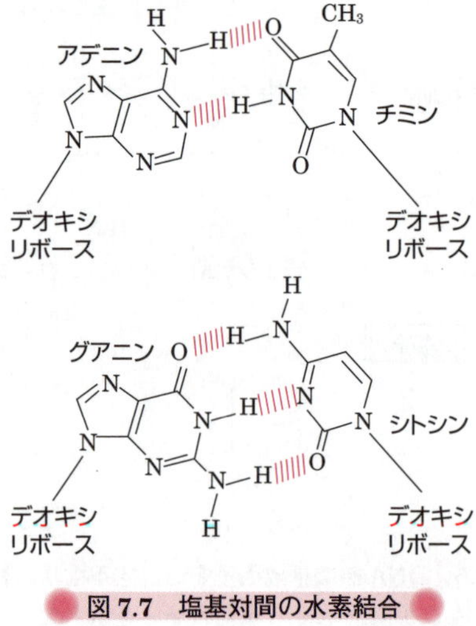

図 7.7　塩基対間の水素結合

基対形成（complementary base pairing）によって安定化している（図 **7.7**，図 7.2 も参照）．このことは，いろいろな生物の DNA において，一方の鎖の塩基配列が決まれば，自動的にもう一方の鎖の塩基配列が決定されることを示唆している．

7.3 DNA の複製

　DNA の複製は，細胞増殖の基本をなすものであり，遺伝情報の伝達という点からも非常に重要なステップである．DNA 複製は，親の 2 本鎖 DNA を鋳型としてそれぞれ相補的な新生 DNA 鎖が合成され，子の 2 本鎖 DNA が 2 セットできるというものであり，**半保存的複製**（semi-conservative replication）ともいわれている．一般的に DNA 複製は染色体の一定の開始点から開始され両方向に進行する

(a) DNA ポリメラーゼは，鋳型の塩基と塩基対を形成するヌクレオシド三リン酸を新たに付加する．このときピロリン酸が遊離する．
● : リン酸基

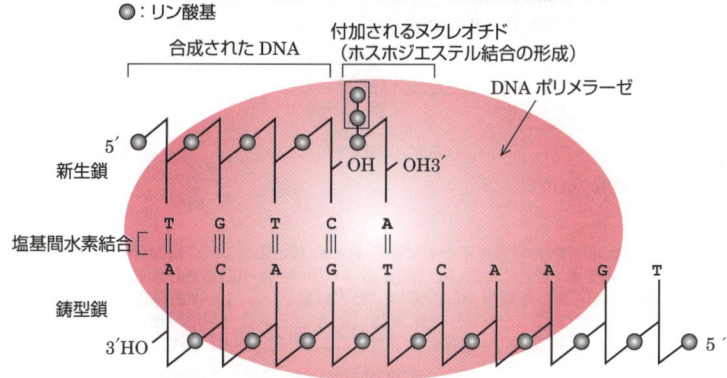

合成された DNA　　付加されるヌクレオチド
　　　　　　　　　（ホスホジエステル結合の形成）
　　　　　　　　　　　　　　　　　DNA ポリメラーゼ

新生鎖　5′
　　　　　　　　　　　　　OH　OH 3′
塩基間水素結合　T G T C A
　　　　　　　　A C A G T C A A G T
鋳型鎖
3′HO　　　　　　　　　　　　　　　　　　5′

(b) ラギング鎖では，5′→3′方向に岡崎フラグメントと呼ばれる短い DNA 鎖が合成され，あとでこの短鎖 DNA がつながれ 3′→5′方向に鎖が伸長する．

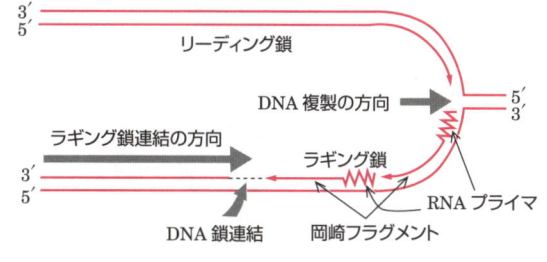

3′
5′　　　　　リーディング鎖
　　　　　　　　　　　　　DNA 複製の方向
　　　　　　　　　　　　　　　　　　5′
　　　　　　　　　　　　　　　　　　3′
　　ラギング鎖連結の方向　　　　ラギング鎖
3′
5′　　　　　　　　　　　　　　　　RNA プライマ
　　　　　　　　DNA 鎖連結　岡崎フラグメント

図 7.8　DNA 合成（a）と複製フォークにおける反応（b）

が，DNA ポリメラーゼは，DNA 鎖を 5′→3′方向にしか合成しない．このため，複製点において二つの向きの DNA 合成が進む．DNA 複製の方向と同じ方向に連続的に合成される長い新生 DNA 鎖をリーディング鎖（leading strand）と呼び，DNA 複製の方向と反対方向に不連続的に合成される短い新生 DNA 鎖をラギング鎖（lagging strand）と呼ぶ（図 7.8）．

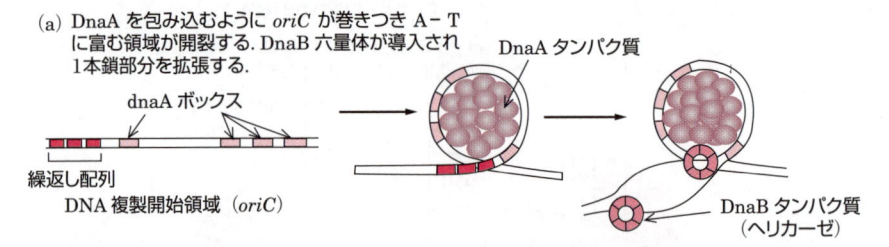

この DNA 複製（DNA replication）には，多くのタンパク質群が関与する．例えば，大腸菌の DNA 鎖の伸長には，DNA ポリメラーゼⅢ（10 種類のサブユニットから構成される）を中心に DnaA（DNA 複製開始領域 *oriC* 結合タンパク質，DNA 複製開始に関与），DNA ヘリカーゼ（2 本鎖 DNA を 1 本鎖にする酵素），SSB（1 本鎖 DNA 結合タンパク質），DNA プライマーゼ（RNA プライマ合成酵素），DNA ポリメラーゼⅠ，DNA リガーゼ（岡崎フラグメントの連結に関与），DNA トポイソメラーゼ（DNA 高次構造の歪みの解消に関与）などが高次の複製複合体を形成し機能している（図 7.9）．

(a) DnaA を包み込むように *oriC* が巻きつき A−T に富む領域が開裂する．DnaB 六量体が導入され 1 本鎖部分を拡張する．

(b) この DnaB を中心に DNA プライマーゼである DnaG などのタンパク質が集合し複合体（プライモソーム）を形成する．ここに，さらに DNA ポリメラーゼⅢ ホロ酵素が加わって DNA 複製が開始される．DNA ポリメラーゼⅢ ホロ酵素は，コア酵素と τ, γ, δ 複合体から構成されている．コア酵素は α と θ のサブユニットからなり，α は DNA ポリメラーゼ活性を担っている．コア酵素は τ によって二量体を形成し，$\gamma\delta$ 複合体は β サブユニットを DNA に乗せる機能をもつ．

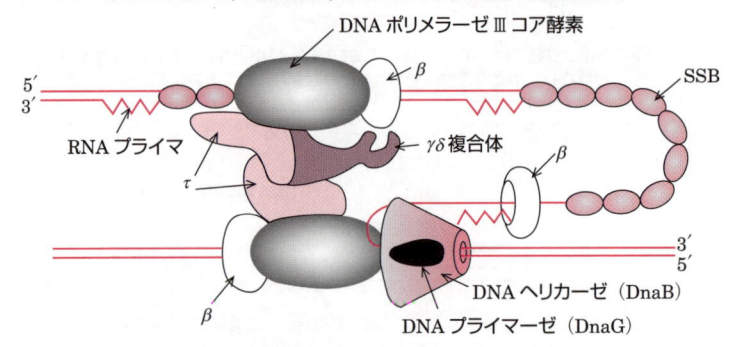

図 7.9 細菌の複製開始機構および複製フォークで働く DNA 複製複合体

7.4 遺伝子操作

　遺伝子工学（genetic engineering）とは，遺伝子操作技術を用いる生物学の1部門であり，主として組換え DNA と DNA クローニングの手法が用いられる．1972年米国のバーグ（P. Berg）らは動物ウイルス SV40 の DNA とバクテリオファージ λ DNA を試験管内で結合させることに成功した（図 7.10）．この実験が，組換え DNA 実験の第1号と考えられている．ここで使用された DNA の特定部位での切断・連結にはそれぞれ制限酵素，DNA 連結酵素が，細胞内への DNA 導入技術としては，形質転換法の開発がなされた．さらに，DNA 塩基配列決定法などの技術の発達により遺伝子と生体構成成分の関係を理解するツールとして遺伝子操作技術は重要な役割を果たし，生命現象理解の飛躍的発展が起きた．分子生物学のモデル生物である大腸菌を中心にして宿主-ベクター系が開発され，遺伝子操作のほとんどが進められてきた．

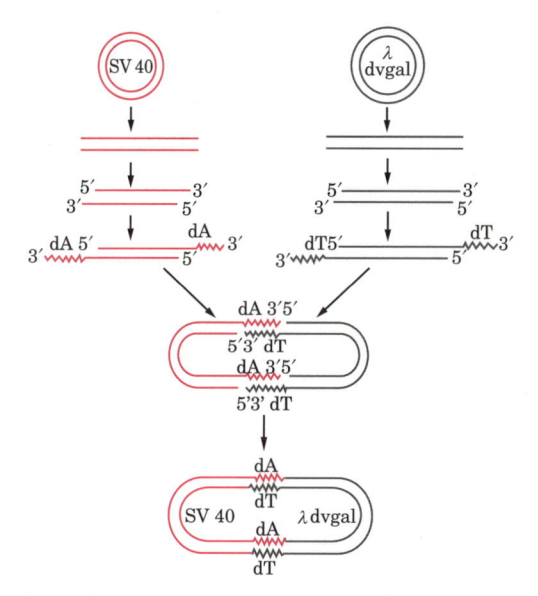

図 7.10　バーグらによる組換え DNA 実験

　両 DNA を切断し，ターミナルトランスフェラーゼと dATP または dTTP を用いて SV40 側には - AAAAA - 鎖を，λ dvgal 側には - TTTTT - 鎖をつけ，両末端を対合させる．DNA 合成酵素，DNA 鎖連結酵素などを用いて修復，連結させ，組換え DNA を作製した．

Chapter 7　分子生物学

　ベクターとしては自己複製能，選択マーカ，マルチクローニングサイトをもつプラスミドやファージがいろいろな用途に応じて開発・作製された．大腸菌における古典的なプラスミドとしてpBR322が構築され利用されている（図7.11）．pBR322は大きさが4361 bpであり，複製起点（*ori*），選択マーカとして2種の抗生物質，アンピシリン（Amp），テトラサイクリン（Tet）耐性遺伝子を保持している．また，ネガティブ選択に利用可能なpBR322を1か所だけ切断する制限酵素としてテトラサイクリン感受性に関連した制限酵素として*Hind* Ⅲ，*BamH* Ⅰ，*Sal* Ⅰが，アンピシリン感受性に関連した制限酵素として*Pst* Ⅰがある．それらのサイトに異種DNAが挿入された組換え体は，対応した抗生物質感受性を示すので，それを指標にして組換え体を選択できる．制限酵素は，本来，宿主が外来DNAを排除して自分のDNAは修飾をして切断できなくする現象の研究から発見された（制限修飾系）．現在使用されている制限酵素は，すべて特定の塩基配列を認識してDNAを切断するⅡ型酵素である．例えば，*EcoR* Ⅰは，5´-GAATTC-3´を認識して切断する．このように多くの制限酵素は，4〜8塩基の二回回転対称軸（パリンドローム）配列を認識，切断する（図7.12）．以上のようにして，同じ制限酵素で切断された染色体DNA，プラスミドを，DNAリガーゼによって連結することによって，異種DNAが挿入されたプラスミドが選択される．その後，より使用しやすいベクターとしてpUCベクターが作製された．pUCベクターは，選択マーカとしてβ-ガラクトシダーゼ遺伝子をもつ（図7.13）．

　このβ-ガラクトシダーゼ遺伝子の上流に各種制限酵素の単一切断部位（マルチクローニングサイト）をもつように設計されており，異種DNAの挿入の有無はβ-

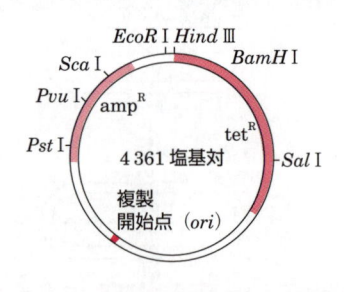

図7.11　pBR322の制限酵素地図

　開発されたプラスミドベクターpBR322は，4361 bp（base pair）の環状2本鎖DNAで，Col E1プラスミドのレプリコンとアンピシリン（Amp：ampicillin），テトラサイクリン（Tet：tetracyclin）耐性遺伝子をもつ．制限酵素，Pst Ⅰ，BamH Ⅰ，Pru Ⅰ，Sca Ⅰ，Sal Ⅰ，EcoR Ⅰ，Hind Ⅲなどによる切断点を，それぞれ1か所もつ．

7.4 遺伝子操作

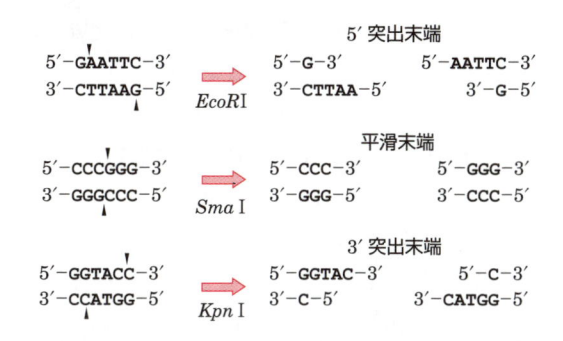

```
                          5′ 突出末端
 5′-GAATTC-3′        5′-G-3′       5′-AATTC-3′
 3′-CTTAAG-5′        3′-CTTAA-5′   3′-G-5′
          EcoRI

                          平滑末端
 5′-CCCGGG-3′        5′-CCC-3′     5′-GGG-3′
 3′-GGGCCC-5′        3′-GGG-5′     3′-CCC-5′
          SmaI

                          3′ 突出末端
 5′-GGTACC-3′        5′-GGTAC-3′   5′-C-3′
 3′-CCATGG-5′        3′-C-5′       3′-CATGG-5′
          KpnI
```

図 7.12　制限酵素切断によって形成する DNA 末端の形
II 型の制限酵素は認識部位の内側を切断する．

マルチクローニングサイト（MCS）

-GCCAAGCTTGCATGCCTGCAGGTCGACTCTAGAGGATCCCCGGGTACCGAGCTCGAATTC-

HindIII　SphI　PstI　SalI　XbaI　BamHI　SmaI　KpnI　SacI　EcoRI
　　　　　　　Sse83871　AccI　　　　　　　XmaI
　　　　　　　　　　　HincII

pUC18
2 686 bp

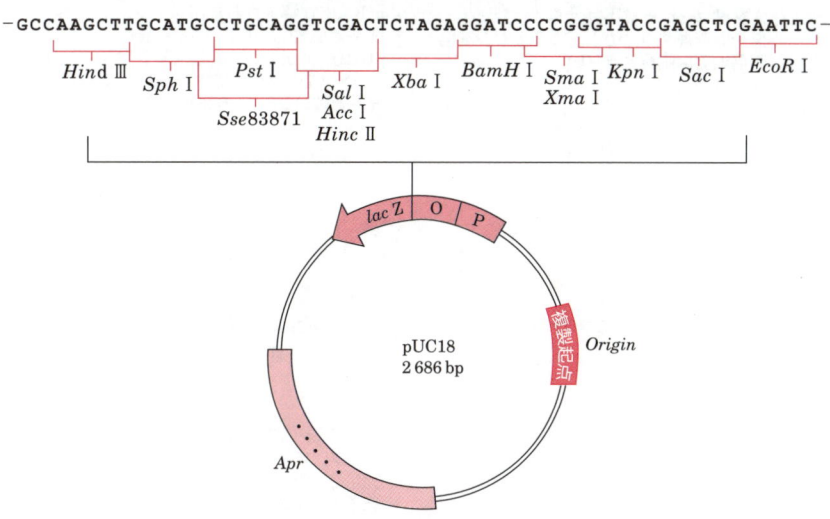

lacZ　O　P
薬剤耐性
Origin
Apr

図 7.13　pUC18 ベクターの制限酵素地図

pUC18 は，MCS をもち，多くの制限酵素で 1 か所切断し，その部分に異種 DNA を挿入することができる．

ガラクトシダーゼの活性の有無として検出できるようになっている（β-ガラクトシダーゼの α-相補性）．すなわち β-ガラクトシダーゼの合成基質（X-gal）の色の変化を指標にして選択可能に設計されている．この合成基質（X-gal）は正式には 5-クロロ-4-ブロモ-3-インドリル-β-D-ガラクトースといい，白色をしている．しかし，β-ガラクトシダーゼにより X-gal の糖と側鎖部分が切断される

とインディゴの青色を呈する．異種 DNA の挿入がないと β-ガラクトシダーゼが活性で，合成基質（X-gal）が分解され，形質転換株コロニーは青色を示す．一方，異種 DNA が挿入されると β-ガラクトシダーゼが不活性化し，合成基質（X-gal）の分解がなく形質転換株コロニーは白色を示す（**図 7.14**）．組換え体 DNA を細胞に導入する技術として形質転換法（transformation）が知られている．大腸菌の一般的な形質転換法に塩化カルシウム法がある．本方法は大腸菌を塩化カルシウム処理すると大腸菌細胞が DNA 取込み能をもつようになる現象を利用した方法であり，1 μgDNA 当たり $10^6 \sim 10^8$ ぐらいの形質転換株が取得可能である．このほかの形質転換法として，プロトプラスト法，電気穿孔法などがいろいろな細菌に対する遺伝子導入法として開発されている．

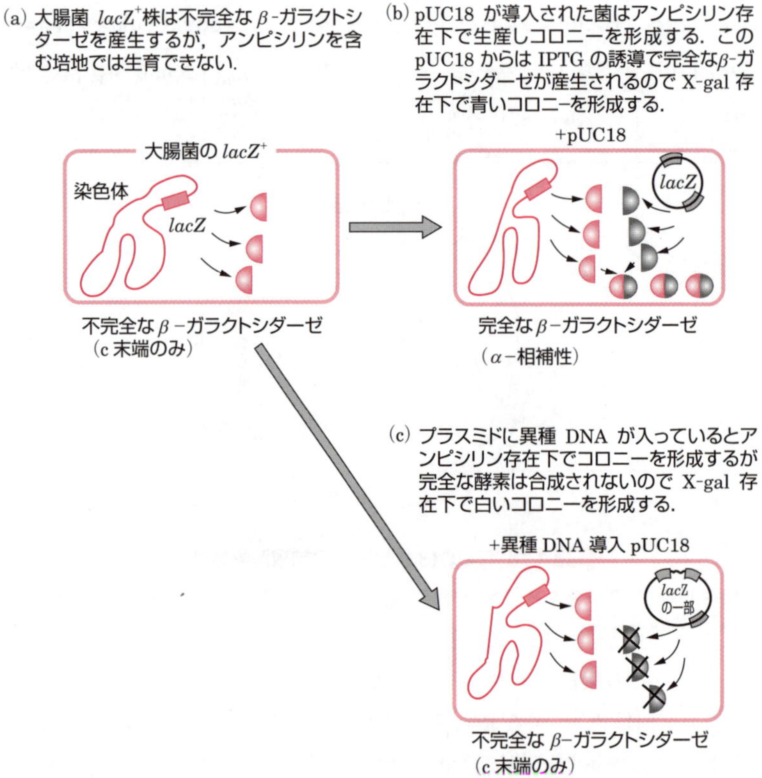
(a) 大腸菌 lacZ⁺株は不完全な β-ガラクトシダーゼを産生するが，アンピシリンを含む培地では生育できない.
大腸菌の lacZ⁺
染色体
lacZ
不完全な β-ガラクトシダーゼ
（c 末端のみ）
(b) pUC18 が導入された菌はアンピシリン存在下で生産しコロニーを形成する．この pUC18 からは IPTG の誘導で完全な β-ガラクトシダーゼが産生されるので X-gal 存在下で青いコロニーを形成する.
+pUC18
lacZ
完全な β-ガラクトシダーゼ
（α-相補性）
(c) プラスミドに異種 DNA が入っているとアンピシリン存在下でコロニーを形成するが完全な酵素は合成されないので X-gal 存在下で白いコロニーを形成する.
+異種 DNA 導入 pUC18
lacZ の一部
不完全な β-ガラクトシダーゼ
（c 末端のみ）

図 7.14 pUC18 ベクターに異種 DNA が導入された菌の識別法

7.4 遺伝子操作

　遺伝子クローニングとは，以上のような遺伝子組換え技術を利用してゲノムDNAの中から特定の遺伝子やDNA断片を取り出す操作をいう．ショットガンクローニングと呼ばれる方法は，目的細菌のDNAを制限酵素や，超音波などの物理的なせん断力により切断し，ゲノムライブラリを構築し，その中から目的遺伝子をクローニングする方法である（図7.15）．また，ゲノムの構造を知るためには，全体をカバーするより多くのDNAを多数クローン化して，それぞれのクローンをつなぎ合わせる解析を行う．

　遺伝子組換え実験の安全性を保つため，2004年2月バイオセーフティー（biosafety）に関するカルタヘナ議定書が我が国に対して発効し，**遺伝子組換え生物等規制法**[*2]が制定された．遺伝子組換え実験はこの法律に基づいて実施される

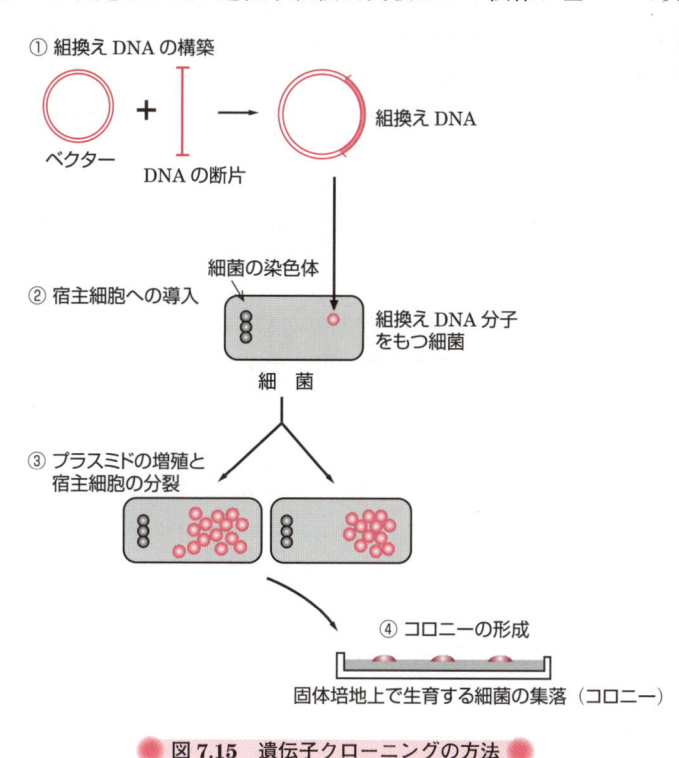

① 組換えDNAの構築
ベクター ＋ DNAの断片 → 組換えDNA

② 宿主細胞への導入
細菌の染色体
細菌
組換えDNA分子をもつ細菌

③ プラスミドの増殖と宿主細胞の分裂

④ コロニーの形成
固体培地上で生育する細菌の集落（コロニー）

図7.15　遺伝子クローニングの方法

[*2] 遺伝子組換え生物等規制法：正式には「遺伝子組換え生物等の使用等の規制による生物の多様性の確保に関する法律（平成15年法律第917号）」が平成15年6月18日に公布された．同法はカルタヘナ議定書が我が国に効力を発する平成16年2月19日から施行される．法律の施行に伴い，従来の「組換えDNA実験指針（平成14年文部科学省告示第五号）」は，廃止された．

が，基本的には，宿主または供与 DNA として使用される微生物のヒトへの病原性のレベルで，取扱いが容易な P1 レベルから厳しい規制がある P4 レベルに分類されている．

> **Topics** β-ガラクトシダーゼの α-相補性
>
> β-ガラクトシダーゼは分子量約 10 万の大きなタンパク質であり，その遺伝子は約 3 Kb もあり，ベクターに直接組み込むには大きすぎる欠点がある．ここに β-ガラクトシダーゼの α-相補性という性質が利用されている．すなわち，β-ガラクトシダーゼの N 末端側 146 アミノ酸のペプチドとそれより C 末端側のペプチドは，おのおのは β-gal 活性を示さないが，両者が同時に存在すると複合体を形成し活性を回復する性質がある．このことから C 末端ペプチドを合成できる大腸菌を宿主とした場合，ベクター上の N 末端ペプチド遺伝子を選択マーカとして利用できる．

7.5　RNA 合成，転写，ポリメラーゼ，σ 因子など

　RNA も糖，塩基，リン酸基の三つの成分から構成されている（図 7.16）．糖としては，リボース（ribose，DNA の 2′-デオキシリボースとは異なる）を，塩基としては，プリン塩基に属するアデニン，グアニンとピリミジン塩基に属するシトシン，ウラシル（DNA ではチミン）の 4 種が知られている．リボースの 1′ 位に塩基が結合したものをヌクレオシドといい，さらに，5′ 位にリン酸基が結合したものがヌクレオチドである．RNA は，4 種のヌクレオチドの 5′ 位リン酸がホスホジエステル結合を介して隣のヌクレオチドの 3′ 位に結合して重合体を形成している．RNA は，DNA の一方の鎖を鋳型にして転写される分子であり，鋳型となる DNA 鎖の塩基配列が決まれば，自動的に RNA 鎖の塩基配列が決定されることになる．

　RNA には，多様な種類と機能が知られている．特に重要なのは，タンパク合成における RNA の役割（mRNA：タンパク質合成の鋳型，rRNA：リボソームにおけるアミノ酸重合反応の触媒，tRNA：アミノ酸の選択）である．このほか，リボザイム作用，低分子干渉 RNA（RNAi）による翻訳抑制，スプライシング制御，DNA 合成プライマ，アプタマなど重要な生体機能が明らかにされつつある．

　遺伝情報発現としての転写は，DNA を鋳型として，RNA ポリメラーゼが

アデノシン 5′-1 リン酸：塩基がアデニン（アデニル酸，AMP）
グアノシン 5′-1 リン酸：塩基がグアニン（グアニル酸，GMP）
シチジン 5′-1 リン酸：塩基がシトシン（シチジル酸，CMP）
ウリジン 5′-1 リン酸：塩基がウラシル（ウリジル酸，UMP）

図 7.16　リボヌクレオチドの構造

mRNAを作る反応である．RNAポリメラーゼは，2本鎖DNAの転写開始部位（プロモーター）に結合し，鋳型鎖の塩基に相補的なリボヌクレオチドが選択され，重合反応は 5′→3′ の方向に進む．大腸菌のRNAポリメラーゼは $\alpha_2\beta\beta'\sigma$ の4種類のサブユニットで構成されている（**図 7.17**）．

σ 因子は通常，複数存在し，プロモーター特異性を決定している．大腸菌では，シグマ 70，54，32 といった複数の σ 因子が存在し，どの遺伝子を発現させるかといった遺伝子選択に重要な役割を果たしている．一方，真核生物では，3種のRNAポリメラーゼ（RNA Pol I，RNA Pol II，RNA Pol III）が報告されている．RNA Pol I は，リボソーム RNA（rRNA）の転写，RNA Pol II は，タンパク質をコードする mRNA の転写，RNA Pol III は，tRNA などの小分子 RNA の転写に働いている．

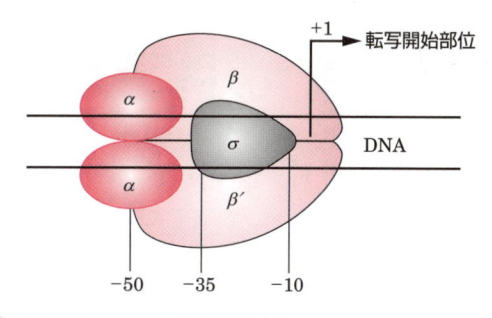

図 7.17　大腸菌の RNA ポリメラーゼの構造と機能
RNA ポリメラーゼはホロ酵素の形で DNA（プロモーター）に結合する．

Chapter 7 分子生物学

7.6 タンパク質合成

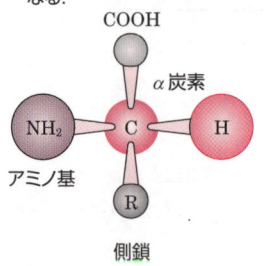

　タンパク質は，20種類のアミノ酸がペプチド結合で連結した高分子である．アミノ酸の構造は，一般に α-炭素原子にアミノ基，カルボキシル基，それぞれのアミノ酸に特徴的な側鎖が結合して構成されている（図7.18）．アミノ酸は，側鎖の性質などにより中性アミノ酸，酸性アミノ酸，塩基性アミノ酸，イミノ酸に分類される（表7.2）．中性アミノ酸はさらに，脂肪族アミノ酸，含硫アミノ酸，芳香族アミノ酸に分けられる．これらのタンパク質を構成するアミノ酸はすべて L-型である．ペプチド結合は，一つのアミノ酸の α-カルボキシル基とほかのアミノ酸の α-アミノ基から1分子の水が除かれてできた結合である（図7.18）．このようにしてアミノ酸が多く連結したものがポリペプチドである．

　ポリペプチドにおけるアミノ酸の配列は mRNA にコードされたコドンによって規定され，リボソーム上でタンパク質合成の鋳型となっている．原核細胞のリボソーム (ribosome) は沈降係数70S（分子量270万）である．このリボソームは21種類のタンパク質から構成される小サブユニットと33種類のタンパク質から構成される大サブユニットおよび23SRNA，16SRNA，5SRNAの3種のRNAから構成される高次複合体である（図7.19）．

　合成されたポリペプチドは，その鎖を構成するアミノ酸同士の相互作用によりペプチド鎖の折畳みがおき，α-ヘリックス（α-helix）や β-シート（β-sheet）が形

図7.18　アミノ酸の基本構造とペプチド結合

表 7.2 タンパク質を構成するアミノ酸

名称	三文字表記 (一文字表記)	側鎖の構造	側鎖の性質	名称	三文字表記 (一文字表記)	側鎖の構造	側鎖の性質
アラニン	Ala (A)	$-CH_3$	脂肪族炭化水素をもつ	アスパラギン酸	Asp (D)	$-CH_2-COO^-$	負電荷をもつ
ロイシン	Leu (L)	$-CH_2-CH-CH_3$ / CH_3		グルタミン酸	Glu (E)	$-CH_2-CH_2-COO^-$	
イソロイシン	Ile (I)	$-CH-CH_2-CH_3$ / CH_3		リジン	Lys (K)	$-(CH_2)_4-NH_3^+$	正電荷をもつ
バリン	Val (V)	$-CH-CH_3$ / CH_3		アルギニン	Arg (R)	$-(CH_2)_3-NH-C=NH_2^+$ / NH_2	
プロリン*	Pro (P)	HN—COOH (環状)		ヒスチジン	His (H)	$-CH_2$-イミダゾール	
チロシン	Tyr (Y)	$-CH_2-$C$_6$H$_4-$OH	芳香族環をもつ	アスパラギン	Asn (N)	$-CH_2-CO-NH_2$	アミド基をもつ
フェニルアラニン	Phe (F)	$-CH_2-$C$_6$H$_5$		グルタミン	Gln (Q)	$-CH_2-CH_2-CO-NH_2$	
トリプトファン	Trp (W)	$-CH_2-$インドール		セリン	Ser (S)	$-CH_2-OH$	ヒドロキシル基をもつ
				スレオニン	Thr (T)	$-CH-CH_3$ / OH	
メチオニン	Met (M)	$-CH_2-CH_2-S-CH_3$	硫黄を含む	グリシン	Gly (G)	$-H$	中性
システイン	Cys (C)	$-CH_2-SH$					

＊プロリンは全構造を示す．

成される．α-ヘリックスは，1 回転当たり 3.6 個のアミノ酸残基からなる右巻きらせんを形成しており，その形成には，グルタミン酸，メチオニン，アラニン，ロイシンなどのアミノ酸が寄与している．β-シートにおいて，ポリペプチド鎖は伸びきったひだ状の面を構成し，さらに，複数の β-シートの面間で水素結合が形成されて安定化されている．タンパク質はアミノ酸配列で構成される 1 次構造，ペプチド鎖の折畳みで構成される 2 次構造（α-ヘリックスや β-シート構造），1 次，2 次構造によって構成されるさらに大きな構造体を 3 次構造という．そしていくつかのタンパク質から構成される構造を 4 次構造（サブユニット構造）といい，さまざまなタンパク質が生体のいろいろな場所で働いている．

Chapter 7 分子生物学

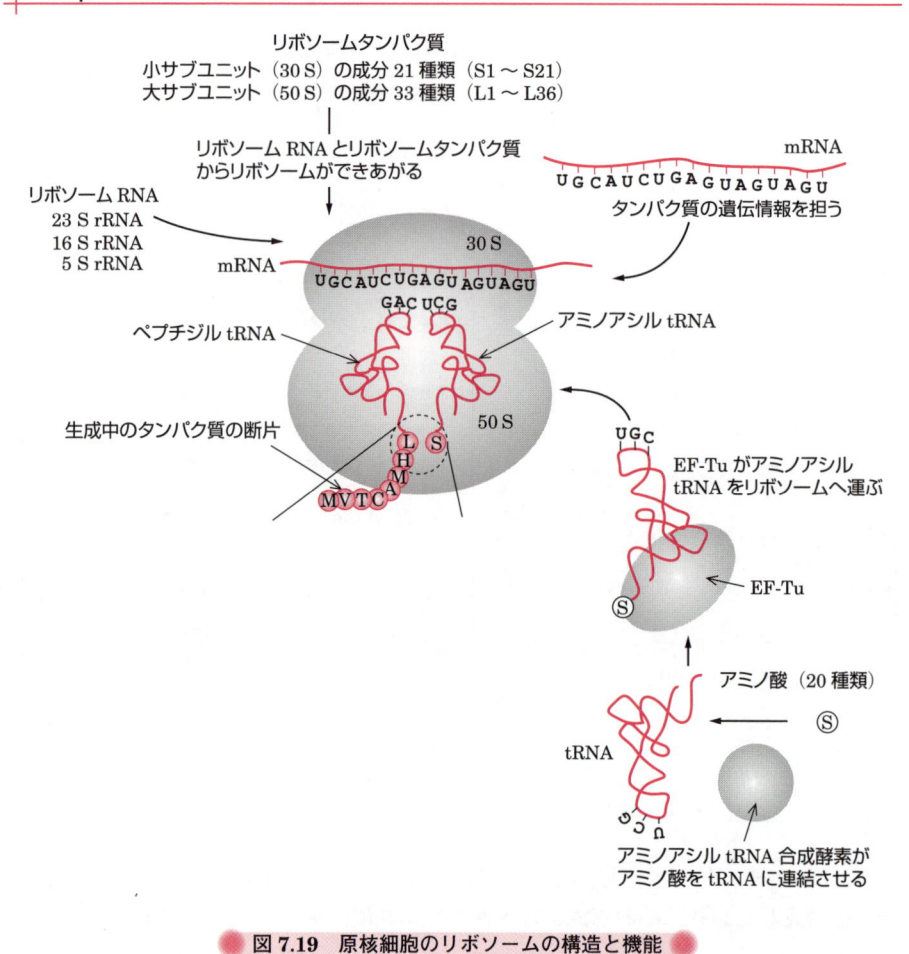

図 7.19 原核細胞のリボソームの構造と機能

7.7 遺伝子コード，翻訳

　DNA からタンパク質への情報の伝達は mRNA を介して行われる．DNA から mRNA への情報の伝達を転写（transcription），mRNA からタンパク質への変換を翻訳（translation）という．

　mRNA 上のコドン（codon）と呼ばれる 3 塩基連鎖からなる遺伝子コード（遺伝暗号）があり，これが一つのアミノ酸に対応している．多くのアミノ酸は 1 種

7.7 遺伝子コード，翻訳

1文字目\2文字目	U	C	A	G	3文字目
U	UUU UUC]Phe UUA UUG]Leu	UCU UCC UCA UCG]Ser	UAU UAC]Tyr UAA 終止 UAG 終止	UGU UGC]Cys UGA 終止 UGG Trp	U C A G
C	CUU CUC CUA CUG]Leu	CCU CCC CCA CCG]Pro	CAU CAC]His CAA CAG]Gln	CGU CGC CGA CGG]Arg	U C A G
A	AUU AUC]Ile AUA AUG Met	ACU ACC ACA ACG]Thr	AAU AAC]Asn AAA AAG]Lys	AGU AGC]Ser AGA AGG]Arg	U C A G
G	GUU GUC GUA GUG]Val	GCU GCC GCA GCG]Ala	GAU GAC]Asp GAA GAG]Glu	GGU GGC GGA GGG]Gly	U C A G

図 7.20　遺伝暗号（コドン）

以上のコドンに対応しており，一般的には遺伝子コードは全生物を通じて共通である（図 7.20）．

翻訳の開始はメチオニンに対応するコドン AUG から始まる．mRNA 上のコドンはオーバーラップして使用されず，mRNA の 5′ から 3′ 方向に順番にならんだコドンに従って，対応したアミノ酸が付加し，ペプチド鎖の伸長が進む（図 7.21）．ペプチド鎖の伸長は終止コドン（UAA, UAG, UGA）が出現した時点で終了する．しかし，ミトコンドリアなどを中心に多くの例外的な事例が明らかにされてきた．翻訳反応は，主として「翻訳の開始」，「ペプチド鎖の伸長」，「翻訳の終結」の三つのステップから構成されている．すなわち，30 S 小サブユニットリボソームへの

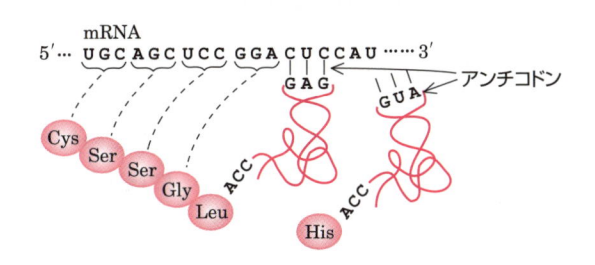

図 7.21　mRNA の翻訳

3 個 1 組のコドンは，特異的な tRNA 分子の三つのヌクレオチド（アンチコドン）と相補的である．コドンとアンチコドンの間で塩基対が形成され，tRNA 分子についているアミノ酸が合成中のペプチド鎖に付加され，ペプチド鎖が伸張する．

Chapter 7 分子生物学

翻訳開始因子（initiation factor）IF1，IF3 の結合，形成された複合体へ mRNA，開始 fMet-tRNA（initiator tRNA）が結合し 30 S 開始複合体が形成される．最終的に，翻訳開始因子 IF-1，2，3 が解離し，50 S 大サブユニットリボソームが結合して高次の 70S 翻訳開始複合体が形成される（図 7.22）．

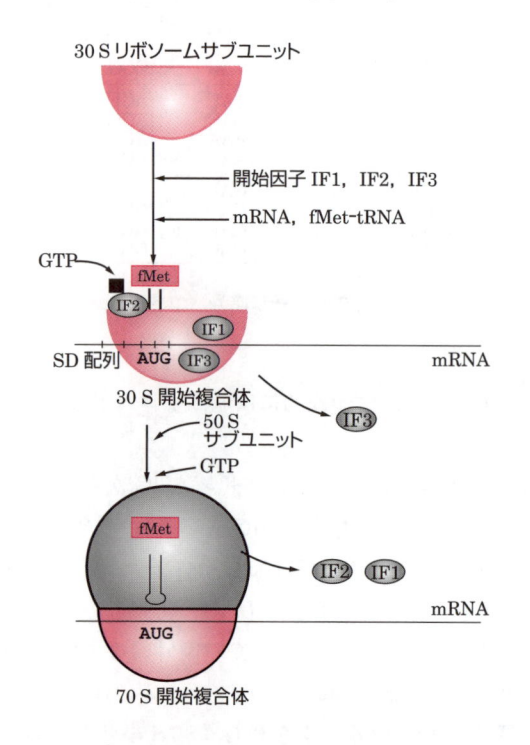

図 7.22　翻訳開始複合体

ペプチド鎖伸長には，各アミノ酸に対応した各種のアミノアシル tRNA，各種伸長因子が関与する．伸長因子（elongation factor）EF-Tu は，大サブユニット中の A 部位への各種のアミノアシル tRNA の正しいコドンとの対合に機能している．EF-G はアミノアシル tRNA の P 部位への転座反応に機能している．このようにしてペプチド鎖の伸長が起きる．

翻訳終結には，翻訳終結因子（release factor）RF1，3 が関与している．終止コドン UAA，UAG，UGA が A 部位にきたとき翻訳終結因子が終止コドンを認識し，合成されたペプチド鎖の解離と終結因子の解離が起こり，翻訳が終結する．

7.8 遺伝子発現の制御

遺伝子発現の制御は，DNAを鋳型として，その情報をRNAポリメラーゼがmRNAに変換する反応の制御である．原核細胞の一つ，大腸菌のRNAポリメラーゼは1種類で$\alpha_2\beta\beta'\sigma$の4種類のサブユニットで構成され"ホロ酵素"を構成している（図7.23）．正確なプロモーターからの転写開始には"ホロ酵素"が必要であるが，特にσ因子がプロモーター特異性を決定している．通常の転写開始には分子量70 kDaのσ因子（σ^{70}）が関与している．熱処理により誘導される遺伝子群の発現には分子量32 kDaのσ因子（σ^{32}）が関与している．また，窒素代謝に関与する遺伝子群の発現には分子量54 kDaのσ因子（σ^{54}）が関与している．RNAポリメラーゼは転写開始点の上流-10領域，-35領域に存在するプロモーター配列を認識して結合し，転写を開始する．例えば，σ^{70}をもつRNAポリメラーゼは転写開始点の上流のプロモーター配列（-10領域：TATAAT，-35領域：TTGACA）を認識して結合する．mRNAの伸長にはRNAポリメラーゼのσ因子をもたないコア酵素が働いている．そして，逆向き反復配列で形成されるステムループ型のターミネータと呼ばれる領域で転写は終結する．一般に，ρ因子と呼ば

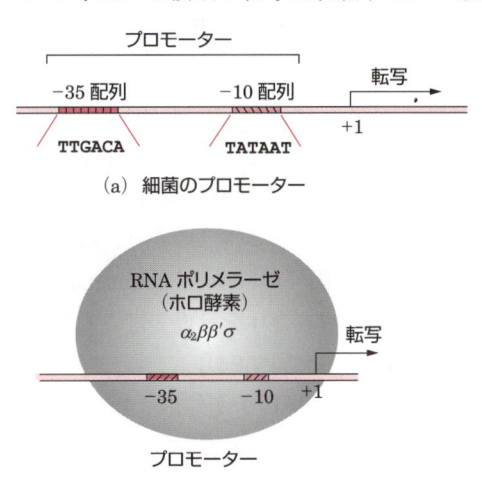

(a) 細菌のプロモーター

(b) 細菌のRNAポリメラーゼのDNA上の認識・結合部位

図7.23 細菌の転写調節

Chapter 7 分子生物学

れる転写終結因子がこの転写終結に働いている．

　遺伝子発現の調節因子としてリプレッサー（repressor）とアクチベーター（activator）が働いている（図 **7.24**）．リプレッサー（例えばラクトースオペロンのリプレッサー，LacI）は，プロモーター配列近傍のオペレータ配列に結合することにより遺伝子発現を抑制し，アクチベーター（例えばリン酸欠乏時の転写活性化因子，PhoB）は，やはりプロモーター配列近傍に結合することにより遺伝子発現を促進することが知られている．NtrC は，窒素代謝に関連する σ^{54} アクチベーターとして発見されたものであるが，エンハンサのような機能をもつことから真核生物の転写アクチベーターとの類似性が注目されている．

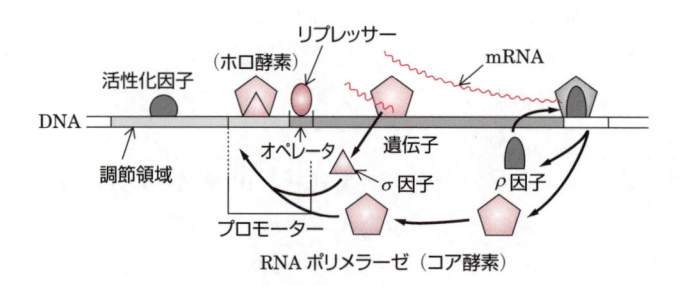

● 図 7.24　細菌遺伝子の転写における RNA ポリメラーゼのサイクル ●

RNA ポリメラーゼの結合と転写開始には σ 因子が，また転写終結と鋳型 DNA からの離脱には ρ 因子が関与．

　真核生物では，RNA ポリメラーゼⅡ（RNA Pol Ⅱ）がタンパク質をコードする mRNA の転写に働いている．この RNA Pol Ⅱ は十数個のサブユニットから構成されており，TATA ボックスを中心とした広い領域（-100 から +50 領域）を認識して DNA 鎖に結合し，転写を開始する．このとき，RNA Pol Ⅱ には TBP（TATA 結合タンパク質），**基本転写因子**（general transcription factor）TFIIA, IIB, IID, IIE, IIF, IIH が転写開始複合体を形成し，さらに，転写伸長因子，終結因子が働いて mRNA が合成される（図 **7.25**）．

　この転写開始複合体に，転写制御因子が作用し転写発現の制御がなされている．一般に，転写制御因子はリガンド結合ドメイン，タンパク質結合ドメイン，DNA 結合ドメイン，活性化ドメインから構成されている（図 **7.26**）．リガンド結合ドメインは，重金属，ステロイドホルモン，ビタミンなどの核内受容体として作用しているドメインである．タンパク質結合ドメインは，標的タンパク質とロイシンジッパ，α-ヘリックス，HLH などを介して結合するドメインである．DNA 結合ドメ

7.8 遺伝子発現の制御

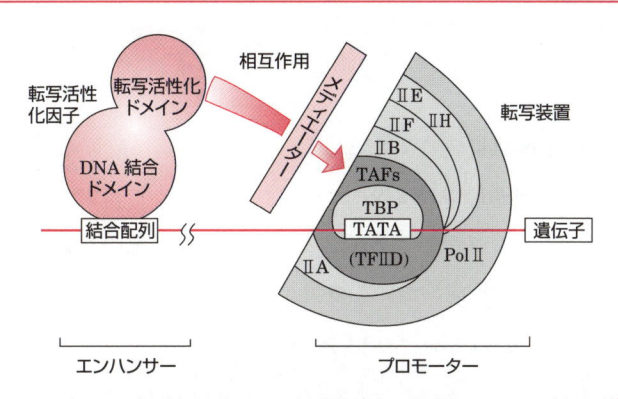

図 7.25 真核細胞プロモーター上の転写結合体と転写活性化因子
RNA Pol II の転写系を示している．

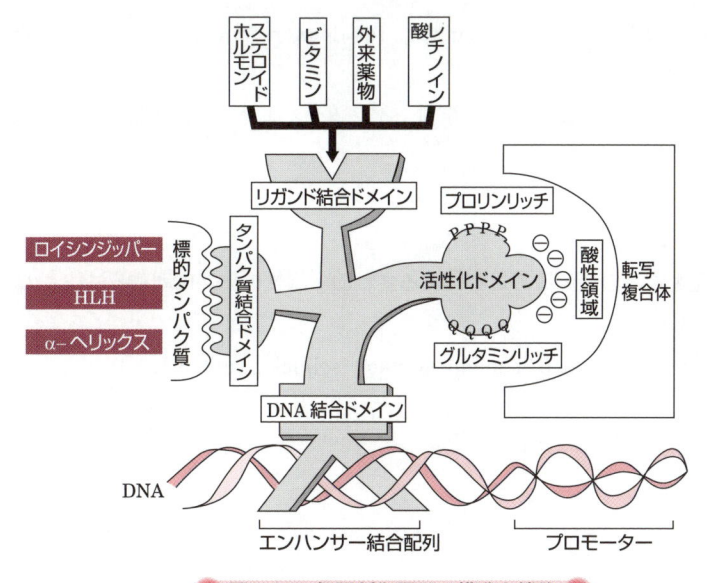

図 7.26 転写制御因子の構造と機能

インは，HTH，Zn フィンガ，塩基性領域などのモチーフを介してエンハンサ結合配列に結合する領域である．活性化ドメインは，プロリンリッチ配列，グルタミンリッチ配列，酸性領域などを介して転写装置に転写制御因子の機能を伝達するドメインである．DNA 結合ドメイン以外の三つのドメインは，全体として転写活性化ドメインとして働きメディエータを介して転写装置と相互作用をし，転写制御に機能している．

Chapter 7 分子生物学

演習問題

Q.1 DNA の分子構造について概説せよ．
Q.2 宿主-ベクター系について説明せよ．
Q.3 細菌の RNA ポリメラーゼの構造と機能について説明せよ．
Q.4 RNA の多様性と機能について概説せよ．
Q.5 メンデルの優劣の法則について説明せよ．

参考図書

1. J. Watson and F. Crick：A Structure for deoxyribonucleic acid, Nature 171, pp.737-738（1953）
2. 定家義人，松本幸次，原 弘志，朝井 計：ゲノムサイエンスと微生物分子遺伝学，培風館（2004）

ウェブサイト紹介

「遺伝子組換え生物等の使用等の規制による生物の多様性の確保に関する法律」のホームページ

http://www.mext.go.jp/a_menu/shinkou/seimei/kumikae.html

Chapter 8
微生物進化と分類学

　現在,地球上には約200万種以上の生物種が存在しているといわれる.これらの生物は,はじめから存在したのだろうか.多種多様な生物種はどのような関係にあるのだろうか.初期生命はどのようにして生まれたのか.大変興味のある話題である.約40億年前に原始生命が誕生し,生物進化を繰り返し,豊かな生物種に満ち溢れる地球になった.生物間の進化状態が分子生物学の発達により,明らかになりつつある.
　本章では,生物の進化系統解析や微生物の分類方法について述べる.また,最近の新しい微生物分類方法についても触れる.

Chapter 8

微生物進化と分類学

8.1　初期生命

　地球上の生物は多種多様な生活様式をもち，その代謝や遺伝子にさまざまな仕組みがある．しかし，その中にはすべての生物に共通の遺伝子や代謝も存在する．これらはすべての生物に共通の祖先，始原微生物から進化したと考えられている．

8.1.1　元素から有機体に

　今から約46億年前ビッグバンが起こり，宇宙の片隅に地球は誕生した．原始地球は隕石の衝突によるエネルギーのため，どろどろのマグマのような状態であった．やがて，宇宙への放熱により急速に冷やされ，大気中の水蒸気は雨となって地表に降り注いだ．今から40億年前には海が誕生していたと考えられており，この原始の海で生命の誕生が始まったと考えられている．

〔1〕オパーリンの仮説

　1860年代にパスツール（L. Pasteur）が自然発生説（→1.4節）を否定して以来，生命の起源に関する実験はしばらく行われなかった．1922年にロシアのオパーリン（A. I. Oparin）が生命の起源に関する仮説（コアセルベート説[*1]）を唱えた．さらに考えを発展させ，1936年に『生命の起源』，1957年に『地球上の生命の起源』を出版した．これは原始地球上で非生物的な有機物の生成が起こり，これらの有機物の発展として生命が発生したとする考えで，物質進化には何段階か必要であるとした．最初に，原始地球の構成物質である多くの無機物から炭化水素や簡単な化合物が生成される．次に，簡単な化合物はアミノ酸，ヌクレオチド，炭水化物などの有機化合物が生成される．それらの有機物が互いに重合し，タンパク質様物質，核酸様物質などの高分子物質が生成される．そして最後に代謝が可能な高分子物質からなる多分子系が生成され原始生命となったという考えである．この考えは化学進化説と呼ばれ現在の自然科学では最も広く受け入れられている．

[*1] コアセルベート説：化学進化から生命誕生に至る過程の中で，脂質やポリペプチドなどの高分子化合物によりコアセルベート液滴が作られ，生体分子が濃縮されて原始細胞へと進化したとする説．

8.1 初 期 生 命

[2] ユーリー，ミラーの実験

　1953年米国シカゴ大学ハロルド・ユーリー（H. Urey）の研究室の大学院生スタンリー・ミラー（S. Miller）はオパーリンの仮説の一部を実験的に証明することを試みた．当時原始地球の大気はメタン，アンモニア，水素からなる還元的な状態であったと考えられていた．ミラーは，これらのガスを熱した水蒸気でガラス管の中を循環させ，そこに雷のように放電した（図8.1）．一週間後にこの中身を分析すると，水溶液の中には4種類のアミノ酸（グリシン，アラニン，バリン，アスパラギン酸）などが含まれていた．これによりオパーリンの仮説の一部の正当性が示されたのである．その後，ミラーの実験の応用として紫外線や放射線などのエネルギー源を使った実験も行われ，その多くが有機物合成は可能であるとしている．しかし，現在では原始の地球大気は二酸化炭素や窒素など火山性ガスに近い酸化的なもので満たされていたとされているため，ミラーの実験を支持しない研究者も多いが，生命の起源に関し大きな影響を与えている．

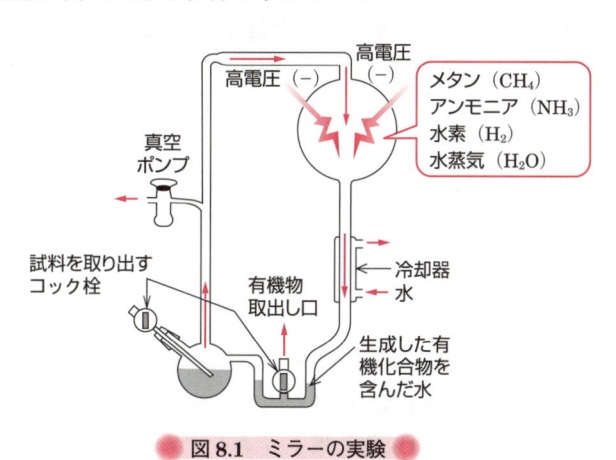

図8.1　ミラーの実験

8.1.2　生命誕生の仮説

　ミラーの実験で示されたように原始地球では無機物の反応から有機物が自然にでき上がっていった．しかし，原始地球の大気は酸化的なものであったため，生命の源が作られるのに適した別の場所が考えられた．

　一般に生命の誕生には還元的な環境のほうが適していると考えられている．深海底熱水噴出孔付近には大量の金属イオンが析出し，熱水中にメタン，硫化水素，水素，二酸化炭素が含まれた還元的な環境である．しかも反応のためのエネルギー源

Chapter 8　微生物進化と分類学

の熱も十分にあるため生命の前段階に必要な物質が深海で作られる．そして，粘土や黄鉄鉱表面でアミノ酸の重合反応が起こることから深海熱水孔周辺で生命が生まれたという「熱水噴出孔説」がある．また，深海ではなくもっと浅い原始の海や河口で誕生したとする説や彗星が落下し，それに含まれる有機物質がもとになっている説などいろいろある．

いずれにしろ地球のどこかで何らかの形でアミノ酸が重合しペプチド，タンパク質となって細胞様高分子になっていったのか，あるいはヌクレオチドが連なりRNAとなりそれが生命となっていったのか，現在では決め手となることがなく種々の説の研究が行われている．

8.2　RNAワールド・タンパク質ワールド

一部のウイルスなどを除いてすべての生物は，DNAで遺伝情報を保存し，それをRNAが仲介し，タンパク質が作られる．このDNA，RNA，タンパク質のいずれかが生命の源になっている．ただし，DNAが生命の源であるとする仮説ではDNAからタンパク質が作られる途中にタンパク質の触媒作用の関与が必要なため，そのタンパクの情報であるDNAが最初に存在したとは考えにくい．

8.2.1　RNAワールド仮説

原始の海の中でシアン化水素から核酸塩基，ホルムアルデヒドからリボースができてモノヌクレオチドが完成し，それが重合してオリゴヌクレオチドになり，原始RNAができる．この原始RNAが初期生命の基礎として発生したとする仮説がRNAワールドである．これは触媒作用を有するリボザイム（ribozyme）やレトロウイルスによる逆転写酵素の発見により，RNA自身が酵素活性と遺伝情報の両方の機能をもち得るということがもととなっている．

〔1〕リボザイム

生体反応はタンパク質でできた酵素の触媒作用によって制御されていると考えられていたが，1981年トーマス・チェック（T. Cech）とシドニー・アルトマン（S. Altman）は原生動物のリボソームRNA遺伝子の研究中に前駆体リボゾームRNA中のイントロンがタンパク質でできた酵素の存在なしに切り出され，残りのエクソンを結合するスプライシングが起こることを発見した．これをRibonucleic Acid

（RNA）と enzyme（酵素）からリボザイム（ribozyme）と命名した．リボザイムにはハンマーヘッド型やヘアピン型などの種類があり，ハンマーヘッド型リボザイムは基質 RNA 鎖を塩基対形成により認識し，部位特異的に切断する．

〔2〕RNA ワールド仮説の問題点

　RNA 自体が触媒作用と遺伝情報の保存を担うことは非常に大きなインパクトを与えたが，いくつかの問題点も指摘されている．一つは原始環境に RNA の材料が豊富に存在し，核酸特有の 5′-3′ のリン酸結合を行ったかどうかの説明が困難な点である．リボザイムはそれ自体に自己複製能力がないためそのようなものが見つかるまでは情報伝達という点でも問題がある．しかし，研究が進むにつれてほかの RNA を鋳型にある程度の長さの RNA を合成する RNA はすでに合成されており，今後の研究の進展が待たれる．

8.2.2　タンパク質ワールド仮説

　原始の海でできたアミノ酸が無生物的に重合し，やがて原始的な酵素や遺伝形質をもったタンパク質が生まれ，生命のもととなったとするのがタンパク質（プロテイン）ワールド仮説である．タンパク質は 20 種類のアミノ酸から構成され多様性に富んでおり，生命反応のあらゆる触媒を担い，代謝には必須のものである．ミラーの実験で生じたアミノ酸（グリシン，アラニン，アスパラギン酸，バリン）4 種類を重合させたペプチドが触媒活性を有することなどから，奈良女子大学の池原健二は［GADV］・タンパク質ワールド仮説を唱えている．しかし，ランダムに重合したアミノ酸から特定の機能をもった酵素が自然にできるのかという点と自己複製能力という点で問題がある．

8.2.3　RNP ワールド仮説

　最近では，まず RNA ワールドが形成され，次に RNA 情報に従ってタンパク質を造るようなリボヌクレオプロテイン（RNP：ribonucleoprotein）ワールドができる．その後逆転写酵素の働きにより DNA を利用し，より安定な遺伝情報の伝達が行われる DNA ワールドができたとする説も唱えられている（図 8.2）．

Chapter 8　微生物進化と分類学

```
                    原始スープ
              CH₄  H₂S  H₂  CO₂
              HCN  HCHO  P
         アミノ酸      モノヌクレオチド
              ↓ 無生物的重合
         ポリペプチド    オリゴヌクレオチド

タンパク質ワールド              RNAワールド
  会合したタンパク質              RNA
  (原始酵素の機能をもつ)         (原始リボザイム：
                                触媒機能をもつ)

              RNPワールド
         tRNA, mRNA,
         rRNA 翻訳システム
              RNAゲノム

              DNAゲノム        DNAワールド
              始原原核生物
         ↙        ↓        ↘
      バクテリア  アーキア  始原真核生物
```

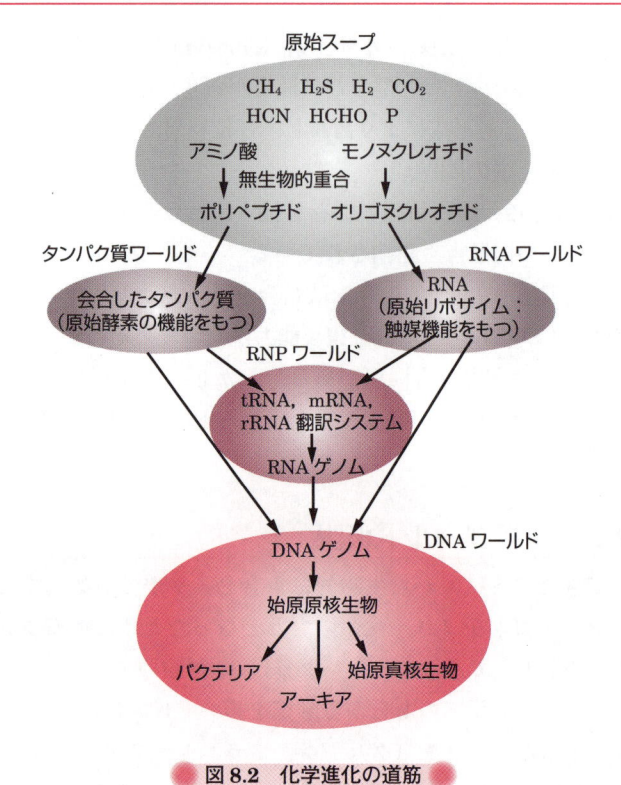

図 8.2　化学進化の道筋

原始スープの海からDNAワールドに至る道筋はいくつか説があるが，どのルートを通って生命ができたかはまだわからない．

8.2.4　始原微生物から真核生物へ

　最初に生まれた始原微生物は原始スープに溶け込んでいる有機物を取り込んでいたと考えられている．また，利用できる酸素分子がほとんどないため嫌気呼吸によるエネルギー代謝を行っていた．そのため，始原微生物は**嫌気性従属栄養原核生物**だと考えられている．やがて，原始スープの有機物を食べ尽くしてしまう頃に硫化物や金属などの無機物を利用し有機物を合成する**嫌気性独立栄養細菌**が生まれる．やがて原始大気中の二酸化炭素量が増えていったので，太陽の光エネルギーを利用し二酸化炭素と硫化水素を水素源として有機物を作る**独立栄養細菌**が生まれた．そして，水と二酸化炭素を光合成で利用し酸素を放出するシアノバクテリアのような微生物が生まれた．現在，オーストラリアの海にストロマトライトとして残って酸

素を放出している生物はその頃の名残だと考えられている．

約 35 億年前のシアノバクテリアによる酸素放出は地球環境を激変させた．まず，水中の鉄が酸化され酸化鉄として沈殿すると余った酸素は大気中に放出され続け，やがてオゾン層が形成され生物に有害な紫外線は遮られるようになった．そして，生物は陸上に進出し始めた．

真核生物は原核生物が進化して生まれた．これについては 1970 年にマサチューセッツ州立大学のリン・マーギュリス（L. Margulis）が唱えた**細胞内共生説**（endosymbiotic theory，図 8.3）が有力である．ミトコンドリアは好気性細菌が，葉緑体はシアノバクテリアが細胞内共生してできた細胞内小器官であると考えられ，そのためそれぞれの器官には独自の DNA をもっていることが理由として挙げられている．当初はスピロヘータが共生したものが鞭毛になったと考えられていたが，現在では支持されていない．また，真核生物の本体が古細菌と共通する部分が多いことから，古細菌に近い生物に真正細菌が共生したと考えられている．そのほかの説としてはシアノバクテリアの細胞膜系が分化して細胞構造を作ったとする膜進化説もある．

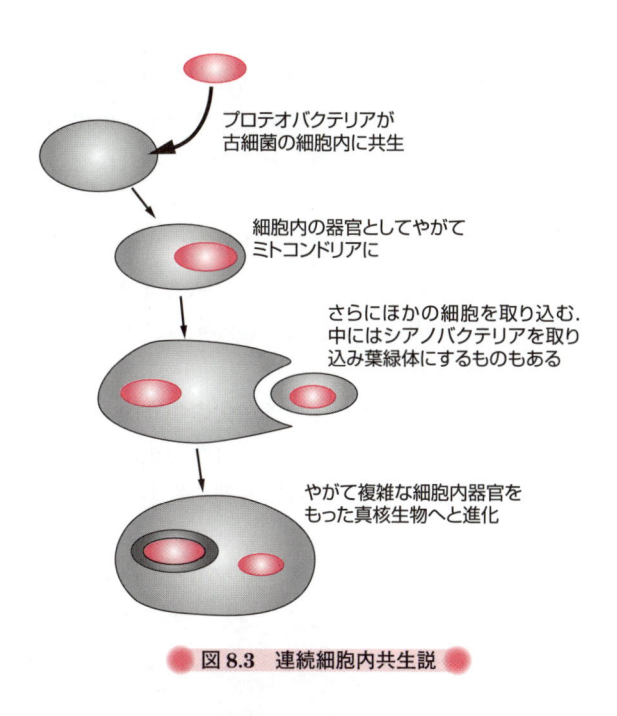

図 8.3　連続細胞内共生説

Chapter 8 微生物進化と分類学

8.3 進化を調べる方法：16S rRNA 配列など

　地球上には細菌から原生動物，植物，人間まで，さまざまな生物がいる．これらの進化を調べる伝統的な方法として，過去に生きていた生物の化石同士や現在生きている生物と形態を比較することで推定する方法が用いられていた．しかし，形態を比較する方法では人間の主観が入らず客観的に比較することは難しい．また，イルカとサメのように生育する環境により進化系統の異なる生物の形態が似てくる場合もある．そして生きた化石と呼ばれる，シーラカンスやカブトガニなど太古からほとんど形態が変わっていない生き物もいれば，猿から人間のように形態進化の速度が速い生き物もいる．近年用いられている分子進化による方法は遺伝子を調べ，比較する方法である．すべての生物はそれぞれの遺伝子をもっているが，これらの中にすべての生物で共通の働きをする遺伝子がいくつも存在する．この共通の働きをする遺伝子を比較することによって共通の祖先である原始生命から今日までの進化を推定する方法がある．

8.3.1 分子進化

　生物の進化は目に見える（表現形質）変化と見えない変化がある．目に見える変化から生まれたのが，ダーウィンの自然淘汰説や，ラマルクの用不用説，アイメルの定向進化説，ド・フリースの突然変異説などである．それに対して目に見えない変化は DNA の塩基配列で起こる．

　生物の進化はその種全体に起こった変化といえるが，生物の突然変異はその種中の一つひとつに生じた変化である．この変化は DNA 分子上の変化で，DNA の複製に関係し，塩基置換や欠失などによる変異に起因する．その変化が種全体に安定した形で広がったときに進化となる．

　国立遺伝学研究所の木村資生が唱えた「**分子進化の中立説**」では，分子レベルの遺伝子進化はダーウィンの進化論の説明のような自然淘汰により引き起こされるだけではないとされている．生物の生存にとって有利でも不利でもない中立的な変異が常に起こっており，それが偶然種に広まり定着していく，その変異の蓄積が分子レベルの進化になるという説である．つまり，生存のために有利な変化の場合は繁殖率が上がりその数が増え，不利な場合は数が減る．生存に影響のない遺伝子上で起きた細かな変化では子孫を残せる確率は変わらない，まったくの偶然により広が

り進化が起きると考える．

　これまでの，現在生きている生物と化石の残っている古生物の形態を比較する進化研究に加え，最近，遺伝子やアミノ酸配列の進化を調べることが可能になった．これを調べてみるとかなりの数の中立的な突然変異が起きていることがわかってきた．

8.3.2　16S または 18S rRNA 配列による進化系統解析

　1970 年代，生物に共通に存在するシトクロム，フェレドキシン，5S rRNA などの塩基配列をもとにした系統分類が分子生物学の発展と共に盛んになってきた．1987 年，米国イリノイ大学のカール・ウース（C. R. Woese）はタンパク質合成にかかわるリボソームの小サブユニットを構成する RNA，すなわち 16S rRNA の塩基配列を用いて原核生物の系統分類を行った．この研究により原核生物は真正細菌（Bacteria）と古細菌（Archaea → Chapter 9）の二つに分かれることを示した．

　16S rRNA または 18S rRNA（真核生物）が系統解析に適している点は，リボゾームという生物の本質にかかわる機能をもった RNA なのでその配列の保存性が高く，機能変化を起こすような遺伝子変異の可能性がきわめて低く，進化系統がかなり離れた生物同士でも配列の比較ができる．ほぼ完璧に保存された部位が存在し，ポリメラーゼ連鎖反応（PCR：polymerase chain reaction）による遺伝子増幅を行うための共通プライマ（ユニバーサルプライマ：universal primer）があり塩基配列が容易に決定される．逆に比較的変化しやすい領域も存在し，近縁種間の比較にも使用できる．ごく一部の古細菌を除いてゲノム内に複数個存在しても塩基配列の差はほとんどない．また遺伝子の長さが 16S rRNA の場合で約 1600 塩基対程度と情報を処理するのに適当である．

　得られた遺伝子情報に基づいて系統樹を作成し，微生物間の位置関係の比較を行い，近縁種を探すのに役立っている．また，細菌の場合 16S rRNA の遺伝子の相同値が 97％以下であれば別種であると推定できるなど，最近の微生物分類では欠かせない情報となっている．

8.3.3 塩基配列データの解析

DNAのデータは既知種のデータと比較を行い系統関係の推定をすることができる．これはデータ量からコンピュータを使わなければ不可能である．パソコン用の総合遺伝子解析ソフトはGENETYXやDNASISなどいくつも市販されておりそれを利用するのが便利である．また，系統樹を作成するソフトなどはインターネットを通じてオンライン利用を行うか，フリーウェアのものをダウンロードして使用することもできる．

DNAシークエンサを使って得られたDNA配列データは，データベース内の既知データと相同性検索を行う．系統解析に必要な近縁種の配列データはインターネット上にある日本DNAデータバンク（DDBJ）[*2]のホームページにあるBLASTプログラムを使うのが便利である．系統解析を行いたい配列データと比較したい配列データがそろったら，解析ソフトを使って系統樹を作成し近縁関係を確認することができる．

系統樹の作成にはその計算方法によって若干異なる場合がある．代表的な計算方法は最大節約法（Maximum parsimony），UPGMA法（Unweighted Pair-Group Method with Arithmetric mean），近隣接合法（NJ法：Neighbor-Joining method），最尤法（maximum likelihood method）などがあるがそれぞれ簡便さや条件による精度などが異なってくる．近年，フリーウェアのソフトCLUSTAL Xを使用して作成するNJ法（**図8.4**）かPHYLIPを使用したNJ法か最尤法が比較的よく使われている．

[*2] 日本DNAデータバンク（DDBJ）ホームページ：http://www.ddbj.nig.ac.jp/

8.3 進化を調べる方法：16S rRNA 配列など

門 (division)

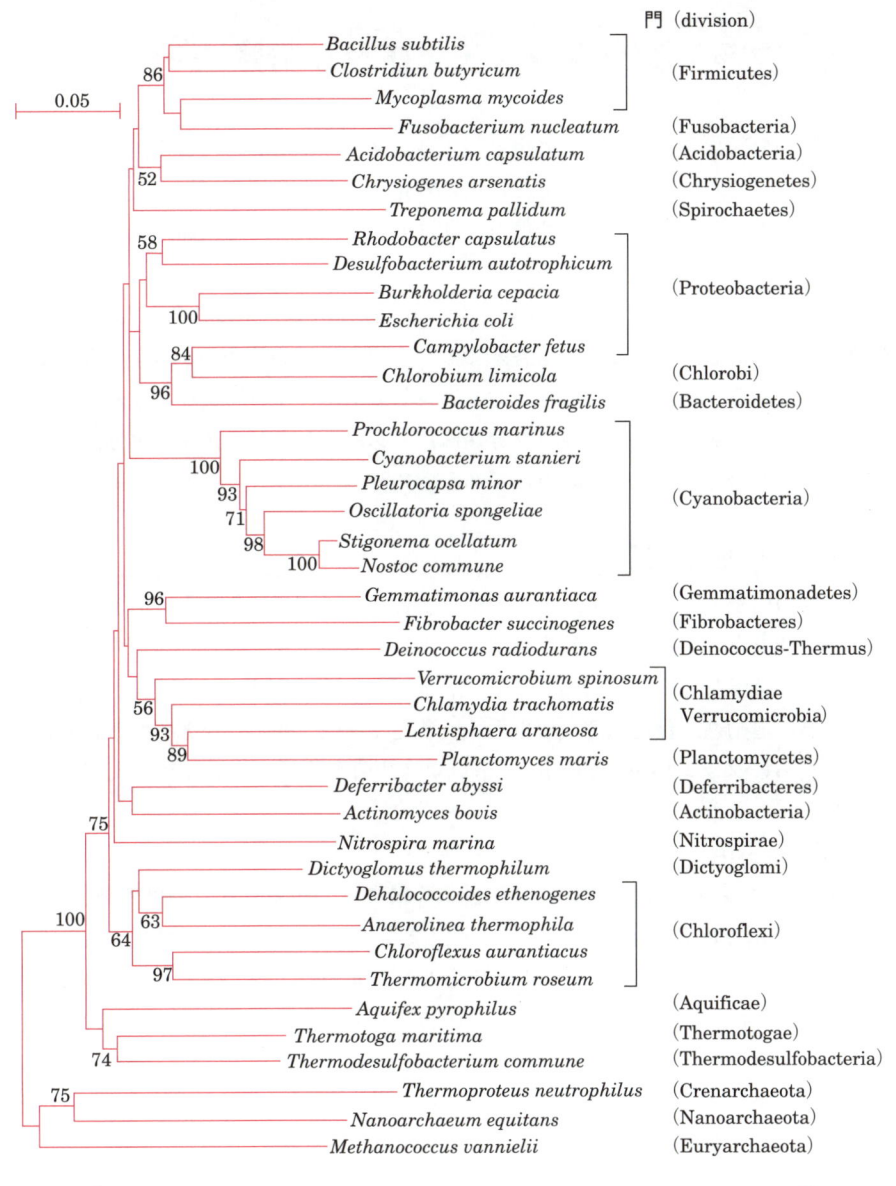

```
                    ┌─ Bacillus subtilis           ┐
               ┌─86─┤  Clostridiun butyricum       │ (Firmicutes)
               │    └─ Mycoplasma mycoides         ┘
    0.05       ├──── Fusobacterium nucleatum         (Fusobacteria)
               │    ┌─ Acidobacterium capsulatum     (Acidobacteria)
               ├─52─┤  Chrysiogenes arsenatis        (Chrysiogenetes)
               │    └─ Treponema pallidum            (Spirochaetes)
               │    ┌─ Rhodobacter capsulatus      ┐
               ├─58─┤  Desulfobacterium autotrophicum│
               │    │  Burkholderia cepacia        │ (Proteobacteria)
               │    ├100─ Escherichia coli         │
               │    │  Campylobacter fetus         ┘
               │   84 Chlorobium limicola            (Chlorobi)
               │   96 Bacteroides fragilis           (Bacteroidetes)
               │    ┌─ Prochlorococcus marinus     ┐
               │    │  Cyanobacterium stanieri     │
               │  100 Pleurocapsa minor            │ (Cyanobacteria)
               │   93 Oscillatoria spongeliae      │
               │   71 Stigonema ocellatum          │
               │   98 Nostoc commune               ┘
               │  100
               ├─96─ Gemmatimonas aurantiaca         (Gemmatimonadetes)
               │     Fibrobacter succinogenes        (Fibrobacteres)
               │     Deinococcus radiodurans         (Deinococcus-Thermus)
               │    ┌─ Verrucomicrobium spinosum   ┐ (Chlamydiae
               │  56 Chlamydia trachomatis         │  Verrucomicrobia)
               │  93 Lentisphaera araneosa         ┘
               │  89 Planctomyces maris             (Planctomycetes)
               │     Deferribacter abyssi           (Deferribacteres)
               │     Actinomyces bovis              (Actinobacteria)
             75│     Nitrospira marina              (Nitrospirae)
               │     Dictyoglomus thermophilum      (Dictyoglomi)
               │    ┌─ Dehalococcoides ethenogenes┐
            100 63─┤  Anaerolinea thermophila     │ (Chloroflexi)
                64 │  Chloroflexus aurantiacus    │
                97 └─ Thermomicrobium roseum       ┘
                   Aquifex pyrophilus              (Aquificae)
                74 Thermotoga maritima             (Thermotogae)
                   Thermodesulfobacterium commune  (Thermodesulfobacteria)
             75 Thermoproteus neutrophilus         (Crenarchaeota)
                Nanoarchaeum equitans              (Nanoarchaeota)
                Methanococcus vannielii            (Euryarchaeota)
```

●**図 8.4 バクテリアとアーキアの 16S rRNA 遺伝子の NJ 法による系統樹**●
　各門 (division) の代表的な菌株による系統樹. この系統樹のどこに位置するかで近縁属近縁種との関係が推定できる.

8.4 クラシックシステマチック分類法

微生物の分類はスウェーデンのカール・リンネ（C. Linne）による，動植物の分類に倣って行われ始めた．この方法は主に外見からわかる表現形質により分類されている．しかし，微生物の場合形態だけでは分類できないので代謝性状なども含めて表現形質として分類に用いている．

微生物を分類する場合最初に必要なことは，純粋培養をすることが大切である．複数の種類が混ざっている混合培養系ではどの種を見ているかわからなくなってしまうからである．純粋培養ができたものに対して形態や生育特性などに基づいた分類が古典的な分類法（クラシック分類法）である．しかし，微生物を分類する場合は必ず行わなければならない方法である．

8.4.1 形態観察

微生物の同定を行う場合もっとも大切なことは見て観察することである．培地上の生育の仕方などで通常，真核生物であるカビと原核生物である細菌類の区別がつく．次に顕微鏡による観察でその大きさ，形態（桿状，球状，らせん状など），胞子の有無，運動性，鞭毛状態（極単毛，極多毛，周毛，側毛）などでさらに分類を行う．さらにグラム染色（Gram stain）で陽性菌と陰性菌の2種類に大別する方法が採られてきた．

〔1〕グラム染色

1884年ハンス・グラム（H. C. J. Gram）によって記載された細菌の染色法で，古典的な分類では大変重要視されていた．まず，細菌をスライドグラス上に塗末し，乾燥する．クリスタルバイオレットとルゴール液によって，まず細菌を紫色に染める．その後，アルコールで脱色し，脱色したものを見やすくするために赤色色素で対比染色を行う．これを顕微鏡観察すると脱色されずに濃紫色に染まっているのがグラム陽性菌，アルコールで脱色され赤色に染まっているのをグラム陰性菌という．これは細菌の細胞壁の構造の違いにより起こるとされている．しかし，抗酸菌のように染まりにくいものや菌の生育状態によって染色具合が変わるなどグラム不定（Gram-variable）も存在し，また染色にはある程度の技術も必要である．

8.4.2 培養や生理試験による同定

微生物の形態観察以外に重要なものはその微生物の成育にかかわる情報である．まず，酸素に対する対応（好気性，通性嫌気性，嫌気性，微好気性），生育温度範囲と至適温度，生育 pH 範囲と至適 pH，塩濃度などがあげられる．また，その微

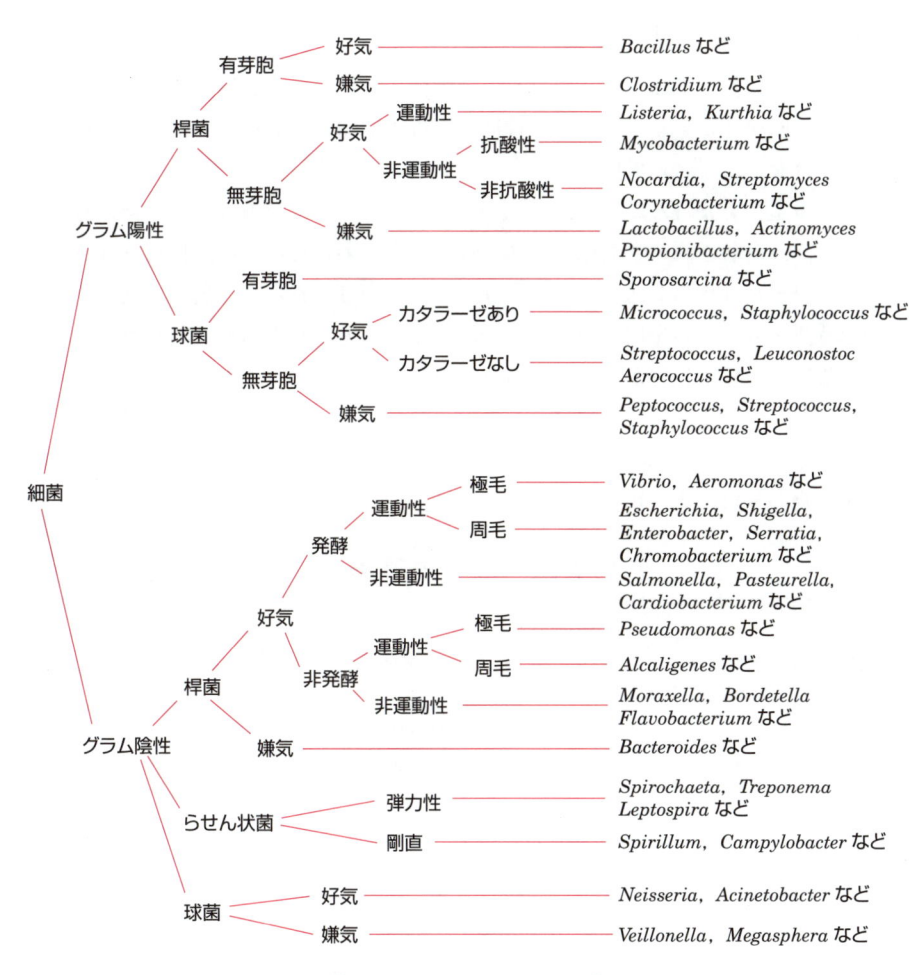

```
細菌 ┬ グラム陽性 ┬ 桿菌 ┬ 有芽胞 ┬ 好気 ──────────── Bacillus など
    │           │     │       └ 嫌気 ──────────── Clostridium など
    │           │     └ 無芽胞 ┬ 好気 ┬ 運動性 ─────── Listeria, Kurthia など
    │           │             │       └ 非運動性 ┬ 抗酸性 ── Mycobacterium など
    │           │             │                   └ 非抗酸性 ── Nocardia, Streptomyces
    │           │             │                                 Corynebacterium など
    │           │             └ 嫌気 ──────────── Lactobacillus, Actinomyces
    │           │                                 Propionibacterium など
    │           └ 球菌 ┬ 有芽胞 ──────────── Sporosarcina など
    │                 └ 無芽胞 ┬ 好気 ┬ カタラーゼあり ── Micrococcus, Staphylococcus など
    │                         │       └ カタラーゼなし ── Streptococcus, Leuconostoc
    │                         │                             Aerococcus など
    │                         └ 嫌気 ──────────── Peptococcus, Streptococcus,
    │                                             Staphylococcus など
    └ グラム陰性 ┬ 桿菌 ┬ 好気 ┬ 発酵 ┬ 運動性 ┬ 極毛 ── Vibrio, Aeromonas など
                │     │       │       │         └ 周毛 ── Escherichia, Shigella,
                │     │       │       │                    Enterobacter, Serratia,
                │     │       │       │                    Chromobacterium など
                │     │       │       └ 非運動性 ─────── Salmonella, Pasteurella,
                │     │       │                           Cardiobacterium など
                │     │       └ 非発酵 ┬ 運動性 ┬ 極毛 ── Pseudomonas など
                │     │                 │         └ 周毛 ── Alcaligenes など
                │     │                 └ 非運動性 ─────── Moraxella, Bordetella
                │     │                                     Flavobacterium など
                │     └ 嫌気 ──────────── Bacteroides など
                ├ らせん状菌 ┬ 弾力性 ──────────── Spirochaeta, Treponema
                │            │                      Leptospira など
                │            └ 剛直 ──────────── Spirillum, Campylobacter など
                └ 球菌 ┬ 好気 ──────────── Neisseria, Acinetobacter など
                       └ 嫌気 ──────────── Veillonella, Megasphera など
```

図 8.5 細菌の推定分類

グラム染色で二種類に大別したあとに，形態や酸素に対する対応などで分類していく方法．この方法による分類では，分類できない属が出てくるので最近ではあまり使われていないが，大まかな近縁属の推定ができる．

Chapter 8 微生物進化と分類学

生物自体の色や作る色素なども分類に用いられる．次に生育に必要なものとして糖類や有機酸の資化能と酸の生成性も用いられる．そのほかにはオキシダーゼ，カタラーゼ，硝酸還元，硫化水素（H_2S），インドールや各種酵素生産能も重要な要素として用いられる（図 8.5）．最近ではこれらの代謝能を調べるための簡易同定キットなども市販されている．

8.4.3 命 名 法

微生物学では同定試験を行った結果，ほぼ同一の性質を示し遺伝子的にも非常に近いものを同一種とする．さらに，種同士で近縁関係にあるものを属にまとめ，さらに科，目などにまとめている．

新しい微生物を分離したとき，既知の種と一致しなかった場合，その種に対して命名を行う．命名される学名はリンネの提唱した二名法を用いる．使用される言語はラテン語またはラテン語化されたギリシャ語でつけられる．命名の原則はその微生物の特徴を表すものを用いるが，その微生物に関連した人名や地名を使用する場合もある．新しい微生物がすでに知られている属に入る場合はその属名と新しい微生物の種名をつける．既知の属に入らない場合は属名，種名の両方を命名する．例えばよく知られている大腸菌の学名は *Escherichia coli* と命名されている．**表 8.1** に，微生物の分類階級を示す．

表 8.1　微生物の分類階級

分類学的階級	パン酵母 学 名	大腸菌 学 名	ブルガリア菌（ヨーグルト）学 名
界（kingdom）	Fungi	Bacteria	Bacteria
門（division/phylum）	Ascomycota	Proteobacteria	Firmicutes
亜門（subphylum）	Saccharomycotina		
綱（class）	Saccharomycetes	γ-proteobacteria	Bacilli
目（order）	Saccharomycetales	Enterobacteriales	Lactobacillales
科（family）	Saccharomycetaceae	Enterobacteriaceae	Lactobacillaceae
属（genus）	*Saccharomyces*	*Escherichia*	*Lactobacillus*
種（species）	*S. cerevisiae*	*E. coli*	*L. delbrueckii*
亜種（subspecies）			*L. delbrueckii* subsp. *bulgaricus*

8.5 微生物分類学に対する新しい研究法

従来の表現形質による分類方法に加え，全菌体または菌体の一部の化学組成を調べる化学分類法は同定にきわめて有用である．現在利用されているのは，菌体の脂肪酸組成，リン脂質，イソプレノイドキノン，シトクロム組成，タンパク質の電気泳動パターン，グラム陽性菌のペプチドグリカン，菌類の細胞壁多糖の分析など，分析機器の発達と共に広く利用されるようになった．

微生物のDNA情報は微生物分類においてもっとも重要な情報である．そのGC含量も重要なデータの一つであるが，もっとも広く使われているのがリボソーム遺伝子の解析である．すなわち，バクテリアやアーキアにおける16S rRNA遺伝子，酵母・カビにおける18S rRNA遺伝子やS1/S2領域を解析したデータである．この情報から菌株同士の相同性や近縁種の推定が行われている．リボソーム遺伝子以外では近縁な種同士を比較するときなどにDNAトポイソメラーゼII型に属する酵素，DNAジャイレースのβ-サブユニットであるDNA gyrase B配列（gyrB）の塩基配列を用いた解析も行われている．

DNAを使った同定試験でもっとも重要なのがDNA-DNAハイブリダイゼーションである．微生物の種が同一か異なるかを決める最終的判断はDNA-DNAハイブリダイゼーションによって決定される．現在ではその相同値が70％以上のものを同一種とすると決められている．16S rRNAの相同値などはあくまでも参考値であり最終的にはDNA-DNAハイブリダイゼーションによって決定される．

8.5.1 DNAを用いた同定

〔1〕GC含量の測定

昔はDNAのGC含量の決定法はTm法という温度上昇によりDNAの二重らせんがほどける温度を光学的に観察する方法を用いていた．しかし，専用の装置が必要なほか，バッファの濃度の影響なども考慮しなければならないため最近ではあまり使われなくなった．その代わりに簡単に分析が行える高速液体クロマトグラフィー（HPLC）装置を使った分析がよく用いられている．

〔2〕DNA-DNAハイブリダイゼーション

DNA-DNAハイブリダイゼーションは1本鎖のDNAが緩やかに温度を下げることで再会合し，2本鎖DNAを形成することから，異なるDNA同士で行う再会

合反応の程度からDNAの塩基配列の類似度を求め,生物間の類縁性を求める.これは比較を行う微生物それぞれのDNAを精製し,自分自身のDNA同士での再会合度に対する,異なるDNA同士の再会合度の%を求め,これを相同値とする.この相同値が70％以下になったものを別種とする.50〜70％の範囲のものを亜種とする場合もあるが,亜種については絶対的なものではない.DNA‐DNAハイブリダイゼーション実験では従来はメンブレンフィルタと放射性物質（RI）標識したDNAを用いた方法が行われていたが,最近では測定機器の発達などからマイクロプレートと安全な蛍光物質を利用した測定法がよく用いられている.

〔3〕 PCR 法を利用した DNA 分析法

その多くは人間の親子鑑定などにも使われる,いわゆるDNAフィンガープリント法になる.例えば,特定遺伝子のDNAをPCR法で増幅しそれを制限酵素で切断してできたDNA断片の長さや数を電気泳動によって比較する,増幅rDNA制限酵素断片解析法（ARDRA：amplified ribosomal DNA restriction analysis），10塩基程度の任意の配列のプライマと鋳型DNAを用い二つの温度ステップを往復するPCRを行い,その増幅DNA断片を電気泳動で比較するランダム増幅多型DNA法（RAPD：randomaly amplified polymorphic DNA）などがある.

8.5 微生物分類学に対する新しい研究法

Topics　ポリメラーゼ連鎖反応（PCR法）

　PCR（polymerase chain reaction）は，試験管内でDNAポリメラーゼを用いてDNA鎖の特定領域のみを繰返し複製する反応である（模式図参照）．まず増幅したい鋳型DNAを熱変性させて1本鎖にする．これに，増幅目的領域の両端に異なるDNA鎖に対して相補的な塩基配列をもつ二種類の合成DNAプライマを結合（アニーリング）させ，高度好熱菌由来の耐熱性DNAポリメラーゼで相補鎖を合成する．熱変性，プライマ結合（アニーリング），鎖合成を同一反応液で繰り返し，理論的には20サイクルで微量のDNAを10^6倍近くまで増幅することができる．PCR法を用いれば，目的遺伝子の部分配列が既知あるいは，ある程度推定できる場合には，その部分の配列をもとに合成したプライマを用いて目的遺伝子を増幅し，目的DNA断片を得ることができる．

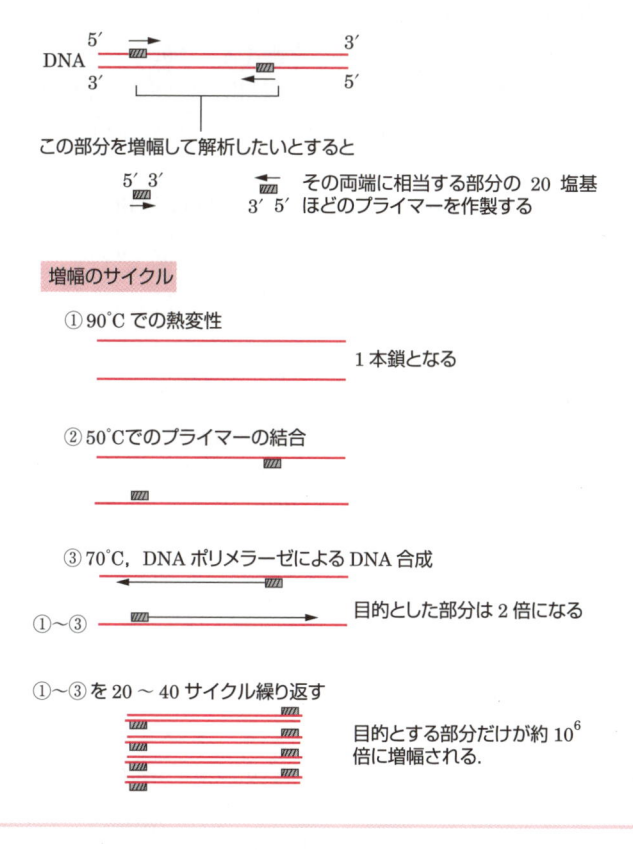

```
        5′         3′
    DNA
        3′         5′
```

この部分を増幅して解析したいとすると

　　その両端に相当する部分の20塩基ほどのプライマーを作製する

増幅のサイクル

① 90℃での熱変性
　　1本鎖となる

② 50℃でのプライマーの結合

③ 70℃，DNAポリメラーゼによるDNA合成

①～③　　目的とした部分は2倍になる

①～③を20～40サイクル繰り返す
　　目的とする部分だけが約10^6倍に増幅される．

Chapter 8 微生物進化と分類学

演習問題

Q.1 生命はどのようにして生まれてきたか．
Q.2 RNA ワールドについて説明せよ．
Q.3 分子進化の中立説を説明せよ．
Q.4 微生物の分類において重要なことは何か．
Q.5 最近，行われている微生物同定法はどのような方法があるか．

参考図書

1. 大谷栄治，掛川武：地球・生命－その起源と進化，共立出版（2005）
2. アンドール．H．ノール 著，斉藤隆央 訳：生命最初の 30 億年－地球に刻まれた進化の足跡，紀伊国屋書店（2005）
3. 長谷川政美，岸野洋久：分子系統学，岩波書店（1996）
4. 宮田 隆 編：分子進化－解析の技法とその応用，共立出版（1998）
5. 鈴木健一朗，平石明，横田明 編：微生物の分類・同定実験法，シュプリンガー・フェアラーク東京（2001）
6. G. M. Garrity, eds.：Bergey's Manual of Systematic Bacteriology-Second Edition, Springer（2001）

ウェブサイト紹介

1. 岐阜大学教育学部地学教室

    http://chigaku.ed.gifu-u.ac.jp/chigakuhp/dem/weh/index.html

    全地球史ナビゲータ．地球ができてから今日までの生物進化のできごとをわかりやすく説明している．

2. フリー百科事典「ウィキペディア」

    http://ja.wikipedia.org/

    無料のウェブ上の百科事典．記載内容が完全ではないが，関連用語や語句にリンクがあり基礎的な学習に役立つ．

3. BRH JT 生命誌研究館

    http://www.brh.co.jp

    生きものの進化・発生・生態（Evo・Devo・Eco）に沿った，最先端の研究をわかりやすく掲載している．

Chapter 9
古　細　菌

　新聞記事にもときどき出てくる古細菌という言葉を知ってはいても，中身については「さあ？」という諸君，本章では古細菌を丸ごと勉強する．水素と炭酸ガスからメタンを作るメタン生成菌，食塩濃度2M以上を要求する高度好塩菌，80〜100℃という高温で最もよく増える超好熱菌は，ほかの原核生物とも，真核生物とも違う生命の第三のグループ，古細菌（Archaea）を形成している．古細菌は膜脂質や細胞壁の特異な構造をはじめ，（真正）細菌とも真核生物とも異なる数多くの性質をもっている．最近の豊富な興味ある話題も含めて述べてある．

Chapter 9

古　細　菌

9.1　古細菌の発見

9.1.1　ウース教授の情熱

　フランスのパスツール（Louis Pasteur）がその著書「自然発生説の検討」で，細菌でさえ自然発生しないことを示したのが 1861 年であったが，ドイツの生物学者ヘッケル（Ernst Haeckel）はすでに 1866 年に著書の中で，地球上のあらゆる生物が一つの共通祖先から進化してきたものであることを系統樹の形で表現している．しかし，それはあくまで形態観察に基づくもので客観性に乏しかった．その後の科学の進歩は，タンパク質の精製，アミノ酸配列の決定を可能にし，1965 年頃には，この地球上に生きているすべての生物の進化の道を探るには，シトクロム c など多くの生物がもつ生体タンパク質のアミノ酸配列に頼るのが最も良いとされるようになっていた．一方，米国イリノイ大学のウース（Carl Woese）教授は 1966 年頃から，生物がタンパク質を生合成する場であるリボソーム[*1]（ribosome）の小サブユニット RNA（ssu RNA：small subunit RNA）の塩基配列の変化に基づいて，生物種間の関係を明らかにするという考えで研究を開始した．その根拠としては以下の点があげられる．

① ssu RNA はタンパク質と違い，遺伝子の本体である DNA 上の遺伝情報の直接の産物であり，分子も大きく情報量に富んでいる．またリボソームは細胞内に充分あり，RNA の抽出が容易である．
② 翻訳機構は，原核生物（prokaryotes），真核生物（eukaryotes）すべての生物の間で共通である．
③ 塩基配列はゆっくり変化するので，遠縁の生物間の関連性を見るのに適している．

[*1] リボソーム：リボソーム粒子は原核生物では 70S（真核生物では 80S）という大きさをもち，50S と 30S（真核生物では 60S と 40S）の大小二つのサブユニットから構成される．両サブユニットには多数のタンパク質と，それぞれ 23S＋5S（28S＋5.8S＋5S）と 16S（18S）のリボソーム RNA が存在する．

9.1 古細菌の発見

Topics　ウース教授による生物間系統関係の決定法

　ウース教授は放射性のリン酸を入れた培地で微生物を育て，その細胞からリボソームを抽出，そこから 16S または 18S rRNA を調製し，RNA 分解酵素 RNase T$_1$ で分解した．RNase T$_1$ は日本で発酵食品の製造に使われてきたカビであるアスペルギルスオリゼー（*Aspergillus oryzae*）のふすま麹から作る酵素剤タカジアスターゼ（takadiastase）から調製される酵素で，RNA を構成する 4 種類の塩基のうち，グアニル酸（guanylic acid）のところだけを分解する．得られたオリゴヌクレオチド（oligonucleotides）混合物を二次元ろ紙電気泳動で分けたあと，X 線フィルムに感光させる．検出された 500 個ほどのすべてのスポットを，別の RNA 分解酵素でさらに分解して塩基配列を決めた（この時代には DNA の塩基配列を今のように簡単に読む技術など存在しなかった）．

　こうして種々の生物で 6 塩基以上の長さのそれぞれのオリゴヌクレオチドの有無を記載したカタログを作製した（下表参照）．ついで二つの生物，例えば A と B の間の類似度 S$_{AB}$ を次の式により計算して，生物間の系統関係を論じていた．

$$S_{AB} = 2N_{AB}/(N_A + N_B)$$

ここで，N$_A$，N$_B$ は生物 A，B それぞれに存在する 6 塩基以上のオリゴマの全塩基総数，N$_{AB}$ は両生物 A，B に共通して存在するオリゴマの総塩基数である．S$_{AB}$ の値が大きいほど系統的に近縁であると考えられる．

オリゴヌクレオチドのカタログ

　実際のカタログのごく一部を抜き出したもの．生物 A, B, C, D の下にある 1 は，そのオリゴヌクレオチドが 16s RNA 中に一つ存在すること，0 は存在しないことを意味する．生物の種類によって異なるが，RNase T$_1$ で分解して生ずるオリゴヌクレオチドの長さはグアニル酸（G）一つから，最大で 15 塩基程度であり，6 塩基以上の長さのオリゴヌクレオチドの種類は 80 〜 100 ほどである．

オリゴヌクレオチド配列	生物			
	A	B	C	D
CCCCAG	0	0	1	1
CCAACG	1	0	0	0
CACAAG	1	1	1	1
UUUUUG	1	0	0	0
AACACAG	0	1	1	1
CCUCAAG	0	0	1	0
CCUACAG	1	0	0	0
UUUUUAG	1	1	0	0
UAAACUCUUUCCUAG	1	0	0	0

Chapter 9 古　細　菌

9.1.2　古細菌の発見

　ウースが1966年にリボソームによる生物間の系統解析を始めてから10年後の1976年，同僚のウォルフ（Ralph Wolfe）の勧めでメタン生成菌（methanogens）の16S rRNAが調べられた．メタン生成菌は水素と炭酸ガスからメタンを生産することによってエネルギーを得ている，湖底の泥や嫌気消化汚泥の中に住んでいる絶対嫌気性菌である．調べてみるとそれまでの研究ですべての原核生物の16S rRNAから出てくることがわかっていたオリゴヌクレオチドのスポットが出てこない．繰り返したがやはり同じであった．ウースはウォルフにこういった．「こいつらは原核生物じゃないですよ」．つまり，酵母，アオウキクサ，マウスL細胞に代表される真核生物，大腸菌，枯草菌，ジフテリア菌などの原核生物，そして4種類のメタン生成菌が，ほかと較べて明らかに高いS_{AB}値を相互にもつことが判明したのだ．メタン生成菌が，原核生物でも真核生物でもない「第三の生物」であることが発見されたのである．

　翌1977年，彼らは原核生物と真核生物の共通の祖先をプロジェノート（progenote）と呼ぶ提案を行い，さらに同年11月メタン生成菌のグループをArchaebacteriaと名付けた．archaeは原始的を意味する接頭辞である．ウースらは「高温で無酸素，水素と炭酸ガスを大気とする原始地球にメタン生成菌が存在したのではないか」と考えたからだ．そしてメタン生成菌以外の原核生物を真正細菌（eubacteria）と呼んで区別するよう提案した．翌1978年，さらに死海など高塩濃度の塩湖に住む高度好塩菌，イエローストーン国立公園などに多数存在する高温温泉に住む好熱好酸菌もメタン生成菌と同じArchaebacteriaに属すると発表した．いずれも極限環境に生息する微生物である．

　この大発見の意義を的確に評価したドイツのウォヒタースホイザー（Günter Wächtershäuser）のコメントがある．「Archaebacteriaの発見はそれまで沈んでいた一つの大陸をウースが大洋から引き揚げたともいえる．われわれは今微生物圏という大陸を，詳細にそして目的をもって凝視することができるのだ．そのことは生物学が一つの完全な科学となったことを意味する．なぜなら進化の学問が初めてすべての生き物を包含できるようになったのだから」[*2]．Archaebacteriaの和名として古細菌が一般的に受け入れられるようになった．

[*2]　Morell, V., Science 276, pp.699-702（1997）

9.1.3 三生物間の系統関係

次に考えなくてはならないのは，地球上に最初に現れた「生き物」からどのように進化してきたのか，この三つの生物群間の進化の関係である．1989 年，遺伝子重複（gene duplication）産物のアミノ酸配列から作られた有根系統樹により古細菌と真核生物の近縁関係は動かしがたいものとなった．

こうして，共通祖先から真正細菌と古細菌に分かれ，古細菌の枝から細胞共生により真核生物が分岐したという進化のシナリオが明らかにされた．1990 年にウースらはこの結果を取り入れ，さらにそれまでに蓄積していた ssu RNA 遺伝子塩基配列の解析結果も踏まえて，Archaebacteria, Eubacteria, Eukaryotes という分類名に代えて，それぞれ Archaea, Bacteria, Eucarya という Kingdom よりも上位の分類単位である Domain で呼ぶこと，Domain Archaea の下に二つの Kingdom ユーリアーキオータ（Euryarchaeota, さまざまな環境に生育している）

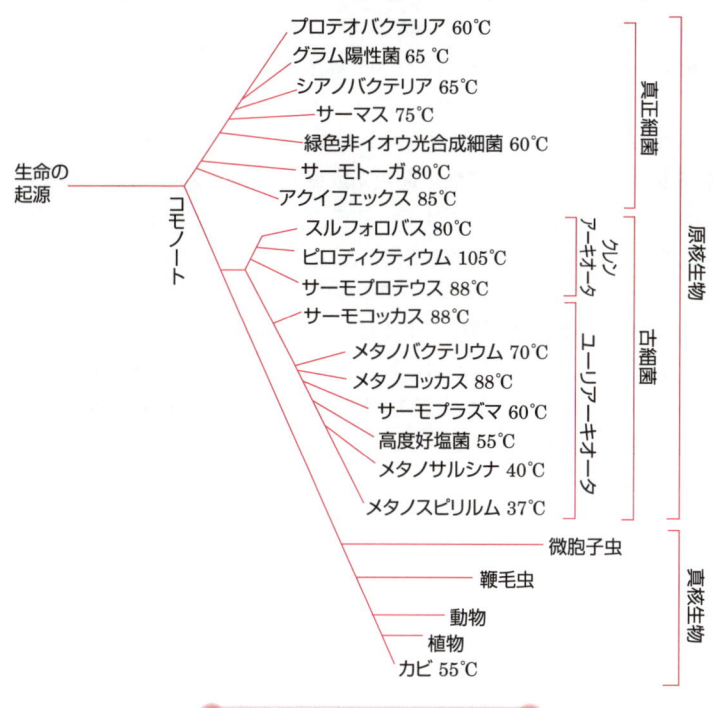

図 9.1 全生物界の分子系統樹

（出典：山岸明彦：原始の生命体と地球の姿，生命誌ジャーナル 40 号（2004）を一部改変）

Chapter 9 古　細　菌

とクレンアーキオータ（Crenarchaeota，より始原的と考えられる）を置くことを提唱した（図 9.1）．この考え方は現在多くの生物科学者の受け入れるところとなっている．ただし，微生物系統分類学の分野では Domain の下位の分類群として門（phylum）を使っている．Archaea の和名であるが，新聞や高校までの教科書などでは古細菌が定着しているが，研究者の中にはアーキアと片仮名表記する人，始原菌とする人もいる．Bacteria は細菌，あるいはバクテリアとすることが多い．本章では細菌とする．

Topics　遺伝子重複

　進化の過程で，一つの遺伝子から同じ遺伝子のコピーが作られる場合がある．これを遺伝子重複（ancientgene duplication）という．時間が経つにつれてこの一対の遺伝子に独立に突然変異が起こって蓄積すると，機能が変わってくる．生物には多様なタンパク質が存在するが，別個に誕生したのではなく遺伝子重複によりほかの機能で用いられていたものが機能を変えて転用されたものも多数ある．

　1989 年，京都大学の宮田隆教授のグループが，遺伝子重複産物のアミノ酸配列を比較する方法で系統関係を有根系統樹にすることが可能であることを示した．機能の異なる 2 種類のタンパク質間で進化系統樹を作製すると，おのおののタンパク質はそれぞれのクラスタを形成する．このクラスタ間を連結する点が最も古い点である．複合系統樹作製に利用するには，① すべての生物に存在する，② 三つの Kingdom の分岐は非常に古いのでその後の進化が辿れる程充分に保守的である，③ 系統的に意味のある推定を可能にするだけの充分な長さの配列である，という条件を満たす必要がある．こうして選ばれた，タンパク質合成伸張因子（elongation factors）Tu & G と ATP 合成酵素（F1-ATPase と V-ATPase (vacuolar type)）の α & β subunits を使って複合系統樹ができたのである．

9.2 古細菌の特徴

　古細菌は表現形質の特徴から大きくメタン生成古細菌（Methanoarchaea），好塩性古細菌（Haloarchaea），好熱性古細菌（Thermophilic archaea）と分けることができる．メタン生成古細菌と好塩性古細菌はすべてユーリアーキオータに入り，好熱性古細菌は一部がクレンアーキオータに，ほかはユーリアーキオータに入る．前述したように，ユーリアーキオータとクレンアーキオータはssu RNA遺伝子塩基配列の解析結果を基礎としていたが，9.7節で述べるゲノム全塩基配列を駆使した比較ゲノミックス（comparative genomics）の成果によると，片方に存在し他方には存在しない遺伝子が多数見つかってきたことからも，二つの門に分けることの合理性は確かなものになっている．例えば，DファミリーDNAポリメラーゼと真核型ヒストンタンパク質，DNA複製タンパク質RPA，細胞分裂タンパク質FtsZはユーリアーキオータにのみ存在する．

9.2.1 細胞表層

　古細菌は，膜脂質や細胞壁の特異な構造，独特な抗生物質耐性など，細菌とも真核生物とも異なる数多くの性質をもつ．膜脂質については9.3節で詳述する．古細菌の細胞表層は細菌に共通のムレインが存在せず，シュードムレイン，S-レイヤーなどがある．シュードムレインは一部のメタン生成古細菌にあるペプチドグリカンの一種ではあるが，ムレインのムラミン酸の代わりにタロサミニュロン酸があり，骨格がβ-(1-4)ではなくβ-(1-3)結合である点が大きく異なる．そのためペニシリンが効かず，リゾチームで溶菌しない．S-レイヤーはメタン生成古細菌，好塩性古細菌，好熱性古細菌の表層構造をなしている単純タンパク質，または糖タンパク質である．

9.2.2 分子シャペロン

　分子シャペロンはタンパク質の折畳み，フォールディングに重要な役割を担っている高分子タンパク質であるが，その種類においても細菌，真核生物とは異なっている（表9.1）．
　表からわかるように，古細菌にはHSP104とHSP90は存在しない．さらに超好熱古細菌にはHSP70も見出されていない．HSP70はタンパク質の輸送，会合・

Chapter 9 古細菌

● 表9.1 生物における分子シャペロンの存在 ●

分子シャペロン	古細菌			細菌	真核生物（酵母）
	超好熱性	好熱性	好塩性		
HSP 104	−	−	−	+	+
HSP 90	−	−	−	+	+
HSP 70	−	+	+	+	+
HSP 60（シャペロニン）	+	+	+	+	+
Small HSP	+	+	+	+	+

解離，変性タンパク質の修復などに関与し，HPS 90 は細胞内情報伝達に関与する数多くの分子と相互作用し，HSP 104 は HSP 70 と協同で変性凝集タンパク質をもとに戻す作用があるとされている．これらの分子シャペロンが古細菌に欠けている理由はわからないが，古細菌に特有な未知シャペロンをまだわれわれが知らないだけなのかもしれない．シャペロニンにはアミノ酸配列の相同性からⅠ型とⅡ型があり，古細菌と真核生物細胞質のものはⅡ型に入る．

9.2.3 翻訳後修飾

タンパク質には，遺伝子の情報が翻訳されポリペプチドになったあと，いろいろな修飾（糖鎖付加，脂質修飾，リン酸化，ジスルフィド結合，タンパク分解工程，メチル化，アセチル化など）を受けることにより初めて細胞内外で本来の機能を発揮するものがある．それまで真核生物にのみ知られていた修飾化が，古細菌で初めて原核生物にも起こっていることが示された．例として，高度好塩菌の S-layer タンパク質では，Asn-X-Ser/Thr というコンセンサス配列の Asn に糖鎖が N-結合することが知られている．

9.3 古細菌の膜脂質

細菌の膜脂質はグリセロールと脂肪酸がエステル結合をしているのに対し，古細菌ではグリセロールとイソプレノイド炭化水素鎖がエーテル結合をしている点が大きく異なっている．しかし厳密にいうと，エーテル脂質は哺乳類をはじめ多くの動植物，また一部の細菌にも（例えば好熱性細菌 *Thermodesulfotobacterium* *commune* や *Aquifex pyrophilus*) 存在することが知られている．現在まったく例外ない相違は，細菌ではグリセロールの sn [*3] -1，2 に炭化水素鎖が，sn-3 に極性基が結合しているのに対し，古細菌ではすべて，sn-1 に極性基が，sn-2，3 に炭化水素鎖が結合している点である（図 9.2）．

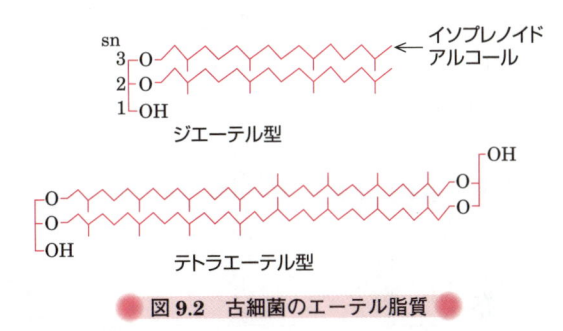

図 9.2 古細菌のエーテル脂質

9.3.1 骨　　格

古細菌膜脂質の sn-1 に結合している極性基を除いて，sn-2，3 に炭化水素鎖が結合しているだけの状態をジエーテルコア脂質，アーキオール（archaeol）と呼ぶ．炭化水素鎖が 2 本とも炭素数 20 である場合である C_{20}-C_{20} 型アーキオール，sn-2 の炭化水素鎖が炭素数 25，sn-3 の炭素水素鎖の炭素数が 20 である場合は C_{20}-C_{25} 型アーキオールなどと呼び，一分子内のエーテル結合が二つなのでジエーテルという．C_{20}-C_{20} 型アーキオールが 2 分子，炭化水素鎖の末端同士（head-to-head）で結合すると一分子に四つのエーテル結合が存在するのでテトラエーテルとなり，C_{40}-C_{40} 型カルドアーキオール（caldarchaeol）と呼ぶ．

9.3.2 構　　造

メタン生成古細菌の極性脂質は 20 種類以上あり，2 次元 TLC では同定困難であるが，極性脂質をその構成部品である，コア脂質，リン酸含有極性基，糖にまで分けその分布を調べると，ssu rRNA 遺伝子塩基配列からの系統関係と非常によく似ていることが明らかにされた．そのためには菌体試料を三区分し，次の操作で調べ

[*3] sn の呼び方：sn は stereo specifically numbered の略である．IUPAC-IUB Commission on Biochemical Nomenclature 委員会による約束では「グリセロール 3 個の炭素を縦に並べて，中央の炭素に結合している水素が右手前に，水酸基（-OH）が左手前に飛び出すように置いたとき，上にある炭素を sn-1 とする」と定義している．

ることができる．

① アセトリシス（acetolysis），または HF 分解と弱酸性メタノリシス（methanolysis）で極性基を除去後，薄層クロマトグラフィー（TLC：thin layer chromatography）または高速液体クロマトグラフィー（HPLC：high performance liquid chromatography）でコア脂質の分析を行う．

② 三塩化ボロン BCl_3 でエーテル結合を分解し，糖鎖を切断して，極性基を付けたままのグリセロリン酸エステルを調製し，TLC でリン酸含有極性基を調べる．

③ 酸性メタノリシスで糖鎖を単糖まで分解し，ガスクロマトグラフィーで糖を調べる．

9.3.3 分　　布

好塩性古細菌ではジエーテル型のみでテトラエーテル型は見出されていない．グリセロールの sn-1 位に結合している糖の種類と数，また糖間の結合様式と硫酸基の結合位置から約 10 種類程度の糖脂質の構造が決定されている．

C_{40}-C_{40} 型テトラエーテルのカルドアーキオールはその構造から，高温で生息する古細菌に特徴的なものと考えられていたが，超好熱性古細菌の *Thermococcus* に属する菌株の膜脂質はジエーテルのみ，絶対好気性好熱古細菌 *Aeropyrum pernix* は C_{25}-C_{25} 型アーキオールのみであることが明らかにされた．*Thermoplasma acidophilum* の系で，C_{20}-C_{20} 型アーキオールが head-to-head で縮合した後極性基が結合するという生合成経路が明らかになってきた．

9.4　メタン生成古細菌

メタン生成古細菌（Methanoarchaea，図 9.3）は幅広い生理条件の嫌気的環境条件下に分布している．例えば，湖沼の底の泥，嫌気消化漕，人の大腸，虫歯の奥，水田土壌，反芻動物の第一胃ルーメン，下等シロアリ後腸に寄生する原生動物体内，深海熱水鉱床などに生育している．一口にメタン菌といっても，水素と炭酸ガスからメタンを生成することでエネルギーを得る絶対嫌気性菌であるというのが唯一の共通点で，それ以外の点では多様な表現，遺伝形質をもつ菌の集まりである．メタン生成古細菌の種類を**表 9.2** に示した．

9.4 メタン生成古細菌

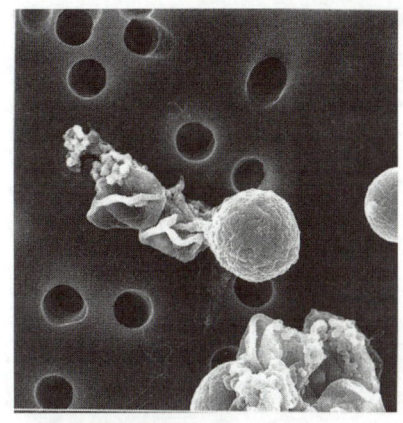

図 9.3 メタン生成古細菌（超好熱性メタン菌）
(写真提供：海洋研究開発機構)

表 9.2 メタン生成古細菌の種類

綱（Class）	目（Order）	科（Family）	特　性
Methanobacteria	*Methanobacteriales*	*Methanobacteriaceae*	Gram 陽性に染まる桿菌．ムレインとは骨格が異なるシュードムレインをもつ．
		Methanothermaceae	
Methanococci	*Methanococcales*	*Methanococcaceae*	海洋環境から分離される球菌．
		Methanocaldococcaceae	
Methanomicrobia	*Methanomicrobiales*	*Methanomicrobiaceae*	形態的に多様．好塩性菌（*Methanohalobiume vestigatum* など）もいる．
		Methanocorpusculaceae	
		IMethanospirillaceae	
	Methanosarcinales	*Methanosarcinaceae*	
		Methanosaetaceae	
Methanopyri	*Methanopyrales*	*Methanopyraceae*	110℃ で増殖可能な超好熱菌で，シュードムレインをもつ桿菌．

　メタン生成古細菌により水素と炭酸ガスからメタンが生成される経路
$$HCO_3^- + 4H_2 + H^+ \rightarrow CH_4 + 3H_2O$$
については詳しく調べられほぼ明らかになっている．まず methanofuran と HCO_3^- から formylmethanofuran が生じ，5 段階の反応のあと，methyl coenzyme M となり，mercaptoheptanoylthreonine phosphate（HS-HTP）と反応してメタンが

放出される．最後の反応はすべてのメタン生成古細菌に共通して存在するものであるが非常に複雑な反応系で，3種の酵素，4種の補酵素（F_{430}, F_{420}, Co-M, HS-HTP-UDP-disaccharide），少なくとも2種のタンパク質，ATPが必要とされている．

そのほかの基質の場合の反応収支は以下のようになる．

蟻酸： $4HCOO^- + 2H^+ \rightarrow CH_4 + CO_2 + 2HCO_3^-$
一酸化炭素： $4CO + 2H_2O \rightarrow CH_4 + 3CO_2$
酢酸： $CH_3COO^- + H_2O \rightarrow CH_4 + HCO_3^-$
メタノール： $4CH_3OH \rightarrow 3CH_4 + CO_2 + 2H_2O$
メチルアミン： $4CH_3NH_2 + 2H_2O + 4H^+ \rightarrow 3CH_4 + CO_2 + 4NH_4^+$
ジメチルアミン：$4(CH_3)_2NH + 2H_2O + 2H^+ \rightarrow 3CH_4 + CO_2 + 2NH_4^+$

9.4.1　メタンと環境

　微生物のおよそ90％は酸素の乏しい環境に存在しているといわれている．嫌気環境での有機物の分解には多くの場合メタン生成菌の存在が大きい．もしメタン生成菌がいなければ地球は分解反応途中の物質であふれてしまうだろう．一方でメタンは炭酸ガスよりも温室効果（太陽熱を吸収）が大きく，牛，羊の呼気から，湿原，水田からのメタンの放出を抑える方策に関する研究もある．

　近年，メタンを嫌気的に酸化する古細菌が注目を集めている．海底堆積物の深層にはメタンハイドレート[*4]として大量のメタンが蓄積されていることが知られている．その埋蔵量は石炭・石油，天然ガスなどを上回るともいわれている．海底堆積物中で生成される巨大な量のメタンが海水中にほとんど出てこないことから，地球化学者らは，何らかの嫌気性微生物がメタンを消費しているのではないかと推測していた．堆積物中から抽出したグリセロールエーテル脂質（→9.3節）の^{13}Cの量が著しく低いことが明らかになり，この理由としてメタンを酸化する微生物の存在が考えられた．堆積物のDNAからPCR増幅したrRNA遺伝子配列の解析から，メタン生成古細菌である*Methanomicrobiales*と*Methanosarcinales*に近接するメタン酸化古細菌（archaeal phylogenetic group ANME-1とANME-2）の一群がメタンハイドレートを消費している可能性がある．硫酸還元性の細菌*Desulfosarcina*

[*4] メタンハイドレート：メタンと水の水和物で，水分子のかご構造中にメタン分子が取り込まれたものをメタンハイドレートと呼び，低温・高圧下の環境（永久凍土，深海地層など）に存在し，次世代のエネルギー資源として注目されている．

spp. の shell の core に ANME-2 が包まれている．ANME-2 は次式のようなメタン生成の逆反応（reverse methanogenesis）を行っている．

$$CH_4 + SO_4^{2-} + 2H^+ \rightleftarrows CO_2 + H_2S + 2H_2O$$

9.4.2 22番目のアミノ酸ピロリシン

　1986年に大腸菌のギ酸デヒドロゲナーゼ，マウスのグルタチオンペルオキシダーゼの遺伝子を解析して，オパール終止コドンUGAがセレノシステイン（selenocysteine）をコードしていることが明らかにされた．遺伝子にコードされている21番目のアミノ酸の発見であった．セレノシステイニルtRNAがセリンと結合し，酵素的にセレノシステインに変換されてからタンパクに取り込まれる．その後哺乳類に至るまで幅広い生物でUGAがセレノシステインをコードしている遺伝子が知られるようになってきた．

　2002年になって，メタン生成古細菌 Methanosarcina barkeri のモノメチルアミンメチルトランスフェラーゼ（メタン合成の最初の経路を触媒する酵素）の化学的，構造的解析により，この酵素の活性中心にピロリシン（pyrrolysine）が存在することが明らかになった．さらにこの酵素のmRNAのアンバ終止コドンUAGがピロリシンに対応していることも示された．遺伝子にコードされている22番目のアミノ酸の発見である．このピロリシンが，ほかの古細菌にもあるのか，あるいはセレノシステインのように哺乳類に至るまで幅広い生物に見つかるのか，今後が楽しみである．

9.4.3 35億年前のメタン生成古細菌の証拠を発見

　2006年3月東京工業大学の上野雄一郎らのグループが，「オーストラリア西部の草原に露出した35億年前の地層に，かつて海底だった場所から熱水噴出口跡を発見した．そこから当時の熱水とガスが泡のように閉じ込められた透明な石英を採取し，ガスに含まれるメタンの炭素同位体 ^{12}C，^{13}C の比率を測定した．その結果，このメタンが火山ガスの成分ではなく，水素と炭酸ガスから生物的に，つまりメタン生成古細菌により作られたものであることを突き止めた」と発表した[*5]．

[*5] Nature, 440, pp.516-519（2006）

Chapter 9 古細菌

9.5 好塩性古細菌

微生物は，その増殖に最適な食塩（NaCl）濃度により，次のような4つの範ちゅうに分けられる．
① 非好塩菌（non halophile，0～0.2 M．ほとんどの土壌細菌がここに入る）
② 低度好塩菌（slight halophile，0.2～0.5 M）
③ 中度好塩菌（moderate halophile，0.5～2.5 M）
④ 高度好塩菌（extreme halophile，2.5～5.2 M）

高度好塩菌の大部分は古細菌に属しており，例外的に高度好塩性の細菌（*Actinopolyspora halophila*，*Ectothiorhodospira halophila*，*Halobacteroides halobius*，*Salinibacter ruber* など）もいるが，ここでは扱わない．

好塩性古細菌（Haloarchaea）は系統的には単純で，すべて Euryarchaeota の Class（綱）Halobacteria，Order（目）Halobacteriales，Family（科）Halobacteriaceae に入る．多くは NaCl 濃度2 M 以上を要求し飽和（5.3 M）でも増殖する従属栄養菌，すべて60℃以下で増殖する中温菌である．若干の例外もあるが膜糖脂質の構造の違いが系統関係と符号する．16S rRNA 系統樹から見るとメタン生成菌や，9.6節で述べる Thermoplasma などに囲まれており進化の過程を考えると興味深い．

9.5.1 分離源

好塩性古細菌がイスラエルの死海，アメリカの大塩湖など，世界中に分布する塩湖や天日塩田（**図 9.4**）から分離されることは昔から知られていた．

図 9.4 スロベニアの天日塩田

一方，岩塩鉱床から採掘される岩塩の結晶中に高度好塩菌がいるといわれてきた．イギリスのグラント（William D. Grant）のグループは，高度好塩菌の飽和食塩水懸濁液をペトリ皿に入れ乾燥させて得られる結晶の中に菌がトラップされることを証明し，さらにチェシャーとクリーブランドの岩塩鉱の塩から何種類もの高度好塩菌を分離した．上記の輸入天日塩には大量の高度好塩菌が存在しているが，そのミクロフローラを調べた実験によると，5％食塩寒天培地ではコロニーはまったくできず，25％の培地で赤または淡赤色のコロニーが多数（$2 \times 10^4 \sim 3 \times 10^5$/g 塩）得られた．

一方，フィンランドの研究者が，高度好塩菌 *Halobacterium salinarum* のそれに非常によく似ている配列をしたクローンを森林土壌から見つけた．本当に森林の土壌中に高度好塩菌が生息しているのであろうか？好熱性菌の多い Crenarchaeota の 16S rRNA 遺伝子に類似のクローンが淡水湖の泥土から得られるという報告とともに古細菌の遍在性と伝播について考えさせる問題である．

9.5.2　好塩性古細菌の特徴点

多くの好塩性古細菌は食塩 NaCl 濃度が 20〜30％の培地で最もよく増殖する．高塩環境から簡単に分離される *Haloarcula* 属の *H. marismortui* という種の定常期の菌体内イオン濃度は，Na^+ が 0.5 mol/kg cell water と低い代わりに K^+ 濃度が 3.8 mol，Cl^- が 2.3 mol/kg cell water と高い．これにより菌体内外の浸透圧が同程度に保たれ，細胞が収縮もせず破裂もせず生きていけるものと考えられている．菌体の内部が塩漬けになっているので，当然すべての生体構成分子が，塩を好むか塩に耐性をもつ．9.1 節で触れたタンパク質合成の場であるリボソームは多数のリボソームタンパク質と RNA の複合体であるが，このリボソーム自体が高濃度の K^+，Na^+，Cl^- の存在下でのみ安定で，タンパク質生合成活性を示すことがわかっている．DNA の複製，遺伝情報の翻訳などにかかわるタンパク質成分，酵素類もすべて同様である．

多くの水中微生物は，窒素ガスを含んだガス小胞（gas vesicles）の集合体としてのガス胞（gas vacuoles）とよばれる小器官をもち，屈折率の差からその存非を容易に判定できる．このガス胞は高度好塩菌にもあり，菌体に浮力を与える役割をしているとされていたが，つい最近否定的な論文が出された．

ペプチドまたはタンパク質性の抗菌物質は，細菌，真核生物においてよく調べられ，それぞれ，bacteriocins, eucaryocins と総称されている．前者の例として

Chapter 9 古　細　菌

大腸菌のコリシン（colicin），昆虫がもつセクロピン（cecropin）が有名であるが，古細菌では archaeocins と総称され，*Sulfolobus islandicus* の生産するスルフォロビシン（sulfolobicin）と，多くの高度好塩菌が生産するハロシン（halocin）が知られている．ハロシンの大きさも，35 KD のタンパク質から 36 アミノ酸のペプチドまでさまざまで，どの菌を殺すかの抗菌スペクトルも広いものから非常に狭いものまで雑多である．塩湖などでハロシン生産による種間の拮抗現象が起こっているのかというと，そうではないといわれている．

　好塩性古細菌 *Halobacterium halobium* を低酸素濃度，光照射化で培養するとその細胞膜に紫色をした膜，紫膜（purple membrane）を形成する．紫膜には唯一のタンパク質で光駆動プロトンポンプであるバクテリオロドプシン（→ 4.5.3 項）が存在する．ビタミン A アルデヒドであるレチナールを結合しており光照射によりプロトンを菌体内から外部に輸送する．ほかの属（*Haloarcula*, *Halorubrum*, *Haloterrigena*）の膜画分にもバクテリオロドプシンが存在する，あるいはコードする遺伝子が存在することが知られている．なお数年前からプロテオバクテリアという門の海洋にいる細菌に同じような働きをするプロテオロドプシンというタンパク質が見つかって，盛んに研究されている．

　Natrialba aegyptiaca が生産するポリ-γ-L-グルタミン酸が，0.1％以下の低濃度で種々酵素を耐熱化，耐アルカリ性化するという．

9.6　好熱性古細菌

　古細菌という概念が提唱された 1970 年代後半には，古細菌に属する高度好熱菌はすべて好酸性菌であったが，それ以後中性 pH でも増殖する好熱性古細菌（Thermophilic Archaea）も報告されるようになるとともに，さらに生育温度の高い細菌が分離されるようになったので，増殖至適温度が 80℃以上で 90℃以上の温度で生育できる菌を超好熱菌（hyperthermophiles）と呼ぶようになっている（図 9.5）．

9.6.1　種　　類

　好熱性古細菌は，6 目 9 科にも及ぶ極めて多岐にわたる微生物群である．その分離源としては，陸上の地熱地帯（硫気孔が存在する高温地熱地帯と温泉）や，海洋

9.6 好熱性古細菌

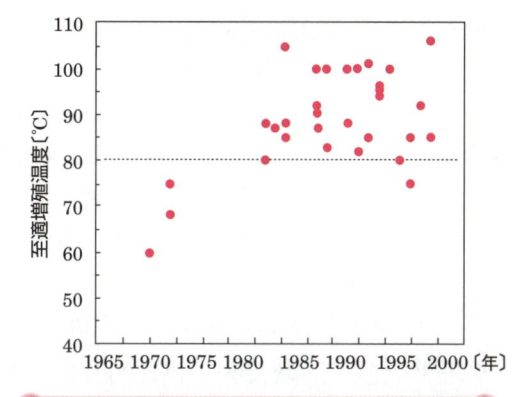

図 9.5 好熱性古細菌の発見年と至適増殖温度
(Adams (1995) より改変)

表 9.3 クレンアーキオータ (Phylum Crenarchaeota) の分類

綱 (Class)	目 (Order)	科 (Family)	特 性
Thermoprotei	*Thermoproteales*	*Thermoproteaceae*	絶対嫌気性桿菌．硫黄を還元して硫化水素を生成．
		Thermofilaceae	
	Desulfurococcales	*Desulfurococcaceae*	超好熱菌で，従属栄養．絶対嫌気性．
		Pyrodictiaceae	
	Sulfolobales	*Sulfolobaceae*	好酸性，球菌または不定形球菌状．

表 9.4 ユーリアーキオータ (Phylum Euryarchaeota) の分類

綱 (Class)	目 (Order)	科 (Family)	特 性
Thermoplasmata	*Thermoplasmatales*	*Thermoplasmataceae*	細胞壁なし，好気性好熱好酸菌．
		Picrophilaceae	
		Ferroplasmaceae	
Thermococci	*Thermococcales*	*Thermococcaceae*	絶対嫌気性球菌．最適温度 75～100℃ の好熱性従属栄養菌．硫黄を還元して硫化水素を生成．
Archaeoglobi	*Archaeoglobales*	*Archaeoglobaceae*	絶対嫌気性．硫酸還元能と微弱なメタン生産能（水素/炭酸ガス）あり．

Chapter 9 古　細　菌

の噴気孔や熱水孔，例えばブラックスモーカなどである．

　系統分類的には，クレンアーキオータとユーリアーキオータにまたがっている．表 9.3 にクレンアーキオータの分類を示す．Pyrodictiaceae 科の *Pyrolobus fumari* という菌は古細菌，細菌を通じて最も高い温度 113°C で生育できる．Sulfolobales の株は好気性・通性嫌気性・絶対嫌気性，独立栄養・従属栄養，好気的に硫黄酸化・嫌気的に硫黄還元と表現形質は多岐にわたるが，16S rRNA 遺伝子の塩基配列によりほかの目と区別される．

　一方ユーリアーキオータに入る好熱性古細菌は三つの綱（Class）に分けられる（表 9.4）．Thermoplasmata の *Ferroplasma*，*Thermoplasma* 属の菌株は細胞壁を欠くが，細胞膜の内側に細胞骨格の存在を示唆するデータがある．

9.6.2　好熱性古細菌のタンパク質

　当然のことながら，好熱性古細菌の DNA の複製，遺伝情報の翻訳などにかかわるタンパク質成分，酵素類をはじめ，すべての生体構成分子は高温を好むか耐性をもつ．そのため産業に応用するという方向で多くの研究が行われている．有名なのは PCR で使う Pfu，Tli，KOD1 などの DNA polymerase である．

　高温での酵素の安定化機構の研究例として，徳島大学の大島敏久，櫻庭春彦らによるグルタミン酸脱水素酵素の研究を取り上げてみよう．*Pyrococcus furiosus* の本酵素（105°C まで安定，6 量体）の構造解析の結果，常温菌の酵素に比べてサブユニット間イオンペアネットワークが圧倒的に多く，耐熱性に大きく寄与しているとされている．一方 *Pyrobaculum islandicum* 由来の本酵素（100°C まで安定，6 量体）の X 線結晶構造解析の結果，サブユニット間，サブユニット内のイオンペアの数が共に大幅に少なく，熱安定性にはほとんど寄与がないことが示された．両者の立体構造の比較から，*P. islandicum* ではサブユニット間の疎水相互作用が強く，熱安定性に寄与していることが示唆されている．熱安定化にはさまざまな戦略があるのである．

　さてもう一点超好熱菌に特徴的なのは，ADP 依存性キナーゼの存在である．上述 *P. furiosus* をマルトースで培養したとき働く解糖系酵素のうち，グルコキナーゼ（glucokinase）とホスホフルクトキナーゼ（phosphofructokinase）は，ATP ではなく ADP 依存性で，ここで生じた AMP は，ホスホエノールピルビン酸シンターゼによるホスホエノールピルビン酸からピルビン酸への変換時に二分子のリン酸をつけて ATP に変換される．今後もいろいろ興味ある現象が見つかるであろう．

9.6.3　非極限環境の古細菌

近年，熱水鉱床からの熱水や海底泥試料からDNAを抽出し16S rRNA遺伝子を増幅することにより，未知のクレンアーキオータやユーリアーキオータ，未知の細菌由来と思われる配列が多数得られている．さらには低温の湖沼，土壌植物根圏，深部地下にも未知古細菌の群集が存在する．古細菌は長い間，ほかの微生物にとって過酷な環境で繁殖する極限環境微生物の一グループとして認識されてきた．培養されている古細菌類は生理学多様性に乏しく，数少ない環境ニッチにしか住んでいないと考えられてきた．クレンアーキオータ門に属する古細菌は好熱性である．培養によらない方法を用いることにより，酸素に富んだ低温の海洋水に膨大な量のクレンアーキオータが発見され，全世界の海水中の総数は10^{28}と推定されている．これらの海洋性の古細菌の脂質の同位体分析の結果からは無機炭素を固定していることが示唆され，地球規模での化学サイクルで大きな役割を担っているものと考えられている．水圏，陸圏環境にこの低温性クレンアーキオータが広く存在することが実証されている．つい最近，アンモニアを好気的に酸化して亜硝酸塩にする化学合成独立栄養古細菌が単離された．

Topics　未培養の古細菌

試料からDNAを抽出し，PCRで16S rRNA遺伝子を増幅，プラスミドに組み込んだあと塩基配列を決定する．既知分離株の配列と，ここで決定した配列で系統樹を作ると，微生物を培養することなしに，そこに分布する菌の種類を推定できる．9.1節で古細菌は極限環境に生息する微生物であると記したが，実は環境DNAからssu RNA遺伝子を増幅，塩基配列の解析から古細菌の範疇に入る微生物が，海洋には普遍的に存在することが明らかになっている．それら古細菌には従属栄養菌と化学合成菌の両者がいること，アンモニアを硝酸に変換する作用をもつものもいることが明らかにされている．これら古細菌の地球規模での役割について今後解明されていくであろう[6]．

---

[6] Konneke, M. et al. Nature, 437, pp.543-546 (2005)

Chapter 9　古　細　菌

9.7　古細菌の染色体構造

2006年3月現在，26株の古細菌のゲノム全塩基配列が明らかにされている（**表 9.5**）．

表 9.5　古細菌のゲノム全塩基配列

菌　株	ゲノムの大きさ〔bp〕
Methanothermobacter thermautotrophicus ΔH	1 751 377（single circular chromosome）
Methanocaldococcus jannaschii JAL-1	1 739 933（1 664 976 +58 407 ＋ 16 550）
Methanococcus maripaludis S2	1 661 137（single circular chromosome）
Methanosarcina acetivorans C2A	5 751 492（single circular chromosome）
Methanosarcina barkeri fusaro	4 873 766（4 837 408 ＋ 36 358）
Methanosarcina mazei S-6	4 096 345（single circular chromosome）
Methanosphaera stadtmanae DSM 3091	1 767 403（single circular chromosome）
Methaospirillum hungatei JF-1	3 544 738（single circular chromosome）
Methanopyrus kandleri AV19	1 694 969（single circular chromosome）
Halobacterium salinarum NRC-1	2 571 010（2 014 239 +191 346 ＋ 365 425）
Haloarcula marismortui ATCC43049	4 274 642（3 131 724 ＋ 288 050 ＋ 410 550 ＋ 155 300 ＋ 132 678 ＋ 50 060 ＋ 39 521 +33 452 ＋ 33 303）
Natronomonas pharaonis Gabara	2 749 696（2 595 221 ＋ 130 989 ＋ 23 486）
Pyrobaculum aerophilum IM2	2 222 430（single circular chromosome）
Aeropyrum pernix K1	1 669 695（single circular chromosome）
Sulfolobus solfataricus P2	2 992 245（single circular chromosome）
Sulfolobus tokodaii strain 7	2 694 756（single circular chromosome）
Thermoplasma acidophilum DSM 1728	1 564 905（single circular chromosome）
Thermoplasma volcanium GSS1	1 584 799（single circular chromosome）
Picrophilus torridus DSM 9790	1 545 900（single circular chromosome）
Thermococcus kodakaraensis KOD1	2 088 737（single circular chromosome）
Pyrococcus horikoshii OT3	1 738 505（single circular chromosome）
Pyrococcus furiosus Vc1	1 744 644（single circular chromosome）
'*Pyrococcus abyssi*' GE5	1 765 118（single circular chromosome）
Archaeoglobus fulgidus VC-16	2 178 400（single circular chromosome）
Nanoarchaeum equitans Kin4M	490 885（single circular chromosome）

　この一覧からわかるように，ゲノムサイズでは古細菌と細菌は区別できない．ゲノム全塩基配列データをもとに"生物の系統樹"を再構築しようとする試みがなされ，2005年には多数の興味深い論文が発表された[*7]．さて，「原核生物は一つの細胞に一つの環状クロモソームをもつ」というドグマがあり，クロモソームより小さな環状レプリコンは，非クロモソームレプリコンまたはプラスミドという位置

[*7]　Kunin, V., et al.：Genome Res, 15, pp.954-959（2005）

づけをされてきた．最近これらのレプリコンに，細胞の生存に必須と思われる遺伝子が乗っていることが明らかになってきた．最も衝撃的な例として，*Rhodobacter spheroides* の 900 Kb レプリコンに二つの rRNA オペロンが存在するという発見である．好塩性古細菌 *Halobacterium sp.* NRC‐1 のメガプラスミド pNRC100 には rRNA オペロンをはじめ多数の必須遺伝子がコードされている．こうして，最近では「原核生物のゲノムは複数の必須レプリコンからなる」と考えられるようになっている．

9.7.1　複製起点

超好熱菌 *Pyrococcus abyssi* では染色体の複製は単一の**複製起点** OriC [*8] から双方向に進むことが明らかにされている．メタン生成古細菌 *Methanosarcina mazei*，*Methanocaldococcus jannaschii* でも単一の複製起点をもつとされている[*9]．この点では，50〜100 Kb の間隔で複製起点が存在する真核生物とは異なり，細菌と同じである．ところが，好熱性古細菌 *Sulfolobus acidocaldarius* と *S. solfataricus* に三つの複製起点があることが示された[*10]．好塩性古細菌 *Halobacterium salinarum* NRC‐1 にも二つの起点がある可能性が示唆されている．

9.7.2　イントロンとインテイン

イントロン（intron）は Sharp と Roberts らにより 1977 年に発見された，遺伝情報としては意味をなさない領域，介在配列である．DNA から RNA が合成されたあと，イントロン部分が切り出される．1977 年は古細菌発見の年でもある．古細菌では *Desulfurococcus mobilis* の 23S rRNA 遺伝子の中に見つかったのが最初である．その後続々と十数株に見出されているが，いずれもクレンアーキオータに属する好熱菌である．細菌，真核生物同様，これら多くのイントロンはその内部に DNA エンドヌクレアーゼをコードするオープンリーディングフレームをもつことが明らかにされている．なお古細菌の中でタンパク質をコードする遺伝子に存在す

[*8] 複製起点（Ori：replication origin）：遺伝情報の担い手である DNA は，正確に同じ物が複製されて細胞から細胞へ受け継がれていく．この複製が開始する DNA 上のある特定の領域を複製起点，あるいは複製開始点という．イニシエータが結合し，複製開始に必要な因子群が作用し，ヘリカーゼという酵素が DNA 2 本鎖をほぐし，という複雑な反応が進行し始める場所である．

[*9] Zhang, R. et al., Extremophiles, 8, pp.253-258（2004）

[*10] Lundgren, M. et al., Proc NAS USA 101, p.7046-7051（2004）

Chapter 9　古　細　菌

るイントロンは一例しか見出されていない．最近の intron-late 説を考えるとき面白い側面を垣間見る思いだ．

　インテイン（intein）はイントロンのタンパク質版である．いったん余分なアミノ酸配列を内部に含んだタンパク質として生合成され，その後余分な配列インテインが自己触媒的に切り出されて成熟タンパク質ができ上がる．最初は 1990 年酵母の液胞 ATPase で見つかったものだが，その後細菌にも古細菌にも見出され，100 を超えるインテインの存在が確認されている．興味深いのはその多くが好熱菌，特に好熱性古細菌に見出されている点である．

Topics　遺伝子水平移動（horizontal or lateral gene transfer）

　生物進化の初期には親細胞から子細胞への垂直的な遺伝情報の伝達以外に，異なる系統間での遺伝子水平移動が非常に頻繁に起きていたということは生命の初期進化を考えるうえで今や常識となっている．遺伝子の水平移動のメカニズムにはいくつかある．ファージ，ウイルスによる移動，プラスミドを介した移動，共生によって取り込まれたミトコンドリアの遺伝子が核にコードされていた遺伝子に取って代わる場合，バクテリア間の捕食を通じて DNA 断片だけを取り込むことも考えられる．落雷による DNA 断片の取込み促進を主張する研究者もいる．生物の進化は，樹木が分岐を繰り返して太い枝から細い枝ができるように共通の祖先から新しい種が次々と生まれてくるだけではなく，細い枝同士が合流して網目をなしていると考えることができる．ハリファックス大学（カナダ）のドリトル（W. Ford Doolittle）らは系統網（net of life）という表現を使っている[*11]．

　多数の細菌，古細菌のゲノムの解析により，複製，転写，翻訳関連の遺伝子，GTPase，液胞 ATPase ホモログ，tRNA synthetase 遺伝子などは巨大で複雑なシステムなため水平移動は少ないが，アミノ酸合成，cofactor 合成，細胞膜，エネルギー代謝，中間代謝，脂質生合成，ヌクレオチド生合成などの系の遺伝子は移動が激しかったことが明らかにされてきた．

*11　日経サイエンス，2000 年 5 月号，pp.64-71

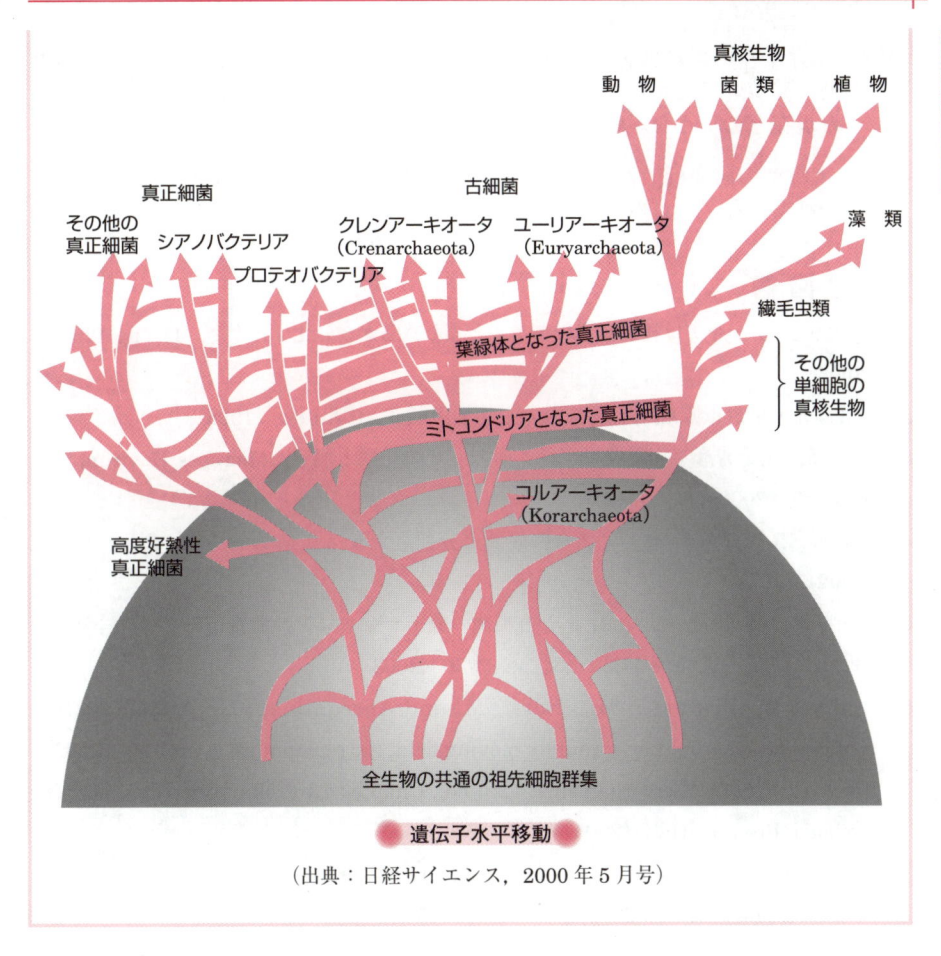

演 習 問 題

Chapter 9 古細菌

真核生物：動物、菌類、植物

真正細菌：その他の真正細菌、シアノバクテリア、プロテオバクテリア

古細菌：クレンアーキオータ（Crenarchaeota）、ユーリアーキオータ（Euryarchaeota）

藻類

繊毛虫類

その他の単細胞の真核生物

葉緑体となった真正細菌

ミトコンドリアとなった真正細菌

コルアーキオータ（Korarchaeota）

高度好熱性真正細菌

全生物の共通の祖先細胞群集

遺伝子水平移動

（出典：日経サイエンス，2000年5月号）

演習問題

Q.1 メタン生成古細菌は偏性嫌気性で，実験室で空気に触れるとすぐに死んでしまうのに，水がひいて干からびた水田土壌中では数十年も生きるのはなぜか．

Q.2 メタン生成菌は物質循環で大切な役割を担っているが，温室効果ガスであるメタンの発生を抑制するにはどのような方策があるか．

Q.3 塩漬けの魚や肉，ソーセージから好塩性古細菌が分離されることがあるが，なぜか．

Q.4 超好熱性古細菌を日本国内で分離するにはどうすればよいか．

Chapter 9 古　細　菌

Q.5 現存生命の系統関係は現在リボソーム小サブユニット RNA 遺伝子の塩基配列に基づいて論じられているが，多数の生物のゲノム全塩基配列が判明してきた現在どのような現状なのか．

Q.6 古細菌の研究は，地球上のごく初期の生命の研究ともつながる面があるといわれているが，どのような問題点があるか．

参考図書

1. 石野良純：アーキアは複製研究のモデルとなりうるか？，化学と生物，41，pp.426-428（2003）
2. 古賀洋介・亀倉正博 編著：古細菌の生物学，東京大学出版会（1998）
3. 高井 研，左子芳彦：極限環境ゲノム研究－その発展と展望，Microbes Environ，15，pp.45-57（2000）
4. 松影昭夫，正井久雄 編：ゲノムの複製と分配，シュプリンガー・フェララーク東京（2002）
5. 吉田尊雄，養王田正文，丸山 正：古細菌の分子シャペロンの世界　シャペロニンを中心として，蛋白質 核酸 酵素，48，pp.33-39（2003）
6. Bohlke, K., Pisani, F. M. , Rossi, M. and Antranikian, G.: Archaeal DNA replication：spotlight on a rapidly moving field, Extremophiles, 6, pp.1-14（2002）
7. Brock Biology of Microorganisms, 11th ed., Chapter 13 Prokaryotic Diversity, The Archaea, Prentice-Hall（2005）
8. Eichler. J and Adams, M. W. W., Posttranslational protein modification in Archaea, Microbiol Mol Biol Rev, 69, pp.393-425（2005）
9. Ferry, J. B., eds.：Methanogenesis－Ecology, Physiology, Biochemistry and Genetics, Chapman & Hall（1993）
10. Graham, D. E., Overbeek, R., Olsen, G. J. and Woese, C. R.: An archaeal genomic signature, Proc Natl Acad Sci USA, 97, pp.3304-3308（2000）
11. Horikoshi, K. and Grant, W. D., eds.：Extremophiles Microbial Life in Extreme Environments, Wiley-Liss（1998）
12. Matte-Tailliez, O., Brochier, C., Forterre, P. and Philippe, H.: Archaeal phylogeny based on ribosomal proteins, Mol Biol Evol, 19, pp.631-639（2002）
13. Neslon, K. E. et al.: Evidence for lateral gene transfer between Archaea and Bacteria from genome sequence of *Thermotoga maritima*, Nature, 399, pp.323-329（1999）

14. Oren, A.: Halophilic Microorganisms and their Environments, Kluwer Academics（2002）
15. Ouverney, C. C. and Fuhrman, J. A.: Marine planktonic archaea take up amino acids, Appl Environ Microbiol, 66, pp.4829-4833（2000）
16. Schimmel, P. and Beebe, K.: Genetic code seizes pyrrolysine, Nature, 431, pp.257-258（2004）
17. Sicheritz-Ponten, T. and Andersson, S. G. E.: A phylogenomic approach to microbial evolution, Nucl Acids Res, 29, pp.545-552（2001）
18. Syvanen, M. and Kato, C. I., eds.：Horizontal Gene Transfer，Chapman and Hall（1998）
19. Wiegel, J. and Adams, M. W. W. eds.：Thermophiles? The keys to molecular evolution and the origin of life?，Taylor & Francis（1998）

ウェブサイト紹介

1. カリフォルニア大学バークレー校の古生物誌博物館（University of California, Berkeley，Museum of Paleontology）が運営する Archaea に関するサイト
    http://www.ucmp.berkeley.edu/archaea/archaea.html

2. 「Biology 6 版」（1994 年）を著した Dr. John W. Kimball が管理する Kimball's Biology Pages の中の Archaea に関するサイト
    http://users.rcn.com/jkimball.ma.ultranet/BiologyPages/A/Archaea.html
    上記二つのサイトには，古細菌について全般の事項がよくまとめられている．

3. 古細菌の分類体系に関するサイト
    http://www3.ncbi.nlm.nih.gov/Taxonomy/Browser/wwwtax.cgi?name=Archaea

MEMO

Chapter 10
真核微生物

 生物は真核生物と原核生物とに大別できるが，真核生物とは，核膜（nuclear envelope）で仕切られた核を有する生物群の総称である．また，真核微生物とは真核生物のうち，真核藻類，原生動物，真菌のことを指す．なお，真核生物には，これらのほか，動物（脊椎動物と無脊椎動物）と植物（種子植物，シダ植物，センタイ類）が知られている．本章では真核微生物について解説する．

Chapter 10

真核微生物

10.1 真核微生物の多様性（真核藻類，原生動物，真菌）

真核微生物（真核生物）と原核微生物（原核生物）との違いを表 10.1 に示す．以下に，真核藻類，原生動物，真菌についてそれぞれ解説する．

表 10.1 原核微生物（原核生物）の細胞と真核微生物（真核生物）の細胞の主な相違点
(出典：清水 晶，他編：応用微生物学 第 2 版，文永堂出版（2006）)

	原核細胞	真核細胞
大きさ	$1 \sim 10 \mu m$	$10 \sim 100 \mu m$
核	核膜なし	核膜あり
有糸分裂	なし	あり
減数分裂	なし	あり
組　織	単細胞	多細胞
呼吸系	ミトコンドリアなし	ミトコンドリアあり
光合成器官	クロロプラストなし	クロロプラストあり
小胞体	なし	あり
ゴルジ体	なし	あり
微小管	なし	あり
微小繊維	なし	あり
ムレインを含む細胞壁	あり	なし
リボソームの大きさ	70 S	80 S
所在	細菌，放線菌，ラン藻，古細菌	糸状菌，酵母，藻類，原生生物，動物，植物

10.1.1 真核藻類

真核藻類とは，クロロフィル a を有し酸素発生型光合成を触媒する真核生物群から維管束植物を除いた生物群に，造卵器を有するコケ植物を加えたものである．真核藻類は，光合成色素，細胞内貯蔵物質，細胞壁（cell wall）の構造，遊走細胞や

10.1 真核微生物の多様性（真核藻類，原生動物，真菌）

生殖細胞の形態などにより，以下の8門に分類されている．すなわち，紅色植物門，クリプト植物門，渦鞭毛植物門，不等毛植物門，ハプト植物門，クロララクニオン植物門，ユーグレナ植物門，緑色植物門である．それぞれの門に属する生物の特徴は以下のとおりである．

紅色植物門：紅藻類として知られ，ほとんどが海産性，かつ多細胞性である．クロロフィル a，フィコビリン系色素，αおよびβカロテン，ルテインなどの色素を有し，$\alpha 1,4$-グルカンを主体とした細胞内貯蔵物質を有する．

クリプト植物門（図10.1）：単細胞性であり，海水性のものから淡水性のものまで広く知られている．クロロフィル a と c，フィコビリン系色素を有し，$\alpha 1,4$-グルカンを主体とした細胞内貯蔵物質を有する．一般的に細胞壁を欠いている．遊走細胞は咽喉と呼ばれる凹部を有し，そこから2本の鞭毛（flagellum）を出して泳ぐ特徴がある．

渦鞭毛植物門（図10.2）：ほとんどが単細胞遊泳性であり，海水性のものから淡水性のものまで広く知られている．クロロフィル a と c を有し，$\alpha 1,4$-グルカンを主体とした細胞内貯蔵物質を有する．縦溝と横溝の2溝を有し，各溝にはそれぞれ1本ずつの鞭毛がある．

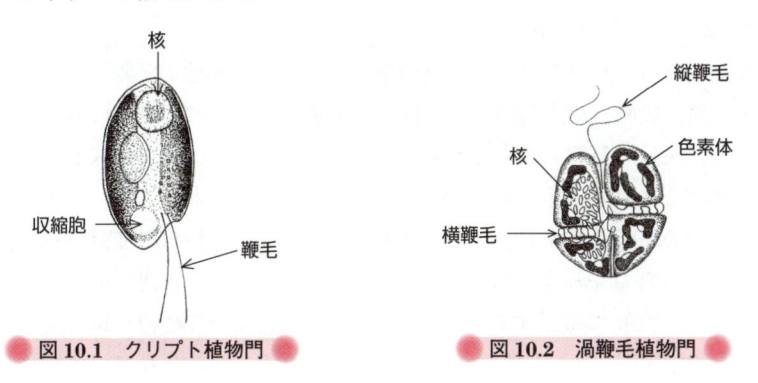

図10.1　クリプト植物門

図10.2　渦鞭毛植物門

不等毛植物門：クロロフィル a と c およびキサントフィル色素を有し，$\beta 1,3$-グルカンを主体としたクリソラミナランあるいはラミナランを細胞内貯蔵物質として有する．遊走細胞は長さの異なる2本の鞭毛を有している．

ハプト植物門：ほとんどが海産性であり，大部分は単細胞性である．クロロフィル a と c，およびフコキサンチンを有し，$\beta 1,3$-グルカンを主体としたクリソラミナランを細胞内貯蔵物質として有する．遊走細胞はその前端に2本のむち型鞭毛とハプトネマと呼ばれる1本の特殊な鞭毛との，3本の鞭毛を有する．

Chapter 10 真核微生物

クロララクニオン植物門：すべて海産性の単細胞緑色藻である．クロロフィル a と b，β カロテンを有し，$\beta 1,3$-グルカンを主体とした細胞内貯蔵物質を有する．

ユーグレナ植物門：ほとんどが単細胞性であり，海水性のものから淡水性のものまで広く知られている．クロロフィル a と b を有し，パラミロンを細胞内貯蔵物質として有する．細胞の前端は陥入し貯胞となり，その底部から通常 2 本の鞭毛が伸びている．

緑色植物門（**図 10.3**）：海水，淡水に広く分布している．クロロフィル a と b，α，β カロテンを有し，デンプンを細胞内貯蔵物質として有する．

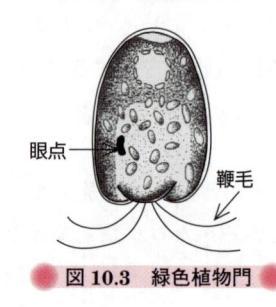

図 10.3 緑色植物門

10.1.2 原生動物

原生動物とは，単細胞の真核動物の総称であり，多細胞の動物の祖先と考えられている．原生動物（原生動物亜界）はその形態学的分類により次の 6 門に分類されているが，系統の見直しがなされているところでもあり，近い将来別の分類体系による分類がなされるかもしれない．6 門としては，有毛根足虫門（1 本以上の鞭毛を有している．鞭毛虫亜門，オパリナ亜門，肉質虫亜門の 3 亜門からなる），ラビリンツラ門（海草や海藻に寄生する），アピコンプレックス門（動物に寄生する），微胞子虫門（動物に寄生する），粘液胞子虫門（変温脊椎動物や環形動物に寄生する），繊毛虫門（大核と小核の 2 種類の核を有する）が知られている．代表的なものの模式図を**図 10.4** に示す．

10.1.3 真　菌

真菌とは真核微生物から真核藻類と原生動物を除いたものの総称である．一部の生物はその形態的な特徴により，酵母あるいはキノコとして知られているが，その名称は，分類学上では厳密なものではないことに注意する必要がある．

真菌は大きく二つの界（クロミスタ界と菌類界）からなっている．クロミスタ

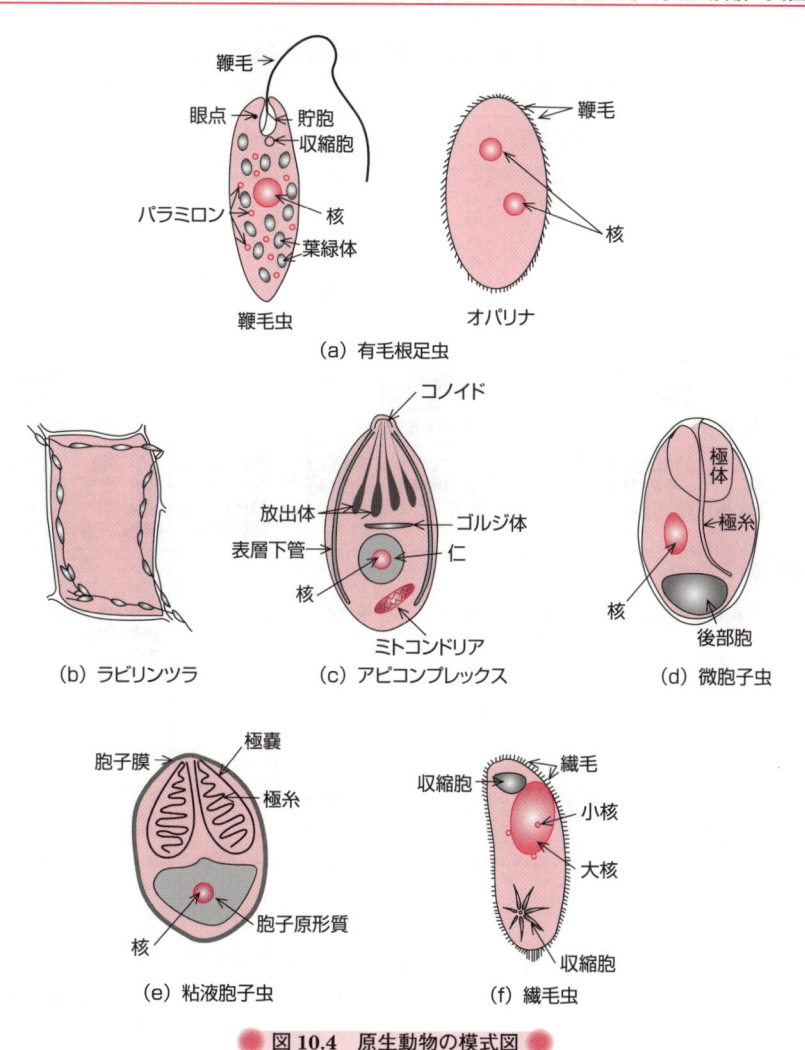

10.1 真核微生物の多様性（真核藻類，原生動物，真菌）

(a) 有毛根足虫
- 鞭毛虫：鞭毛，眼点，貯胞，収縮胞，パラミロン，核，葉緑体
- オパリナ：鞭毛，核

(b) ラビリンツラ

(c) アピコンプレックス：コノイド，放出体，表層下管，ゴルジ体，核，仁，ミトコンドリア

(d) 微胞子虫：極体，極糸，核，後部胞

(e) 粘液胞子虫：胞子膜，極囊，極糸，核，胞子原形質

(f) 繊毛虫：繊毛，収縮胞，小核，大核，収縮胞

図 10.4　原生動物の模式図

（出典：杉山純多，他著：新版 微生物学実験法，p.225，講談社（1999））

界は，卵菌門，サカゲツボカビ門，ラビリンツラ門の3門からなっている．また，菌類界はツボカビ門，接合菌門，子嚢菌門，担子菌門と不完全菌類の4門1菌群からなっている．さらに，子嚢菌門，担子菌門と不完全菌類の2門1菌群は高等菌類と総称され，それ以外は下等菌類と総称されている．

　下等菌類の特徴を**表 10.2**に示す．高等菌類の子嚢菌門に属する真菌の特徴とし

表 10.2 下等菌類の特徴

(出典：杉山純多，他著：新版 微生物学実験法，p.214, 講談社 (1999))

	分類群	栄養体	無性胞子	運動性	有性胞子	有性生殖法	生育地	代表的な属
クロミスタ界	卵菌門 (95属 694種)	菌糸	遊走子，分生子型胞子嚢	2本鞭毛，むち形と羽形，細胞前端あるいは側面に付着	卵胞子	配偶子嚢接着	土壌，淡水，汽水，海生，植物，動物，菌類の寄生菌	*Saprolegnia* *Pythium* *Peronospora*
	サカゲツボカビ門 (7属24種)	仮根状菌糸～菌糸	遊走子	単毛，羽形，細胞前端に付着	休眠胞子	不 明	淡水，海生，海藻，動物寄生	*Hyphochytrium* *Rhizidiomyces*
	ラビリンツラ門 (13属42種)	網目構造の変形体	遊走子	2本鞭毛，むち形と羽形，滑走細胞	不 明	不 明	海 生	*Labyrinthula* *Thraustochytrium*
菌類界	ツボカビ門 (112属 793種)	菌糸未発達～仮根状菌糸，菌糸	遊走子	単毛，むち形，細胞後端に付着	休眠胞子，接合胞子	動配偶子接合，配偶子嚢接合，体細胞接合	土壌，淡水，汽水，海生，藻類，動物，植物に寄生	*Olpidium* *Chytridium* *Monoblephalis* *Allomyces*
	接合菌門 接合菌綱 (125属 867種)	菌 糸	胞子嚢胞子，分節胞子，分生子	なし	接合胞子	配偶子嚢接合	土壌，糞，果実，動物，菌寄生菌，植物根共生菌	*Mucor* *Rhizopus* *Glomus* *Endogone* *Entomophthora* *Coemansia*
	トリコミケス綱 (40属 189種)	菌 糸	トリコスポア，分節胞子	なし	接合胞子	配偶子嚢接合	節足動物	*Harpella* *Amoebidium*

ては，有性生殖器官としての子嚢を形成し，さらに子嚢胞子[*1] (apothecium) を作ることがあげられる．子嚢菌門の真菌には以下の七つの綱（半子嚢菌綱，古生子嚢菌綱，不整子嚢菌綱，核菌綱，盤菌綱，小房子嚢菌綱，ラブルベニア菌綱）が知られている．

　高等菌類の担子菌門に属する真菌の特徴としては，有性生殖器官としての担子器を形成し，さらに担子胞子[*2] (basidiospore) を作ることがあげられる．担子菌門の真菌には以下の三つの綱（クロボキン綱，サビキン綱，菌じん綱）が知られている．

　不完全菌類とは，有性生殖形態が生活環中にまったく観察されない菌類の総称で

---

*1 子嚢胞子：子嚢内部に形成される，子嚢菌類の有性胞子のこと．
*2 担子胞子：担子器上に外生される，担子菌類の有性胞子のこと．

あり，分生子*3（conidiospore）をまったく形成しない無胞子不完全菌類，分生子果を形成しない糸状不完全菌類，分生子果を形成する分生子果不完全菌類の3種類が知られている．

さて，前述のとおり，酵母やキノコとは厳密な分類学上での名称ではないが，広く用いられていることもあり，以下に述べる．酵母とはその生活史の大部分を単細胞として過ごし，主として出芽によって増殖する真菌の総称である．分類学上は，子嚢菌門，担子菌門，あるいは不完全菌類に属している．また，キノコとは菌類がその生活環の中で作る子実体を指す名称である．なお，キノコは分類学的には菌じん綱に属する担子菌門の真菌であることがほとんどであるが，子嚢菌門に属するものや不完全菌類に属するものも知られている．

10.2 真核生物の概観（形態，構造など）

真核微生物はそれぞれが多様な形態を呈している．また，ある特定の微生物種に限ってみても，その生活環の特定の時期にある特別な形態を示すことは珍しくない．しかしながら，そのような形態の変化を逐一記述することは紙面の都合上不可能であるため，ここでは形態の変化の概要について，真菌を例に取り記述するとともに，形態を細胞内から支える物質（細胞骨格要素）としての微小管（microtubule）やミクロフィラメント（microfilament）について述べる．

真菌の生育は胞子（Spore）の発芽から始まる．胞子は，栄養分，温度，pH，湿度などの物理化学的な環境が適切に整うと発芽管を出す．発芽管は徐々に伸張し，菌糸となる．菌糸はその後も伸張を続けながら分岐あるいは融合し，網目状の菌糸体となる．菌糸体には，生育している基質に食い込むもの，基質の表面に生育するもの，さらには，気菌糸と呼ばれる空気中に伸びていくものなどが知られている．真菌の種類により，生育とともに隔壁の形成を伴い多細胞化が進む菌糸体と，生育が進んでも隔壁の形成がなく全体として単細胞である菌糸体とがある．また，菌糸体は生育を続けると胞子を形成するようになる．胞子と胞子形成器官の特性，さらに胞子形成方法は，真菌を分類する際の重要な事項となっている．

胞子には受精により形成される有性胞子と受精のない無性胞子とがあり，また，

---

*3 分生子：分生子柄の先端側に外生的に形成される無性胞子のこと．

Chapter 10　真核微生物

　胞子はその形成過程や形態的特質などから，内生胞子（endospore），外生胞子（exospore），接合胞子（zygospore），厚膜胞子（chlamydospore）などに分類されている．

　内生胞子とは，母細胞の中に形成される胞子のことを指し，また，このような母細胞は胞子嚢と呼ばれる．内生胞子には無性胞子（遊走子（swarmspore）と胞子嚢胞子[*4]（sporangiospore）など）と有性胞子（卵胞子[*5]（oospore）や子嚢胞子（apothecium）など）とが知られている．

　外生胞子とは分生子柄の上に外生する胞子の総称であり，分生子や担子胞子などが知られている．

　接合胞子とは，接合菌門に属する生物種に限って形成される有性胞子であり，2本の菌糸上に生じた二つの突起が接着した部分にできる．

　厚膜胞子は無性胞子の1種類であり，菌糸の一部に隔壁が生じその部分の細胞膜が厚くなって耐久性を有する細胞へと変化したものである．

　さて，真核微生物を含む真核生物の細胞内部には，細胞骨格と呼ばれる3種類の繊維状の構造体が縦横に張り巡らされている．それらは，微小管，中間系フィラメント，ミクロフィラメントと呼ばれている．

　微小管は直径20〜30 nmの環状構造を有し，種々の長さを呈する．構成タンパク質としては，分子量57 000のαチューブリンと分子量53 000のβチューブリンが知られており，また，それぞれのタンパク質は1：1で結合し微小管の壁を形成している．微小管は鞭毛運動や繊毛運動に関与し，さらには紡錘体の構造上の骨格となっている．

　中間系フィラメントは細胞の種類によって異なる種類のタンパク質によって構成されている．共通の性質としては，その直径が約10 nmの枝分れのない構造をとるということがあげられる．中間系フィラメントは，細胞内の空間を埋めるように配置され，細胞の機械的強度を上げるように機能している．なお，中間系フィラメントはこれまで動物細胞にだけ見出されている．

　ミクロフィラメントはすべての真核細胞に見出される．外径5〜7 nmの細いフィラメント状の構造を有している．主としてアクチンから構成されており，アクチン結合タンパク質を含む場合が多い．ミクロフィラメントは細胞質の表層に集中している．

[*4] 胞子嚢胞子：胞子嚢の内部にできる胞子のこと．
[*5] 卵胞子：造卵器内部の卵球が受精することにより形成される有性胞子のこと．

10.3　真核微生物の細胞分裂（細胞周期）

　1個の細胞が分裂して2個以上の独立した娘細胞となることを細胞分裂と呼び，また，1個の細胞が再び細胞分裂を行い2個になるまでのサイクルを細胞周期（cell cycle）と呼ぶ．細胞周期は，G1期，S期，G2期，M期の4期に分けられている．以下ではそれぞれの期でどのような事柄が生じているかを概説する．

G1期：細胞分裂を終えた細胞が新たにDNAの複製を開始するまでの期間のことを指す．染色体は核の中で脱凝縮し，クロマチン繊維[*6]（chromatin）の状態となる．この時期には，RNAや，細胞の代謝に必須な酵素やタンパク質などが盛んに生合成される．細胞の種類や環境条件が変動することで，長さが変化しやすい時期であり，この時期の長さにより細胞周期の長短がおおむね決定される．細胞を増殖に向かわせるか，あるいは分化に向かわせるかが決定されるのもこの時期であり，さらに休止期（細胞が長期間増殖を停止する時期：G0期）への移行もこの時期になされる．なお，G0期の細胞に外部から適当な刺激が与えられると，通常の細胞周期に戻るようになるが，そのときはG1期に入るようになる．すなわち，G0期への出入りはG1期においてのみなされる．なお，G0期は細胞が老化した状態とは区別されている．

S期：DNAの複製が触媒される時期である．核内の2本鎖DNAはほどけて1本鎖となり，それぞれが鋳型となることで相補的な2本鎖DNAが複製され，核内のDNA量は2倍となる．複製されたDNAは長軸方向に平行に並びセントロメア（centromere）と呼ばれる領域で結合する．

G2期：細胞分裂を進行させるためのRNAや酵素などが活発に生合成されている時期であり，微小管を形成するタンパク質の生合成も盛んに行われる．

M期：有糸分裂（mitosis）と細胞質分裂（cytokinesis）が起こる時期である．有糸分裂は五つの過程（前期，前中期，中期，後期，終期）からなり，それに引き続き細胞質分裂が生じることでM期が完了する（図10.5）．

・**前期**：クロマチンが凝縮し，染色体となる．また，一連の微小管から形成される有糸分裂紡錘体が作られる．なお，前期においては核膜は完全な状態で

[*6] クロマチン繊維：まずヒストンにDNAが巻きつきヌクレオソームが形成され，さらに，こうしたヌクレオソーム形成が一定の周期で繰り返されヌクレオソーム繊維となる．最終的にヌクレオソーム繊維が折り畳まれることで，形成されるのがクロマチン繊維である．

Chapter 10 真核微生物

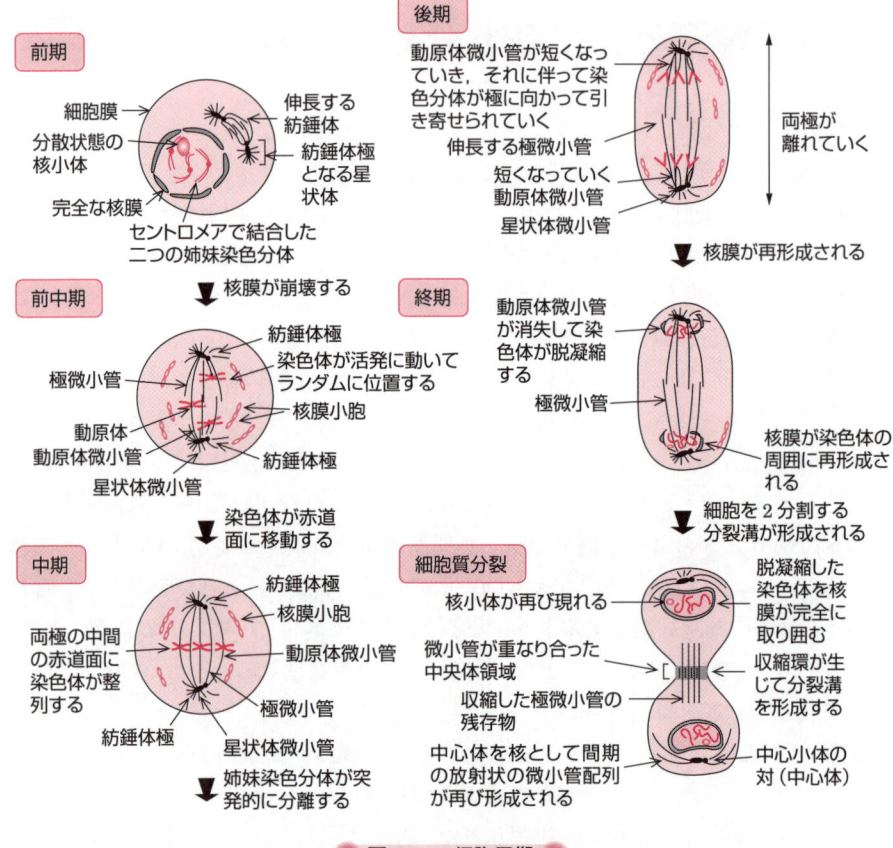

前期
- 細胞膜
- 分散状態の核小体
- 完全な核膜
- 伸長する紡錘体
- 紡錘体極となる星状体
- セントロメアで結合した二つの姉妹染色分体

↓ 核膜が崩壊する

前中期
- 極微小管
- 動原体
- 動原体微小管
- 星状体微小管
- 紡錘体極
- 染色体が活発に動いてランダムに位置する
- 核膜小胞

↓ 染色体が赤道面に移動する

中期
- 両極の中間の赤道面に染色体が整列する
- 紡錘体極
- 紡錘体極
- 紡錘体極
- 核膜小胞
- 動原体微小管
- 極微小管
- 星状体微小管

↓ 姉妹染色分体が突発的に分離する

後期
- 動原体微小管が短くなっていき，それに伴って染色分体が極に向かって引き寄せられていく
- 伸長する極微小管
- 短くなっていく動原体微小管
- 星状体微小管
- 両極が離れていく

↓ 核膜が再形成される

終期
- 動原体微小管が消失して染色体が脱凝縮する
- 極微小管
- 核膜が染色体の周囲に再形成される

↓ 細胞を2分割する分裂溝が形成される

細胞質分裂
- 核小体が再び現れる
- 微小管が重なり合った中央体領域
- 収縮した極微小管の残存物
- 中心体を核として間期の放射状の微小管配列が再び形成される
- 脱凝縮した染色体を核膜が完全に取り囲む
- 収縮環が生じて分裂溝を形成する
- 中心小体の対（中心体）

図10.5　細胞周期

（出典：加藤郁之進 監訳：基礎細胞分子生物学，p.179, p.181, 宝酒造（1996））

保たれている．
- 前中期：核膜の構成成分であるラミンのリン酸化により核膜が急激に分散する．そのため，前期に形成されていた有糸分裂紡錘体が核領域に入り込んでいく．さらに，染色体DNAのセントロメアの両側に動原体と呼ばれる特殊なタンパク質構造体が形成され，この動原体に紡錘体微小管の一部が結合し動原体微小管となる．
- 中期：染色体が細胞の赤道面に整列する．
- 後期：動原体微小管が脱重合するとともに，染色体はそれぞれの染色分体となり両極に移動していく．

・終期：染色分体はそれぞれの極に到達し，また動原体微小管は消失する．染色体は再び脱凝縮してクロマチンとなる．

細胞質分裂：動物細胞においては，細胞膜がくびれることにより細胞質の分割（細胞質分裂）が達成される．このとき，紡錘体の位置がくびれの形成位置決定に重要であることもわかってきている．ただし，細胞壁を有する真核微生物では状況は少し異なっており，新たな細胞壁が生成されることにより細胞質分裂が完了するようになる．

10.4 細胞内小器官および役割

真核微生物は細胞内に多くの小器官を有することをその特徴としている．そこで，各細胞内小器官とその役割について述べる．

真核微生物においては，細胞膜に囲まれた内部を細胞内部ととらえることができる．細胞内部は核と細胞質とに分けることができ，また細胞質は細胞内小器官と呼ばれる構造体を含んでいる．なお，細胞内小器官としては，以下のものが知られている．ミトコンドリア，小胞体（粗面小胞体と滑面小胞体），ゴルジ体（golgi apparatus），リソソーム（lysosome），中心小体（centriole），葉緑体（chloroplast）などである．葉緑体は光合成を触媒する真核微生物に観察される．以下では，核（上記の定義では細胞内小器官には含まれないが便宜上合わせて記述する）と上記の細胞内小器官の機能について述べる．

核：二重膜である核膜に囲まれており，核内部には染色体（chromosome）が存在している．また，核膜には核膜孔と呼ばれる孔が多数観察される．核膜孔は，タンパク質やRNAなどの物質の出入りに役立っている．また核内部には核小体が存在し，そこではリボソームのRNA成分が生合成される．生合成されたRNA成分は，細胞質で生合成されたタンパク質と核小体で会合し，リボソームを形成する．さらに，形成されたリボソームは核膜孔を通り細胞質に出て，リボソームとしてタンパク質生合成を司る．

ミトコンドリア：好気呼吸（aerobic respiration）にかかわる酵素系が集約された細胞内小器官であり，細胞の活動に必要な生体エネルギー（ATP）を生成する場となっている．酵母などの従属栄養生物（heterotroph）においては，必要とされるATPの大部分はミトコンドリアで生成され，細胞質において解糖系など

Chapter 10 真核微生物

により生成される ATP は全体の数パーセントにしかすぎない．

小胞体（図 10.6）：平らな袋のような構造をしており，前述のとおり，粗面小胞体（RER）と滑面小胞体（SER）とに分類される．粗面小胞体の表面にはリボソーム（ribosome）粒子が多く付着しており，このリボソーム上では細胞外に分泌されるタンパク質が生合成される．なお，リボソームは細胞質中に遊離の状態でも存在しているが，こうした遊離のリボソームは細胞内で必要とされるタンパク質の生合成にかかわっている．滑面小胞体は変化に富んだ形態を示し，球状や平らな袋状を呈し，また枝分かれ様構造を示すものもある．滑面小胞体においては，脂質の生合成が活発に行われている．

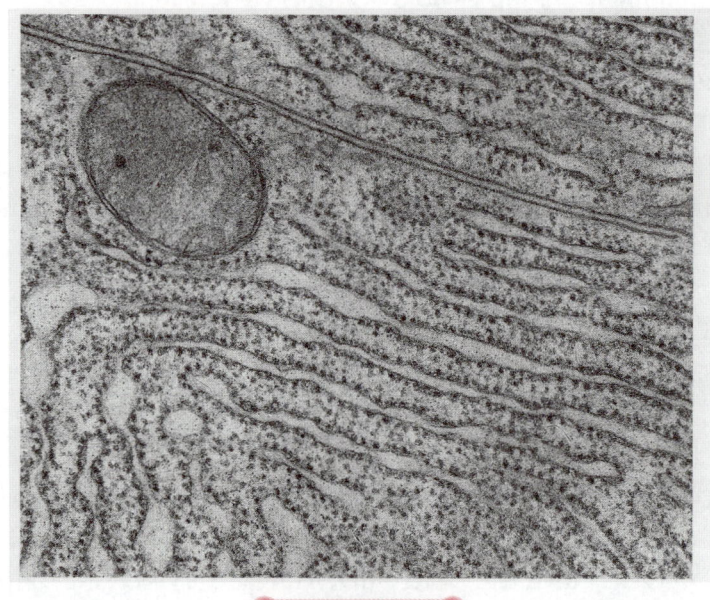

図 10.6 小胞体
（出典：新津垣良，他著：図説　現代生物学　改訂 5 版，p.61，丸善（1996））

ゴルジ体（図 10.7）：ゴルジ体は小さな扁平胞が 5 〜 10 個平行に積み重なった構造を有しており，ときとしてこの積み重なりは 30 個にも達することがある．電子顕微鏡オートラジオグラフィーを用いた研究結果などにより，ゴルジ体は小胞体からの**輸送小胞**[*7]（transport vesicle）を受け入れ，その後分泌小胞を形成

[*7] 輸送小胞：小胞体とゴルジ体間，またゴルジ体内のタンパク質輸送を司る膜構造体．

10.4 細胞内小器官および役割

し，タンパク質の分泌あるいはリソームへのタンパク質の輸送にかかわっていることが明らかとなってきた．つまり，ゴルジ体は**分泌タンパク質**[*8]（secretory protein）を濃縮し，方向性をもった分泌を行う機能を果たす細胞内小器官といえる．なお，ゴルジ体には極性が存在し，小胞体からの輸送小胞を受け取る側はシス，分泌小胞を形成する側はトランスと呼ばれている．

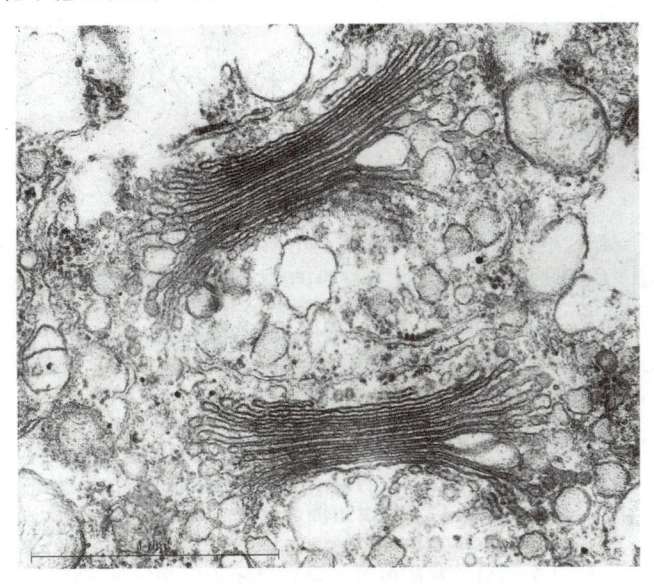

図 10.7 ゴルジ体
（出典：新津垣良，他著：図説　現代生物学　改訂 5 版，p.69，丸善（1996））

リソソーム：細胞内および細胞外の物質の加水分解，消化にかかわる細胞内小器官であり，ゴルジ体から生成される一次リソソームと，ファゴソーム（食胞と呼ばれ，細胞の食作用により形成される小胞状の構造体）やピノソーム（飲作用胞と呼ばれ，細胞外の液体や溶質などを細胞内に取り込む過程で形成される比較的小さな小胞状の構造体）などと一次リソソームが融合することにより生成される二次リソソームとに分類される．リソソーム内には酸性 pH 領域に反応至適域を有する 40 種類以上の加水分解酵素が局在しており，また，リソソーム内の pH はその膜上に存在するプロトンポンプにより 5 近傍に保たれている．二次リソソームに取り込まれた内容物は上記の加水分解酵素により分解，消化され，消化

[*8] 分泌タンパク質：細胞質膜外に分泌されるタンパク質群の総称．

物はリソソーム膜を経由して細胞質に運ばれ，そこで再利用される．
中心小体：円筒状の構造体であり，その壁にはトリプレット微小管が9本配列している．また，特異的なタンパク質としては，チューブリンやセントリンなどが知られている．中心小体は繊毛や鞭毛の原基となっている．
葉緑体：光合成の全過程が触媒される細胞内小器官であり，デンプンが貯蔵される場所ともなっている．

10.5　細胞内輸送系

前項で述べたように，真核生物内には核ならびに各種の細胞内小器官が存在する．それぞれの器官が正しく機能するためには，新たに生合成されたタンパク質がきちんとその目的場所に輸送される必要がある．

細胞質で生合成された核タンパク質が核へ移行するためには，核膜孔を通過しなければならず，実際，そうした核膜孔通過のための精緻な機構が存在する．核膜孔は直径70〜120 nmの円盤状の構造物であり，水溶性の物質が核膜を通過する際の唯一の経路である．細胞質で生合成されたタンパク質が核膜孔を通過するためには，通過するタンパク質に核移行シグナルと呼ばれるシグナル配列[*9]（signal sequence）が備わっている必要がある．核移行シグナルにより核膜孔に達したタンパク質は，細胞質因子やATPなどが関与して，能動輸送[*10]（active transport）的に核膜を通過する．また，mRNAやリボソームのサブユニットが核外へ輸送されるときにも複雑な機構が働いていることが明らかにされつつある．なお，核外に輸送されるタンパク質には核外輸送シグナルが存在していることも示されている．

ミトコンドリア，小胞体，葉緑体には新たに生合成されたタンパク質を正しく膜透過させる機構が存在している．核，ミトコンドリア，小胞体，葉緑体に輸送されるタンパク質には，ソーティングシグナルと呼ばれるシグナル配列が付加されており，こうした配列情報に従って個々のタンパク質はソーティングされている（**表10.3**）．

[*9] シグナル配列：分泌タンパク質，細胞膜タンパク質，また小胞体，ゴルジ体，リソソームなどに局在するタンパク質の大部分に見られる，アミノ末端部分の余分なペプチドのこと．なお，シグナルペプチドはアミノ末端ではなく分子内部に存在することもある．
[*10] 能動輸送：生体膜の物質輸送で担体が関与する輸送のうち，電気化学ポテンシャル差に逆らい物質が輸送されること．ATPの加水分解などのエネルギーが関与している．

10.5 細胞内輸送系

表 10.3 細胞小器官局在化タンパク質のシグナル配列（ソーティングシグナルの方向）
（出典：井上圭三，他編：生化学辞典第 3 版，東京化学同人（1998））

シグナル配列名	シグナル配列	シグナル配列のおもな位置	局在化タンパク質（例）
小胞体移行シグナル	MKWVTFLLLLFISGSA-FS-	N 末端	プレプロアルブミン
小胞体滞留シグナル	-KDEL	C 末端	Bip PDI
リソソーム移行シグナル	マンノース 6-リン酸		
リソソーム膜移行シグナル	-RKRSHAGYQTI-		ラットリソソーム糖タンパク質-1
ミトコンドリアマトリックス移行シグナル	MLSALARPVGAALRRSFSTS-AQNN- MLSKLASLQTUAACRRGCRT-SVASA-	N 末端	ラットリンゴ酸デヒドロゲナーゼ ラットオルニチン-オキソ酸アミノトランスフェラーゼ
ミトコンドリア膜間腔移行シグナル	-GSTVPKSKSFEQDSRKRTQ-SWTALRVGAILAATSSVAYL-NWHNGQIDN-	N 末端マトリックス移行シグナルの下流	酵母 シトクロム b_2
葉緑体ストロマ移行シグナル	-MASLSATTTVRVQPSSSSL-HKLSQGNGRCSSIVCLDWGK-SSFPTLRTSRRRSFISA-	N 末端	ホウレンソウアシルキャリヤータンパク質
葉緑体チラコイド移行シグナル	-AQKQDDVVSRRLALSVLIG-AAAVGSKVSPADA-	N 末端ストロマ移行シグナルの下流	酸素発生複合体サブユニット（23 kDa）
ペルオキシソーム移行シグナル	-SKL（-S/A-K/R/H-L） -RLQVVLGHL-(-R/K-L/V/I-XS-H/Q-L/A-)	C 末端 N 末端	アシル CoA オキシダーゼラット アセチル CoA C-アシルトランスフェラーゼ
核移行シグナル	-PKKKRKV- -RKGDEVDGTDEVAKKKS-	中央部	SV40 ラージ T 抗原 マウスポリ ADP リボースポリメラーゼ

ただし，真核生物内では，こうした一方向的な輸送だけが機能しているのではなく，細胞内小器官から細胞内小器官への輸送も存在している．このような輸送は，小胞輸送と呼ばれる．小胞輸送が関与する細胞内小器官としては，小胞体，ゴルジ体，エンドソーム，リソソーム，分泌小胞などがある．小胞輸送と呼ばれる理由は，上記の細胞内小器官に最終的にターゲッティングされるタンパク質のほとんどすべ

Chapter 10　真核微生物

てが，いったん小胞体にターゲッティングされ，その後個々の細胞内小器官に運ばれるからである．実際には，それぞれの細胞内小器官が出芽と融合とを繰り返すことにより，小胞輸送が達成されていく（図 10.8）．

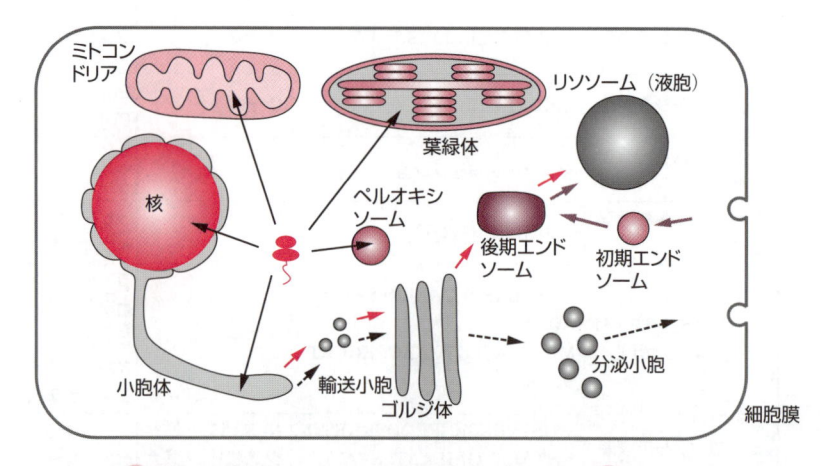

図 10.8　細胞内メンブレントラフィックの経路

新たに合成されたタンパク質は，それぞれに定められた運命に従って機能すべき目的地へ運ばれていく．そのうち，いったん小胞体に運ばれたものは，さらに小胞を介した輸送によってさまざまなオルガネラに運ばれていく．----▶は分泌経路，━▶はリソソーム・液胞への分解経路（リソソーム経路），━▶はエンドサイトーシス経路を示す．

　小胞輸送が関与するタンパク質のほとんどすべては，小胞体にターゲッティングされるべきソーティングシグナルを有して生合成される．小胞体の膜上ではこのシグナル配列が認識され，当該タンパク質は小胞体内に取り込まれる．このようにしていったん小胞体に取り込まれたタンパク質は，小胞体膜から分離する直径 30〜50 nm の膜小胞（輸送小胞）に取り込まれて，ゴルジ体へと移行する．なお，ゴルジ体においては次の選別がなされる．すなわち，小胞体へと送り返すもの，ゴルジ体に留まらせるもの，リソソームへと分化させるもの，分泌させるものなどである．また，こうした情報はソーティングシグナル上に付加されている．

　小胞輸送は上記のように進行するが，特筆すべきは，輸送そのものは膜系を保ったものであり，タンパク質は小胞体の膜を透過するときの一度だけ膜透過するという事柄があげられる．

演習問題

Q.1 真核微生物に属する生物群の名称を述べよ．

Q.2 真核微生物（真核生物）と原核微生物（原核生物）との違いを挙げよ．

Q.3 子嚢菌門に属する真菌の特徴を述べよ．

Q.4 担子菌門に属する真菌の特徴を述べよ．

Q.5 不完全菌類とはどのような菌類のことを指すか述べよ．

Q.6 真菌の生育について述べよ．

Q.7 微小管の生理的な役割について述べよ．

Q.8 細胞周期を形成する4期を挙げよ．

Q.9 G1期とはどのような時期のことを指すか述べよ．

Q.10 S期においてはどのような事柄が生じているか述べよ．

Q.11 G2期においてはどのような事柄が生じているか述べよ．

Q.12 M期とはどのような時期のことを指すか述べよ．

Q.13 以下の細胞内小器官の役割について述べよ．
ミトコンドリア，小胞体（粗面小胞体と滑面小胞体），ゴルジ体，リソソーム，葉緑体．

Q.14 小胞輸送について述べよ．

参考図書

1. 清水 晶，他編：応用微生物学第2版，文永堂出版（2006）
2. 杉山純多，他著：新版微生物学実験法，講談社（1999）
3. 加藤郁之進 監訳：基礎細胞分子生物学，宝酒造（1996）
4. 井上圭三，他編：生化学辞典第3版，東京化学同人（1998）
5. 米田悦啓，中野明彦 共編：細胞内物質輸送のダイナミズム，シュプリング・フェアラーク東京（1999）
6. 日本微生物学協会 編：微生物学辞典，技報堂出版（1989）

Chapter 10 真核微生物

ウェブサイト紹介

1. 日本生物工学会
   http://www.nacos.com/sfbj/

2. 日本農芸化学会
   http://www.jsbba.or.jp/index.html

3. 極限環境微生物学会
   http://wwwsoc.nii.ac.jp/se/

4. バイオインダストリー協会
   http://www.jba.or.jp/

5. 日本土壌微生物学会
   http://wwwsoc.nii.ac.jp/jssm/

Chapter 11
微生物ゲノム

　あらゆる生物は"ゲノム"という遺伝子の総体，全遺伝情報により細胞レベルから個体レベルまでデザインされ，生命活動が行われている．本章ではゲノムとは何かから解説し，DNA 塩基配列のシークエンス技術を紹介するとともに，網羅的解析法，ゲノム情報科学についてなど，微生物におけるゲノム科学を総説する．

Chapter 11

微生物ゲノム

　ゲノム科学は生物全体を一つのシステムとしてとらえる学問分野である（図 11.1）．
　この分野の研究発展の基礎としては，DNA 塩基配列のシークエンス技術の発展が挙げられる．DNA 塩基配列のシークエンス法としては 1970 年代後半に二つの方法が考案された．塩基特異的な化学反応を利用したマキサムギルバート法（表 11.1）とジデオキシ体を DNA 合成の特異的停止試薬として利用したジデオキシ法（→ 11.1 節）である．1990 年代に入り，ジデオキシ法を利用し，放射性同位元素の代わりに蛍光標識を利用することによって自動化した DNA シークエンス装置が開発された．その結果，ゲノム解析の大規模シークエンスが可能になり驚異的スピードで行えるようになった．さらに，コンピュータソフトの開発によるシークエンスデータの大量処理の実現，PCR 法（polymerase chain reaction → 8.5.1 項〔3〕）やマイクロアレイ法（micro array → 11.3.1 項）の開発により全遺伝子の網羅的解析が可

図 11.1　ゲノム科学の全体像

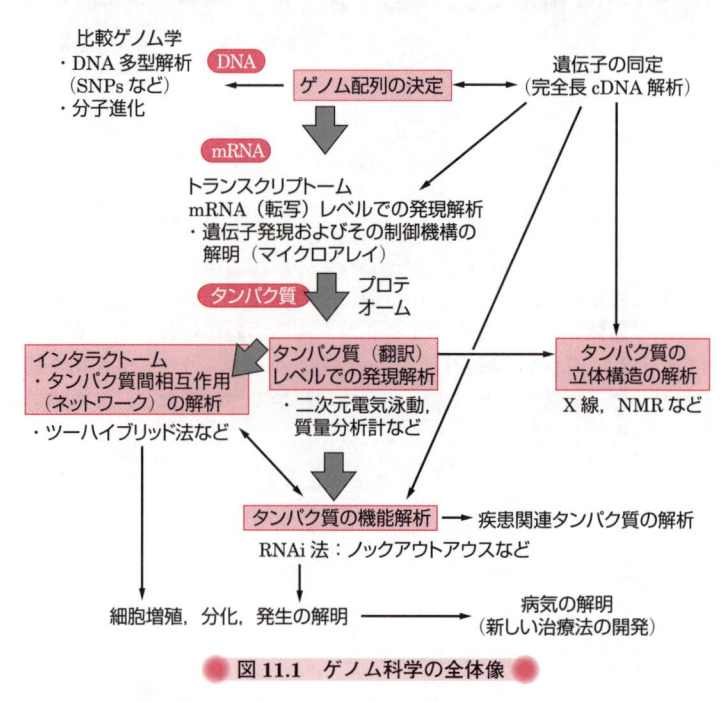

表 11.1 塩基特異的修飾と切断

反応塩基	修飾試薬	修飾塩基の除去	DNA鎖の切断
G	ジメチル硫酸	ピペリジン	ピペリジン
A＞G		酸	ピペリジン
A＞C	NaOH	ピペリジン	ピペリジン
C＋T	ヒドラジン	ピペリジン	ピペリジン
C	ヒドラジン＋塩	ピペリジン	ピペリジン

能になった．今日，数百種の細菌のゲノム配列が決定され，データベースとして広く利用され，細菌のゲノム科学的な研究が大きく進んでいる．

11.1 ゲノムの姿

　大腸菌のゲノム DNA の大きさは約 4 500 Kb であり，これを引き延ばすと全長の長さは 1.5 mm になる．ちなみにヒトの単相のゲノム DNA の大きさは約 30 億 base pair（bp）で，その全長は約 1 m になる．それらのゲノム DNA がきちっと

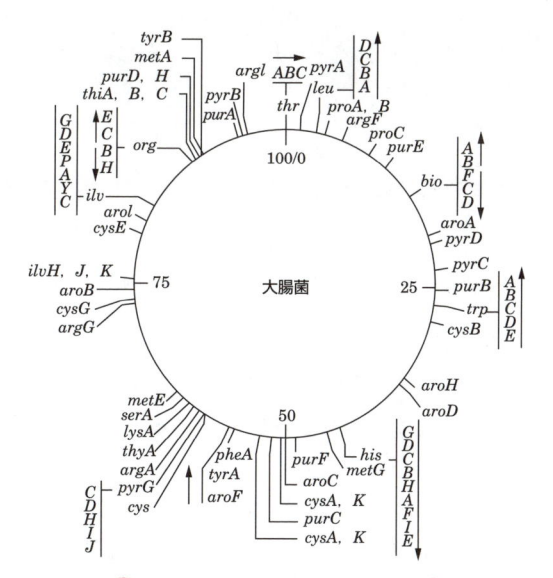

図 11.2　大腸菌の遺伝子地図

Chapter 11　微生物ゲノム

折り畳まれて，一つひとつの細胞の中に入っているわけである．

細菌は一般に環状染色体をもつが，その染色体地図には**遺伝子地図**，**制限酵素地図**，**全ゲノム塩基配列**がある．大腸菌の遺伝子地図（genetic map）は古典的な微生物遺伝学的手法である接合やファージによる形質導入によるマーカ遺伝子間の組換え頻度を指標にした遺伝子間の相対距離から作成されるものである（**図11.2**）．染色体物理地図（physical map）は，ゲノム上の制限酵素切断点の位置を指標にして作成された制限酵素地図（restriction map）のことである．通常 Not Ⅰや Sfi Ⅰのような8塩基認識の制限酵素を用いて作成される．枯草菌染色体DNAでは Not Ⅰ切断で72個のDNA断片が，Sfi Ⅰでは26個のDNA断片が得られそれらの組合せから制限酵素地図が作成された．この巨大な数百 Kb から 1 000 Kb DNA 断片の解析には二次元パルスフィールド電気泳動法（PFGE：pulsed field gel electrophoresis）が用いられた（**図11.3**）．

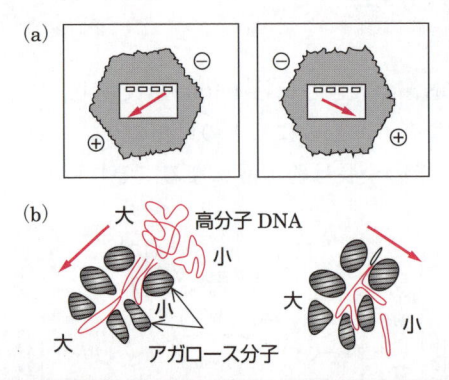

図11.3　二次元パルスフィールド電気泳動法（PFGE）の原理

(a) PFGE 装置の概略：矢印は電場の向きを示す．
(b) アガロースゲル中の拡大図：電場を交互にかけることにより，巨大DNA分子が再配向するのにより時間が必要になる．この原理を利用して巨大DNA分子の分離を可能にした．

通常DNAの大きさが 15〜20 Kb を超えるとアガロースゲルの分子ふるい効果はなくなってしまうが，この PFGE の原理は，巨大な DNA 断片の新たな電場方向への変換に要する時間がDNAの分子量に依存することに基づいている．単離された遺伝子はその塩基配列の解析が行われる．今日，ジデオキシ体を利用した解析法が主に使われている．ジデオキシ法は，DNA 合成酵素による DNA 鎖合成をヌクレオチドアナログにより阻害することにより，DNA塩基配列を明らかにする方法である（**図11.4**）．ジデオキシ法（dideoxy method）では，目的の1本鎖DNA

11.1 ゲノムの姿

```
3'- - - - TAGCGTAGCTTGAACTGTGCGTAA- - - - -
5'- - - - ATCGC
5'- - - - ATCGCA
5'- - - - ATCGCAT
5'- - - - ATCGCATC
5'- - - - ATCGCATCG
5'- - - - ATCGCATCGA
5'- - - - ATCGCATCGAA
5'- - - - ATCGCATCGAAC
5'- - - - ATCGCATCGAACT
5'- - - - ATCGCATCGAACTT
5'- - - - ATCGCATCGAACTTG
```

電気泳動: ddATP, ddTTP, ddGTP, ddCTP

GTTCAAGCTACC

dNTP デオキシヌクレオチド

ddNTP ジデオキシヌクレオチド

DNA 鎖の伸長がストップ

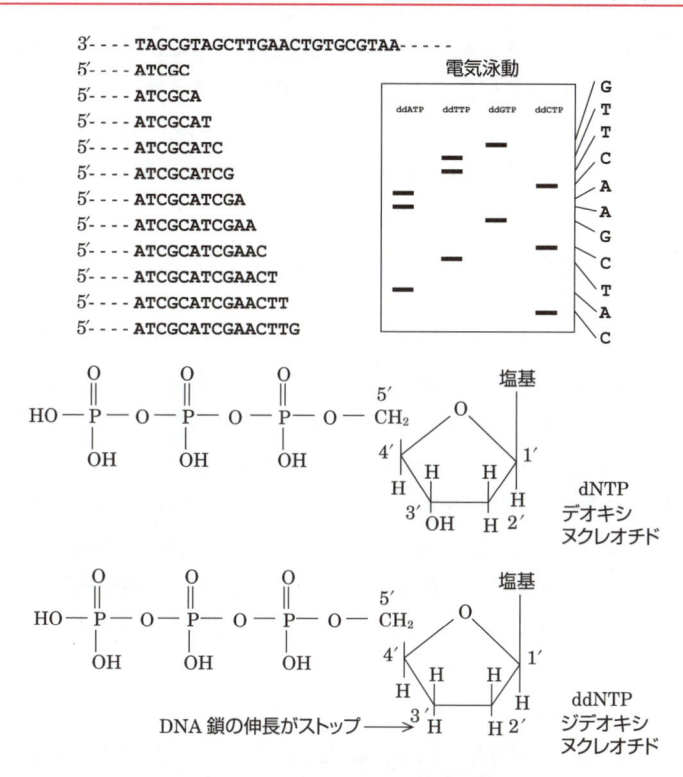

●図 11.4 ジデオキシ法の原理●

3′-TAGCGTAGCTTGAAC-5′という配列をもった 1 本鎖 DNA を鋳型に，5′-ATCG3′という配列をプライマとして，4 種の dNTP と 1 種の ddNTP と DNA 合成酵素で反応を行う．ddNTP の取り込まれたところから先には DNA 合成が進まない．合成された DNA 鎖の 3′末端の太字で示した各塩基は ddN（デオキシ体）を示す．短いほうから長いほうへたどっていくと 5′ CATCG - となり，もとの鋳型 DNA の相補配列がわかる．

を鋳型として DNA 合成酵素と 4 種のデオキシヌクレオチド（dNTP）を用いて相補 DNA を合成する際，4 種のうち 1 種のジデオキシヌクレオチド（ddNTP）を加えて DNA 合成を阻害させ，さまざまな長さのフラグメントを合成する．この反応をそれぞれ上記の 4 種類について行い，1 塩基の差で分けられる分解能をもったポリアクリルアミド電気泳動装置にかけて分離して DNA 配列を明らかにする方法である．最近のシークエンスでは DNA のラベル化に蛍光標識を用いる方法が普及している．4 種類の ddNTP をそれぞれ 4 色で蛍光標識した試料の場合，合成フラグメントをキャピラリー電気泳動で分離しながら CCD カメラにより塩基配列のピー

クを検出し，コンピュータ解析して塩基配列を決定できる．ジデオキシ法に使われるDNAポリメラーゼは超好熱性細菌由来のDNAポリメラーゼなどが使われている．この方法に適したシークエンシング用ベクターの開発，使用するポリメラーゼの改良，検出感度の向上を目指した標識方法の改良など，自動DNAシークエンサの開発が進んでいる．

　微生物のゲノム塩基配列を決定するには，これまで染色体の制限酵素地図作製，リンキングクローンの単離，DNA塩基配列の決定という過程を経て全配列が決定されてきた．この方法で，大腸菌，枯草菌，シアノバクテリア，出芽酵母などのゲノムが決定されている．しかし現在は，全ゲノムショットガン法 (shotgun method) が主として用いられている．例えば，5 Mbのゲノムサイズを有する細菌の全ゲノムショットガン法を行う場合，重複度を10として，50 Mbの配列データの塩基配列を決定することになる．DNAシークエンサの1回の泳動で500 bpの配列が解読できたとして，10万回泳動しなければならない．現在のシークエンサは同時に100サンプル泳動・解析できるので，1 000回の泳動で完了する．現在，シークエンサを20台用いて1日複数回泳動を行うことにより1か月かからずに全解析の完了が可能である．さらに，得られたデータをコンピュータにより連結させ，アノテーション (annotation，DNA塩基配列にオープンリーディングフレイム (ORF)，調節領域，RNA遺伝子，繰返し配列などの生物学的情報を対応づける作業) するのに数か月かかるが，いずれにしても非常に短期間に細菌の全ゲノム配列を得ることが可能になった．このようにして得られた遺伝子地図，物理地図，全ゲノム塩基配列によるデータを比較した結果，遺伝的な距離と物理的な距離の間にほぼ直線的な相関が認められデータの正確さが確認されている．このようにして得られた塩基配列は日本DNAデータベースバンク (DDBJ：DNA Data Bank of Japan) に登録する．

Topics　DDBJ

DNA Data Bank of Japan の略称で，静岡県三島市にある国立遺伝学研究所 生命情報・DDBJ 研究センター内で運営されている．DDBJ は欧州の EBI/EMBL および米国の NCBI/GenBank との密接な連携のもと「DDBJ/EMBL/GenBank 国際塩基配列データベース」を構築している国際 DNA データバンクの一つである．その主な活動には，以下のようなものがあげられる．

- 国際塩基配列データベースの共同構築と運営
- 関連生命情報データベースの運営
- DNA データベースのオンライン利用の管理・運営
- 国立遺伝学研究所コンピュータシステムおよびネットワークの管理・運用

11.2　ゲノムの解析

11.2.1　大腸菌のゲノム

1997 年大腸菌の全ゲノム配列，4 653 831 bp が決定された．大腸菌は分子生物学のモデル生物として長年にわたる研究成果が蓄積されており，それらのデータとの対応から多くの新しい知見が得られた．例えば，大腸菌には，約 4 300 個の ORF が見出された．その内訳は，細胞の構造・膜タンパクに関連する遺伝子：約 240，ファージ，トランスポゾン関連遺伝子：90，輸送タンパク質関連遺伝子：430，エネルギー代謝関連遺伝子：240，遺伝子発現関連遺伝子：780，細胞機能：190，代謝関連遺伝子：920，機能未知遺伝子：1 630 などである．

大腸菌には，rpoD, rpoH, rpoE, rpoN, rpoF, rpoS 遺伝子にコードされている σ^{70}, σ^{32}, σ^{24}, σ^{54}, σ^{28}, σ^{38} があり，それぞれ通常の細胞機能，増殖遺伝子，ヒートショック遺伝子，高熱ショック耐性遺伝子，窒素代謝遺伝子，運動性遺伝子，定常期遺伝子のプロモータの認識に重要な役割を果たしている．また，大腸菌には転写関連因子が約 100 種同定されてきた．これらの因子がさまざまな環境に適応するため相互作用や分子ネットワークを形成し機能していることが明らかにされつつある．しかし，約 1/3 にわたる ORF が機能未知であったことは，特記すべきことである．

Chapter 11 微生物ゲノム

11.2.2 出芽酵母のゲノム

　一方，1996年出芽酵母の全ゲノム配列約12.1 Mbが決定された．出芽酵母は真核生物のモデル生物としてやはり長年にわたる研究成果が蓄積されており，それらのデータとの対応から多くの知見が得られた．例えば，出芽酵母には，全部で約6 000個のORFが見出された．その内訳は，細胞の構造・膜タンパクに関連する遺伝子，輸送タンパク質関連遺伝子，エネルギー代謝関連遺伝子，細胞増殖，遺伝子発現関連遺伝子，物質代謝関連遺伝子，ストレス，シグナル伝達関連遺伝子，機能未知遺伝子などである．ヒトとの機能相同遺伝子（オーソログ）がかなり存在すること，そのうち約70種の酵母変異株がヒトのcDNA[*1]によりその表現型が相補されること，30数個のヒト疾患遺伝子の相同遺伝子が存在することが明らかにされた．また酵母においても，約1/3にわたるORFが機能未知であった．

　その後急速にいろいろな微生物のゲノムが解明されてきた．米国NIHのThe National Center for Biotechnology Information（NCBI）は，2006年現在，約三百数十の原核生物（細菌および古細菌）のゲノム配列が決定され，1 000に近い原核生物のゲノム配列の解析が進行中であると報告している（図11.5）．

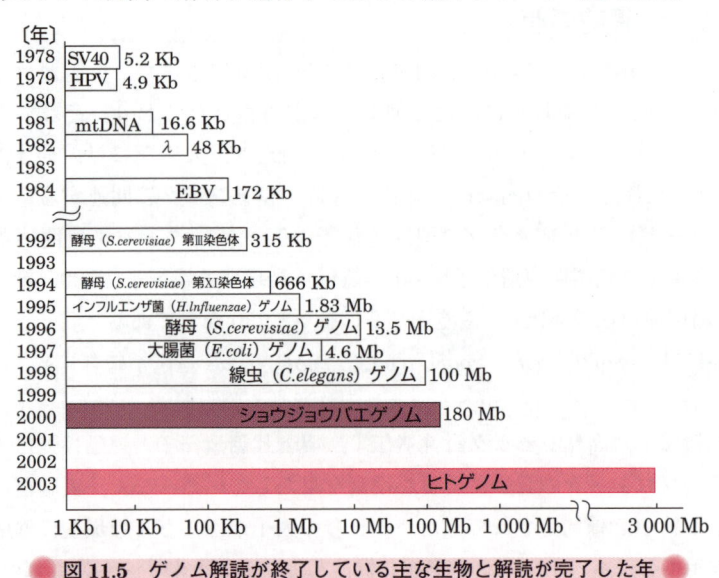

〔年〕		
1978	SV40	5.2 Kb
1979	HPV	4.9 Kb
1981	mtDNA	16.6 Kb
1982	λ	48 Kb
1984	EBV	172 Kb
1992	酵母（S.cerevisiae）第Ⅲ染色体	315 Kb
1994	酵母（S.cerevisiae）第XI染色体	666 Kb
1995	インフルエンザ菌（H.Influenzae）ゲノム	1.83 Mb
1996	酵母（S.cerevisiae）ゲノム	13.5 Mb
1997	大腸菌（E.coli）ゲノム	4.6 Mb
1998	線虫（C.elegans）ゲノム	100 Mb
2000	ショウジョウバエゲノム	180 Mb
2003	ヒトゲノム	3 000 Mb

図11.5　ゲノム解読が終了している主な生物と解読が完了した年

[*1] cDNA：逆転写酵素を利用して，RNAを鋳型型に相補的に合成されたDNAのことで，1本鎖だけでなく，それをもとにした2本鎖DNAも指す．

11.3 トランスクリプトーム，プロテオーム，メタボローム

11.3.1 トランスクリプトーム

ゲノム科学研究のレベルとしては，これまで述べてきたようなゲノムを対象としたレベル以外にも，mRNA，タンパク質，代謝物レベルでの網羅的研究が発展してきた（図 11.6）．トランスクリプトーム（transcriptome）とは，ある環境状態の微生物細胞中に存在するすべての mRNA の総体を指す呼称である．それゆえ，ゲノムとは異なり，トランスクリプトームはその細胞が受けた細胞外からの影響によって変化する．トランスクリプトミクス（transcriptomics）とは，マイクロアレイなどの手法を用いて発現しているすべての mRNA を識別する網羅的解析をいう．

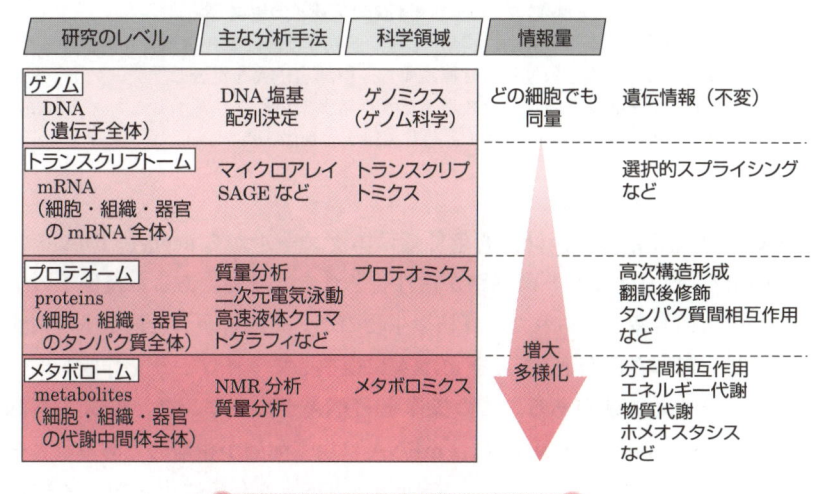

研究のレベル	主な分析手法	科学領域	情報量	
ゲノム DNA （遺伝子全体）	DNA 塩基配列決定	ゲノミクス （ゲノム科学）	どの細胞でも同量	遺伝情報（不変）
トランスクリプトーム mRNA （細胞・組織・器官の mRNA 全体）	マイクロアレイ SAGE など	トランスクリプトミクス	↓ 増大 多様化 ↓	選択的スプライシングなど
プロテオーム proteins （細胞・組織・器官のタンパク質全体）	質量分析 二次元電気泳動 高速液体クロマトグラフィなど	プロテオミクス		高次構造形成 翻訳後修飾 タンパク質間相互作用など
メタボローム metabolites （細胞・組織・器官の代謝中間体全体）	NMR 分析 質量分析	メタボロミクス		分子間相互作用 エネルギー代謝 物質代謝 ホメオスタシスなど

図 11.6　ゲノム科学研究のレベル

マイクロアレイ法は，スライドガラス上に数千から数万個の DNA スポットを作成し，解析する RNA から調整した標識ターゲットをハイブリダイゼーションさせ，ハイブリッド形成の強度を指標にして，各遺伝子の転写量を測定する方法で，細胞内のすべての遺伝子の動的挙動を網羅的，また，定量的に計測する手法である（図 11.7）．これらの結果を解析することにより，微生物を利用した物質生産への応用も考えられる．出芽酵母のマイクロアレイでは，嫌気的なエタノール発酵時の状態とエタノール消費の好気的状態の比較が解析された．嫌気性ではエタノール

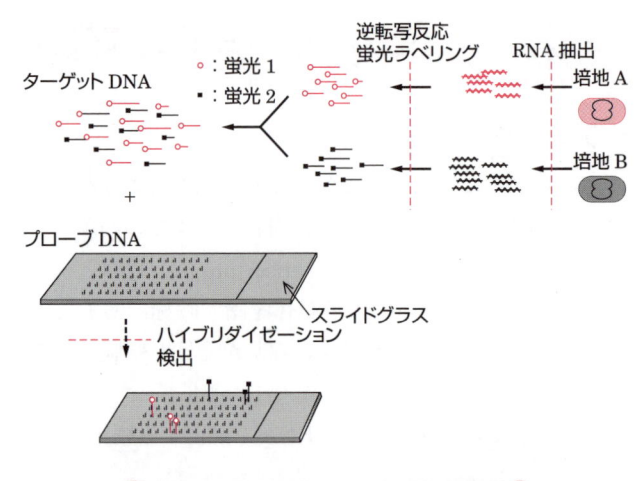

Chapter 11 微生物ゲノム

図 11.7　DNAマイクロアレイの原理

　比較する二つの状態からmRNAを抽出する．逆転写反応によりcDNAを合成するときにそれぞれ別の蛍光色素を取り込ませ標識する．標識cDNAを混合し，ターゲットDNAとする．プローブDNAを固定したスライドガラス上でハイブリダイゼーションを行い，蛍光スキャナーを用いてハイブリダイズした遺伝子を検出する．

　生産経路の活性化がおき，好気的条件ではエタノールから acetyl‐CoA を経由してTCA回路，グリオキシル酸回路が活性化された．変動のあった遺伝子の中には機能未知のものも多数見られた．真核微生物のゲノムに書かれた遺伝子の情報を得るためには，転写されたmRNAをcDNAに変換してライブラリを作成し，そこからクローン化する方法がある．この操作をcDNAクローニングと呼ぶ（**図11.8**）．cDNA（complementary DNA）は，mRNAに塩基配列が相補的であることを示しており，cDNAの作成のためには，RNAからDNAを作ることのできる**逆転写酵素**（reverse transcriptase）を利用して合成される．目的遺伝子を確認するためには，発現した目的タンパク質の酵素活性を直接測る方法，目的タンパク質の抗体を利用して検出する方法（ウエスタンブロット法，**図11.9**），目的タンパク質のアミノ酸配列からデザインされた，蛍光標識DNAプローブを利用して検出する方法（サザンブロット法）が利用される（**図11.10**）．

11.3 トランスクリプトーム，プロテオーム，メタボローム

図 11.8 cDNA クローニング法

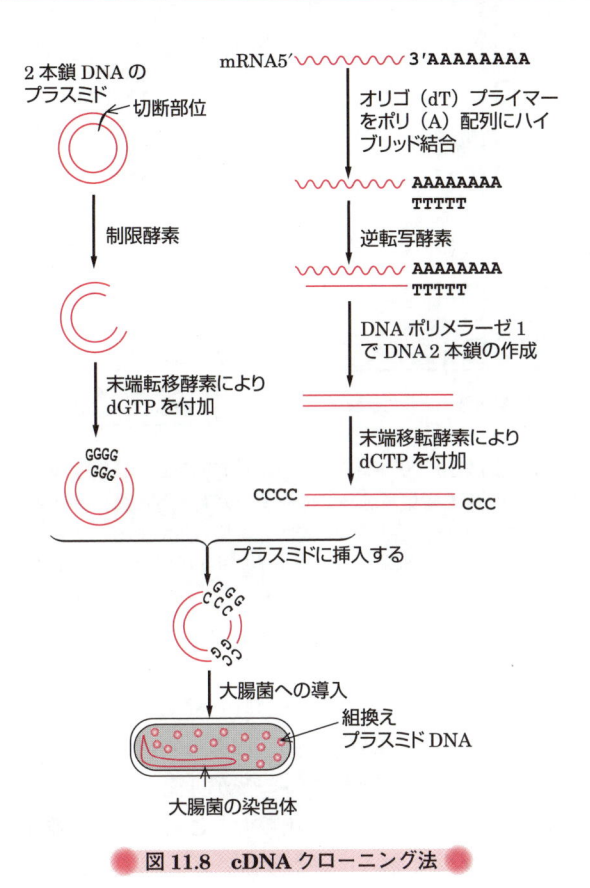

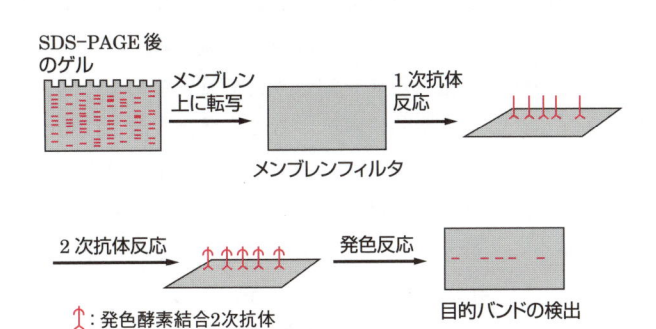

図 11.9 ウエスタンブロットの原理

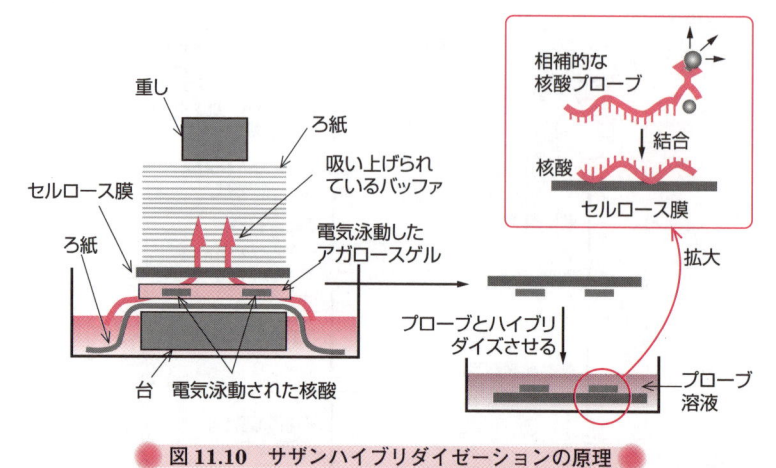

Chapter 11 微生物ゲノム

図 11.10　サザンハイブリダイゼーションの原理

DNAはアガロースの中を電気泳動させて分子量の大きさの順に分ける．これをニトロセルロースフィルタペーパーに毛細管現象を使って吸い取らせる．フィルタペーパー上の核酸は検出基のついた相補的な核酸を用いてハイブリダイズさせて検出する．

11.3.2　プロテオーム

プロテオーム（proteome）とは，ある細胞の状態において存在しているタンパク質の総体である（図 11.11）．複数の生物学的な系の間でプロテオームを比較することにより，生命現象を総合的に理解することが可能となる．例えば枯草菌で増殖期と胞子形成期の細胞のプロテオームを比較することにより，胞子形成過程の解明に用いられる．プロテオームを扱う分野をプロテオミクス（proteomics）という．

一般にゲノムは同一生物種内では変化しないが，プロテオームは細胞の状態や環境によって大きく変化する．タンパク質は遺伝子機能の多くを担っている分子であり，プロテオームの解析は生命現象を知るうえで重要であると考えられている．しかしながら，タンパク質を網羅的に解析することは，核酸（DNAやRNA）よりもはるかに困難なものであった．例えば，核酸はPCRなどによって目的とするものだけを増幅できるが，タンパク質は増幅できない．量を得るためには，試料を増やして精製するしかなく，微量解析技術の確立も遅れていた．しかし今日，MALDI-TOF-MS（Matrix Assisted Laser Desorption Ionization-Time Of Flight-Mass Spectrometry）法などの，質量分析法の改良によって高分子タンパク質の微量同定が可能になることで，さまざまな生物のプロテオーム研究が行われている．また，プロテオームの比較にはタンパク質の二次元電気泳動法も利用された．本方法を用

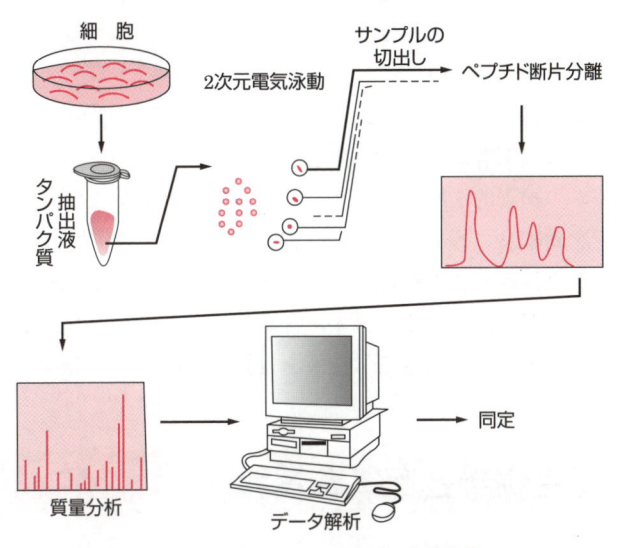

11.3 トランスクリプトーム，プロテオーム，メタボローム

図 11.11　プロテオーム解析の概要

細胞からタンパク質を抽出し，それを2次元電気泳動で分離したあと，各スポットを切り出し，ペプチドに消化し質量分析する．得られた配列データを解析し，タンパク質の種類を同定する．

いて大腸菌の菌体成分を解析した結果，約1 000個のスポットが観察された．今日，技術の改良が進み，同時に二つのサンプルを泳動し，蛍光色素を用いて比較する方法が開発されている．例えば対数期の細胞のプロテオームを緑色の色素で，胞子形成期の細胞を赤色色素でラベルし，蛍光の位置や強さにより比較できる．

タンパク質の構造と機能の網羅的な解析による生命システムの解明を目指し，大規模な解析を効率良く進めるために，タンパク質機能ドメインを対象とした，大規模で網羅的な構造プロテオミクス研究に必要な技術の開発や高度化を目指す研究も重要である．今日，タンパク質の立体構造を解明し，応用に結びつけていこうとするプロジェクト"タンパク3000プロジェクト"が進んでいる．

Topics　タンパク3000プロジェクト

産学官の研究機関が結集し世界最先端設備（NMR，大型放射光施設など）を駆使して，主要と思われるタンパク質の1/3（約3 000種）以上の基本構造およびその機能を解析するとともに，わが国発のゲノム創薬の実現などを視野に入れた研究開発を推進している．

11.3.3 メタボローム

メタボローム（metabolome）は，細胞の新陳代謝の実態やいろいろな種でそれぞれ微妙に異なる代謝経路の全代謝物質を指す．メタボロミクス（metabolomics）はメタボロームの網羅的な解析を指す．細胞内には多種多様な代謝産物が存在するが，その解析を効率良く行うのに質量分析やNMRなどの機器分析手法がある．このような網羅的な代謝産物の解析から，システムとして生体を理解するための有用な情報を得ることが期待される．将来，メタボローム研究の成果は，重要な産業微生物の代謝産物を生産する代謝工学技術を目指すものといえる．

11.4 微生物学とゲノム情報

11.4.1 ゲノム情報科学

ゲノム科学研究から遺伝子の発現情報，ゲノム多型の情報，遺伝子やタンパク質の相互作用情報など，従来とは異なる性質をもったデータが得られるようになってきた．このようなデータと配列データを駆使してゲノムや生命の解明を行うには，新たな情報処理技術の開発が必要になってきた．また，生命をシステムとして理解するための数理的モデルやその基礎理論の構築も重要である．すなわち，ゲノム情報科学（genome informatics）とは，ゲノムの配列情報，遺伝子発現情報，プロテオーム情報，タンパク質立体構造情報，分子間相互作用情報，ゲノムの多型情報などの多様かつ膨大なデータの情報科学的解析を通して，個々の遺伝子やタンパク質の構造や機能を解明するとともに，最終的には生命全体をそれらの遺伝子やタンパク質が織りなすシステムとして理解することを目指す研究分野と考えられる．例えば，細菌が生きていくための最小の遺伝子セットはどのくらいか，それらはどのようなものかについて調べられた．ゲノム解析の結果，マイコプラズマは468個の遺伝子をもち，インフルエンザ菌は1 703個の遺伝子を保持していた．マイコプラズマは動物寄生性細菌であり，比較的一定の環境に生息しているため，細胞の生存に必要な遺伝子だけをもつ細菌と考えられる．両者に共通の遺伝子として255個の遺伝子が見出された．その内訳は，遺伝子発現：約50％，エネルギー合成：約10％で，機能未知の遺伝子が19個存在していた．一方，枯草菌研究において約半数の遺伝子の機能は推定できなかった．このような機能未知遺伝子の解析のた

め，遺伝子破壊株の作製と発現量の解析が網羅的に進められた．遺伝子破壊は，プラスミド pHV501 を用いた相同組換えを用いて行われた．同時に，破壊部位に挿入された LacZ 活性を指標にして目的遺伝子の転写活性が測定された．その結果，4 100 個の ORF のうち 271 個が必須遺伝子であった．その内訳は，遺伝子発現：約 140 個，細胞表層：54，代謝：30 個であり，機能未知のものも 11 個認められた．これらの研究結果から，250 ～ 270 個という数が細胞における基本遺伝子セットと考えられる．

11.4.2　システム生物学

　一方，システム生物学（system biology）は生命現象をシステムとして理解することを目的とする学問分野であるが，システムの構成要素の同定を目的とする網羅的な解析や，システムの動的な特性を解明することを目的とする研究がある．現在では各構成要素（タンパク質ネットワークなど）をバイオインフォマティクス（bioinformatics）手法により調べているが，最終的には生命現象のシミュレーションも含まれる．例えば，バーチャルセル（virtual cell）では，ゲノム解析から得られる網羅的に収集された膨大なデータをもとに細胞内で起きている全代謝過程をコンピュータにより整理統合・再構築し，生物細胞内プロセスをコンピュータでシミュレーションする．一例をあげると"バーチャル自活細胞モデル"は，127 個の遺伝子を所持し，遺伝子発現系の転写，翻訳系を作動していろいろなタンパク質や酵素を合成する．エネルギー合成のためには，細胞外からグルコースを取り込み，解糖系を利用して ATP 合成を行う．また，細胞膜生成のため脂肪酸とグリセロールを取り込んでリン脂質合成系を経てリン脂質を合成する．コンピュータシミュレーションにより，特定物質や特定反応の観察や全遺伝子の発現をリアルタイムで観察，調整できる．今後，バーチャルセル研究をさらに発展させていくためには，メタボローム情報，細胞内代謝の網羅的解析が重要になると思われる．

11.4.3　機能ゲノム学

　機能ゲノム学（functional genomics）は，生物の基本単位である細胞を，ゲノムに書き込まれた遺伝子のネットワークとしてとらえ，その全体像と相互作用を解明しようとする学問である．しかし，ゲノムの全塩基配列から見出される遺伝子はそれぞれに由来するタンパク質をコードしているだけで，生物を本当に理解するためにはタンパク質全体を網羅的に調べる必要がある．さらに，これらタンパク質は

Chapter 11 微生物ゲノム

生体内で，たいてい複合体として，あるいはほかのタンパク質，DNA，RNA，あるいは低分子のリガンドと相互作用することによってその機能を発揮している．今後，タンパク質の相互作用（インタラクトーム）を網羅的に解析し，検出された相互作用からタンパク質の機能発現，作用機構を検討し，生体内現象を理解することが重要になる．

タンパク質間相互作用を調べる方法として，酵母2-ハイブリット法（yeast two-hybrid method）などが有名である．酵母2-ハイブリット法では出芽酵母の転写活性化因子であるGAL4タンパク質のDNA結合ドメインとアクティベータドメインが分離可能であることを利用している（図11.12）．GAL4のDNA結合ドメイン（DBD）はレポータ遺伝子の上流にある塩基配列に結合するという機能をもつ．一方，酸性アミノ酸に富んだカルボキシル末端ドメインは転写因子の会合を促進し，転写を促進する機能をもつ．ここで，GAL4 DBDと任意のタンパク質Aを融合タンパク質として発現させ，同時に同じ細胞内でアクティベータドメイン（TA）とタンパク質Bが融合タンパク質として発現させる．タンパク質Aとタンパク質Bが相互作用しないならDNA結合ドメインと転写活性化ドメインは近接せず，タンパク質Aとタンパク質Bが相互作用をするなら，GAL4 DNA結合ドメインとアクティベータドメインが近接することになる．このとき，UASGを上流

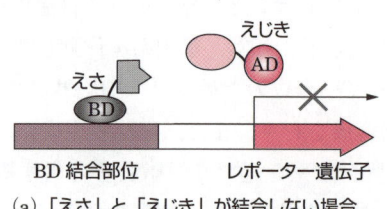

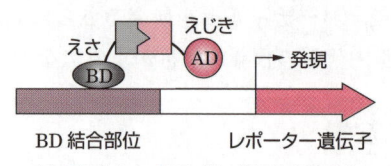

■ 図11.12 2-ハイブリッド法の概略

レポータ遺伝子の上流にあるDNA配列と結合するドメイン（BD）との融合タンパク質（えさ）と，スクリーニングされる側の転写活性化ドメイン（AD）との融合タンパク質（えじき）が相互作用を起こすことにより，レポータ遺伝子の発現が活性化されることを利用した相互作用解析法．

にもつレポータ遺伝子の発現量が上昇し，これによってタンパク質Aとタンパク質Bの相互作用の有無あるいは強度を検定できる．このようにして二種のタンパク質間の相互作用や，さらには相互作用にかかわるドメインの推測，また重要なアミノ酸の検討などを行うことができる．

このほか，in vitro アッセイ法の一つにプルダウン法（pulldown method）がある（図 11.13）．この方法は，細胞破砕液と GST（グルタチオンチオトランスフェラーゼ）融合タンパク質とを相互作用させた後，未結合タンパク質を洗い流し，グルタチオンビーズに付着した GST 融合タンパク質−目的タンパク質複合体をグルタチオンにより溶出し解析する方法である．

このようなタンパク質の相互作用を網羅的に解析し，検出された相互作用からタンパク質の機能発現，作用機構を検討し，生体内現象を解明しようとするのが機能ゲノム学である．

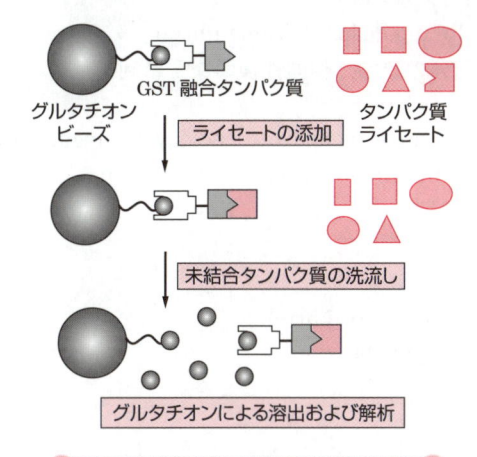

図 11.13　GST プルダウン法の概略

GST（グルタチオンチオトランスフェラーゼ）融合タンパク質との相互作用をさせたあとで，結合したタンパク質をビーズに結合した GST 融合タンパク質とともに分離した（プルダウン）あとにいろいろな解析を行う．

演習問題

Q.1 塩基配列決定法の一つ，ジデオキシ法について説明せよ．

Q.2 マイクロアレイについて原理を説明せよ．

Q.3 cDNA ライブラリの構築法を概説せよ．

Chapter 11 微生物ゲノム

Q.4 現在，ヒトゲノムの遺伝子の総数はおおよそどのくらいか．下記から一つ選べ．
　　A：2 200，B：22 000，C：22 0 000

Q.5 酵母2-ハイブリット法の原理を概説せよ．

参考図書

定家義人，松本幸次，原　弘志，朝井　計：ゲノムサイエンスと微生物分子遺伝学，培風館（2004）

ウェブサイト紹介

1. 日本DNAデータバンク（DDBJ）
   http://sakura.ddbj.nig.ac.jp/Welcome-j.html
   新規DNA塩基配列の登録，相同性検索などに利用．

2. 米国NIHのThe National Center for Biotechnology Information（NCBI）
   http://www.ncbi.nlm.nih.gov/genomes/lproks.cgi
   微生物ゲノム配列情報．

3. 日本蛋白質構造データバンク
   http://www.pdbj.org/index_j.html
   酵素タンパク質の構造情報．

Chapter 12
代謝多様性

　動物は炭素源を体外から取り入れる有機化合物に依存している．取り入れた有機化合物の酸化的リン酸化によって生体エネルギーである ATP を生産するため，酸素呼吸して CO_2 を放出する．一方，植物は光合成により光エネルギーを利用して CO_2 から必要な有機物を合成し，O_2 を放出する．また，動物・植物ともに窒素源として NH_4^+ または有機体の窒素しか利用することができない．これに対して微生物は，O_2 も光も得られない環境や窒素源が N_2 ガスしかない環境でも，独自の代謝系を用いて有機物やエネルギーを確保し，生育している．本章では，こうした微生物のもつ代謝の多様性について学ぶ．

Chapter 12

代 謝 多 様 性

12.1 光 合 成

12.1.1 生物のエネルギー源と炭素源

〔1〕独立栄養生物と従属栄養生物

　生物が生きていくためには，生物体を構成するために種々の有機物とエネルギー源を確保しなければならない．動物は炭素源を体外から取り入れる有機化合物に依存する従属栄養生物（heterotroph）である．さらに，生体エネルギーであるATPを取り入れた有機化合物の酸化によって生産している．この反応は酸化還元反応であり，電子供与体が有機化合物，電子受容体が酸素 O_2 である．O_2 は呼吸によって取り入れ，有機化合物は酸化されて CO_2 となり，体外に放出される．

　有機化合物以外からエネルギー源を確保できれば，これを用いて空気中の CO_2 を固定することにより有機物を確保することができる．これが独立栄養生物（autotroph）である．植物は光合成（photosynthesis）により光エネルギーを利用して CO_2 を唯一の炭素源として生育することができるので独立栄養生物である．炭素の最も酸化されたかたちである CO_2 から有機化合物を合成するためには，還元力が必要である．植物は，H_2O を分解して得た［H］により還元力を供給し，余った酸化力を O_2 として放出する酸素発生型の光合成を行う．光合成は地球上の生物が行う最も重要な反応の一つであり，太陽の光エネルギーを生物が生きていくのに必要な化学エネルギーに変換するきわめて効率の良いシステムである．

〔2〕化学合成独立栄養生物

　微生物の中には H_2，H_2S，S^0，$S_2O_3^{2-}$，NH_4^+，NO_2^-，Fe^{2+} などの還元型の無機化合物を O_2 によって酸化することによりエネルギーを確保し，CO_2 を唯一の炭素源として生育できるものも数多い．このような生物を化学合成独立栄養生物（chemotroph）という．この場合は，還元型の無機化合物が電子供与体となり，酸化された無機化合物が放出される（図 12.1，表 12.1）．

12.1 光合成

```
              すべての生物
           ┌──────┴──────┐
        独立栄養生物        従属栄養生物
   炭素源としてCO₂を利用できる    炭素源として有機物を必要とする
     ┌────┴────┐
光合成独立栄養生物  化学合成独立栄養生物
エネルギー源として光を  エネルギー源として無機化合物の酸
利用する         化エネルギーを利用する
〔植物，藻類，光合成細菌〕 〔化学合成細菌〕    〔動物，菌類，細菌〕
```

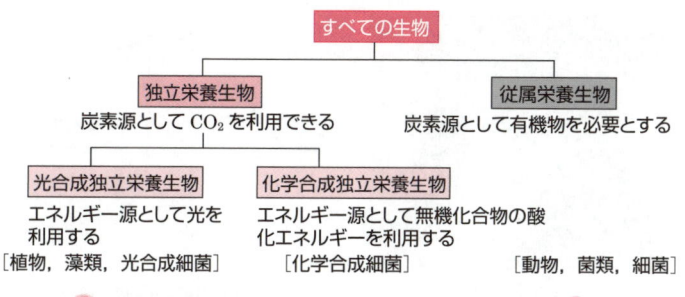

● 図 12.1　エネルギー源と炭素源による生物の分類 ●

● 表 12.1　無機物の酸化によりエネルギーを得る生物 ●

主な化学合成独立栄養細菌について，電子供与体の酸化反応および自由エネルギー変化から計算した反応当たりの獲得エネルギーを示す．ATP の合成には 31.8KJ のエネルギーが必要である．

無機栄養生物	主な生物種	反　応	エネルギー〔KJ/反応〕
水素細菌	*Hydrogenomonas*	$H_2 + 1/2O_2 \rightarrow H_2O$	237
硫黄細菌	*Thiobacillus*	$HS^- + H^+ + 1/2O_2 \rightarrow S^0 + H_2O$	209
硫黄細菌	*Thiobacillus*	$S^0 + 3/2O_2 + H_2O \rightarrow SO_4^{2-} + 2H^+$	587
鉄細菌	*Thiobacillus*	$Fe^{2+} + H^+ + 1/4O_2 \rightarrow Fe^{3+} + 1/2H_2O$	33
硝化細菌	*Nitrosomonas*	$NH_4^+ + 3/2O_2 \rightarrow NO_2^- + 2H^+ + H_2O$	274
硝化細菌	*Nitrobacter*	$NO_2^- + 1/2O_2 \rightarrow NO_3^-$	74

12.1.2　酸素発生型の光合成

〔1〕光合成色素

　真核生物の緑色植物，藻類および原核生物のシアノバクテリアは，H_2O を電子供与体として用いて，O_2 を生成する酸素発生型の光合成を行う．これに対し，シアノバクテリア以外の光合成細菌である紅色光合成細菌や緑色光合成細菌は還元型の硫黄化合物や H_2 などを電子供与体として用いるため，O_2 を生成しない（図 12.2）．光合成を行う生物はクロロフィル（chlorophyll，葉緑素）により光エネルギーを捕捉する．クロロフィルは Mg 原子がテトラピロール環に結合したポルフィリン系色素であり，光合成を行う細胞膜に結合している（図 12.3）．側鎖の構造によって吸収波長の異なるクロロフィル a，b，バクテリオクロロフィルなどに分けられる．緑色植物，藻類，シアノバクテリアはクロロフィル a が主であり，光合成細菌はバクテリオクロロフィルをもつ．クロロフィル a を含む細胞は赤色光（680 nm）と青色光（430 nm）を強く吸収するので，残る緑色光が見えることになる．さら

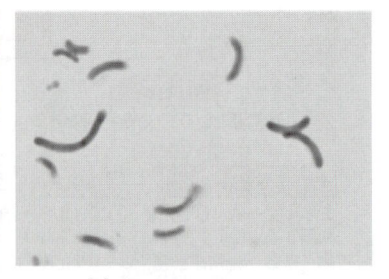

Chapter 12　代 謝 多 様 性

(a) ジンチョウゲ　　　　(b) *Rhodospirillum rubrum*

図 12.2　光合成を行う植物と細菌の例

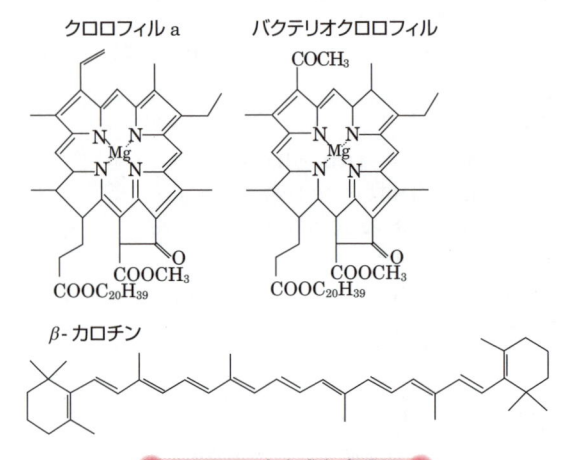

クロロフィル a　　バクテリオクロロフィル

β-カロチン

図 12.3　光合成色素分子

に，膜に埋め込まれたポリエン系化合物であるカロテノイド（carotenoid，吸収波長 400〜550 nm）が補助色素として働いている（図 12.3）．

植物・ジンチョウゲ（図 12.2(a)）と紅色光合成細菌・*Rhodospirillum rubrum*（図 (b)）はいずれも光合成によってエネルギーを得ている光合成独立栄養生物だが，光合成の様式は大きく異なる．植物は O_2 を発生するが，紅色光合成細菌は O_2 を発生しない．

シアノバクテリアは約 30 億年前に地球上に出現した最初の酸素発生型の光合成生物とされており，現在の真核生物の葉緑体の起源と考えられている．光エネルギーが得られる環境では，光合成を行う植物，藻類，シアノバクテリアが繁茂し，カルビン回路により CO_2 を固定して生育する（**図 12.4**，口絵参照）．

12.1 光合成

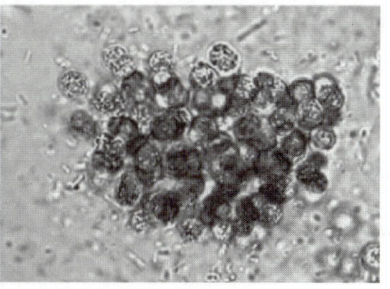

図 12.4 水環境における光合成微生物の繁茂
水面に広がるアオコの中には光合成を行う藻類・シアノバクテリアが繁茂している（左）．アオコを形成する光合成細菌（シアノバクテリア）（右）
（写真提供：千葉県立中央博物館・林　紀男 博士）

[2] 明反応と暗反応

　光合成は明反応（light reaction）と暗反応（dark reaction）の2組の反応により構成されている（**図 12.5**）．明反応は光エネルギーをクロロフィルにより捕捉し化学エネルギーとして保存する反応であり，暗反応は明反応で得たエネルギーを用いて CO_2 を有機化合物に変換する反応である．

　明反応は，光合成色素を含む膜上で起こる．植物や藻類では葉緑体のチラコイド膜であり，細菌では細胞膜自体または細胞内に陥入した特殊な膜構造が明反応を担っている．光合成の単位膜の中では，クロロフィル分子はタンパク質と結合して

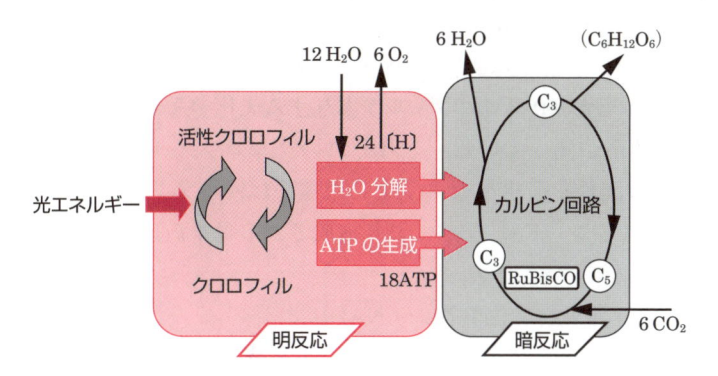

図 12.5 明反応と暗反応
　光合成の化学反応は光エネルギーを捕捉して還元力と ATP を生成する明反応と，CO_2 を固定する暗反応に分けられる．植物や藻類では明反応は葉緑体のチラコイド膜，暗反応はストロマで行われる．C_3：グリセルアルデヒド3リン酸など，C_5：リブロース 5-リン酸，RuBisCO：リブロース-1,5-ビスリン酸カルボキシラーゼ

数百個の分子を含む巨大な複合体を形成する．クロロフィル分子のごく一部が光エネルギーを ATP に変換する反応中心クロロフィルとして機能し，残りは光を吸収して反応中心クロロフィルに伝える集光性クロロフィルとして働く．集光性クロロフィルにより，弱い光を効果的に利用することができる．吸収した光エネルギーは光化学系により化学エネルギーへと変換される．

暗反応は葉緑体のストロマ，または細菌の細胞質で起こる CO_2 固定反応であり，発見者の Melvin Calvin にちなんでカルビン回路（Calvin cycle）と呼ばれる．CO_2 固定の最初の反応は，リブロース-1,5-ビスリン酸カルボキシラーゼ（RuBisCO）により触媒される反応であり，CO_2 が5炭糖に取り込まれて2分子の3炭糖を生じる．

リブロース-1,5-ビスリン酸 + CO_2 + H_2O → 2 × 3-ホスホグリセリン酸

RuBisCO はほうれん草の葉では可溶性タンパク質の5〜10%を占める巨大なタンパク質複合体である．緑色植物をはじめ，藻類，紅色細菌，シアノバクテリア，多くの化学合成独立栄養細菌に分布する，カルビン回路の中心酵素である．3-ホスホグリセリン酸は，ATP エネルギーを消費し，NADPH による還元を受けて変換し，フルクトース6-リン酸を最終産物として生じる．1分子のフルクトース6-リン酸を生じるためには，以下の反応式に示すとおり，6分子の CO_2 固定が必要であり，12分子の NADPH と18分子の ATP を消費する．

$6CO_2 + 12NADPH + 18ATP \rightarrow C_6H_{12}O_6 + 12NADP^+ + 18ADP$

〔3〕光化学系 I と光化学系 II

酸素発生型の明反応では，P680クロロフィルが関与する光化学系 II（photosystem II）と P700クロロフィルが関与する光化学系 I（photosystem I）の二つの電子伝達系が働いている．それぞれのクロロフィルは光量子を受けて活性化し，電子の流れを発生させる．生じた電子は，キノン（Q），チトクロム（Cyt），フェレドキシン（Fd）などにより構成される電子伝達系を伝わっていく（図 12.6）．

H_2O → 光化学系 II → 光化学系 I → $NADP^+$

光化学系 II では H_2O から電子が奪われて分子状酸素 O_2 が生じる．光化学系 I では，伝達された電子により $NADP^+$ が還元され，NADPH が生じる．さらに，電子伝達の過程で水素イオン H^+ が細胞膜の外へ搬出され，細胞膜の内外で H^+ 勾配が形成される．H^+ 勾配は ATP 合成酵素の駆動力となり，ATP 合成などのエネルギー源として利用される．

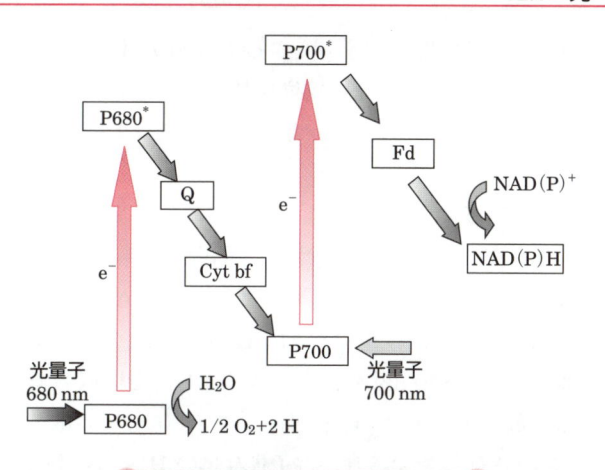

図 12.6 光化学系 I と光化学系 II

酸素を発生する光合成の明反応には，光化学系 I と光化学系 II の二つの光化学系が関与する．P680 と P700 はそれぞれ光化学系 II と光化学系 I の反応中心のクロロフィルであり，それぞれ 680 nm 付近と 700 nm 付近の光量子（赤色光）を受けて活性化し（＊印），電子の流れを発生させる．Q はキノン，Cyt はチトクロム，Fd はフェレドキシン．

12.1.3 酸素非発生型の光合成

[1] 光合成細菌

シアノバクテリア以外の光合成細菌の多くは酸素を発生しない光合成反応を行う．この場合，H_2O の代わりに，H_2S，S^0，$S_2O_3^{2-}$，Fe^{2+} などの還元型の無機化合物が電子供与体に用いられる．紅色硫黄細菌および緑色硫黄細菌は，還元型の

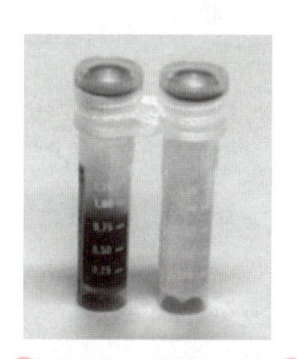

図 12.7 紅色光合成細菌

嫌気性の紅色光合成細菌 *Rhodospirillum rubrum*（左）はカロチノイドのため鮮やかな赤色を示す．（右）は対照の大腸菌 *Escherichia coli* を同濃度で培養したもの．

Chapter 12 代謝多様性

硫黄を電子供与体に用いて光合成を行い，CO_2 を固定する．さらに，有機物を電子供与体に用いて光合成を行う光合成従属栄養細菌も存在し，紅色無硫黄細菌（*Rhodospirillum* 属など．図 12.7（口絵参照）），緑色滑走細菌などはこの様式で生育する．

〔2〕酸素非発生型の明反応

酸素非発生型の光合成においても，暗反応は酸素発生型と同様にカルビン回路で行われる．酸素非発生型の光合成では，カルビン回路に ATP と還元力を供給する明反応には光化学系が一つだけ存在する（図 12.8）．紅色光合成細菌では，バクテリアクロロフィル P870 が 870 nm の近赤外線の光量子を吸収して活性化し，電子の流れを発生する．電子がキノン（Q），チトクロム（Cyt）の電子伝達系を伝わる間に，$NADP^+$ が NADPH に還元され，電子供与体の H_2S，S^0 が S^0，$S_2O_4^{2-}$ に酸化されるとともに，ATP 合成に利用できる H^+ 勾配が形成される．

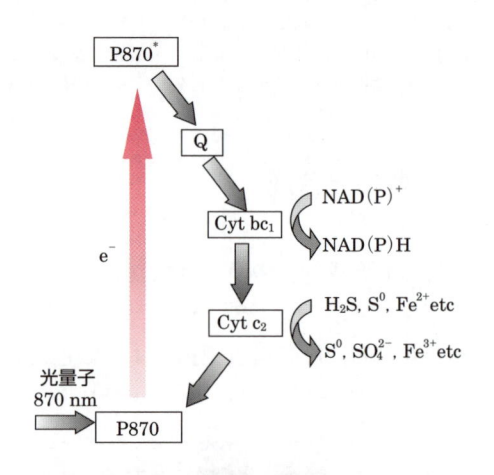

図 12.8 紅色光合成細菌の光化学系

紅色光合成細菌の明反応の光化学系は一つだけであり，バクテリオクロロフィル P870 が 870 nm 付近の光量子（近赤外線）を受けて活性化し（＊印），電子の流れを発生させる．細胞外の還元性物質 H_2S，S^0，Fe^{2+} を電子供与体に用いるので酸素を発生しない．

H_2O は H_2S，S^0 などの電子供与体に比較して酸化還元の標準電位が高く，酸化により高いエネルギーが必要である．酸素非発生型の明反応では，酸素発生型の明反応の光化学系Ⅱを欠いたかたちとなっているので H_2O を酸化して O_2 を発生することができない．光合成反応が進むにつれて，単体硫黄 S^0 発生型では硫黄の顆粒が細胞内に蓄積し，$S_2O_4^{2-}$ 発生型では硫酸により pH の低下が起こることになる．

12.2 CO$_2$ 固定

12.2.1 4種類のCO$_2$固定経路

　地球上の二酸化炭素CO$_2$固定の大部分は光合成独立栄養生物により行われ，リブロース1,5-ビスリン酸カルボキシラーゼ（RuBisCO）をキー酵素とするカルビン回路[*1]（Calvin cycle）が関与している．一方では，RuBisCOに依存しない光合成細菌も発見されており，緑色硫黄細菌は還元的TCA回路，緑色非硫黄細菌は3-ヒドロキシプロピオン酸回路を利用する．

　さらに，化学合成独立栄養細菌には，アセチルCoA経路を利用するものが見出されている（**表12.2**）．

表12.2　CO$_2$固定経路

CO$_2$固定系	主な生物種		エネルギー獲得法
カルビン回路	植物・藻類	真核の光合成生物	光合成
	ラン藻	*Synechococcus*	光合成
	紅色非硫黄細菌	*Rhodobacter*	光合成
	紅色硫黄細菌	*Chromatium*	光合成
	硫黄酸化細菌	*Thiobacillus*	化学合成
還元的TCA回路	緑色硫黄細菌	*Chlorobium*	光合成
	水素細菌	*Hydrogenobacter*	化学合成
	始原菌	*Thermoproteus*	化学合成
3-ヒドロキシプロピオン酸回路	緑色非硫黄細菌	*Chloroflexus*	光合成
	始原菌	*Acidianus*	化学合成
アセチルCoA経路	メタン生成菌	*Methanobacterium*	化学合成
	酢酸生成菌	*Clostridium*	化学合成

12.2.2 カルビン回路以外のCO$_2$固定経路

〔1〕還元的TCA回路

　クエン酸を介して1分子のアセチルCoAから2分子のCO$_2$を生成する回路であるTCA回路の逆回転によりCO$_2$を固定する回路である．TCA回路の中の，(1) クエン酸シンターゼ，(2) 2-オキソグルタル酸デヒドロゲナーゼ，(3) コハク

[*1] カルビン回路：多くの独立栄養生物における生化学的CO$_2$固定の代謝経路（→ 2.2.1項 Topics 光合成）．

酸デヒドロゲナーゼが関与する三つの反応は不可逆またはCO_2解離に方向に大きく傾いているため，これらの反応には別の酵素が関与している．それぞれ，(1^*) ATP-クエン酸リアーゼ，(2^*) 2-オキソグルタル酸シンターゼ，(3^*) フマル酸レダクターゼである．さらに，ピルビン酸シンターゼが，TCA回路のピルビン酸デヒドロゲナーゼの逆反応を触媒し，CO_2固定に寄与する．

［ピルビン酸シンターゼ］

$$CH_3CO\text{-}CoA（アセチル CoA）+ CO_2 \rightarrow CH_3CO\text{-}COOH（ピルビン酸）$$

〔2〕 3-ヒドロキシプロピオン酸回路

緑色非硫黄細菌 *Chloroflexus aurantiacus* は，独立栄養増殖時に培地に高濃度の3-ヒドロキシプロピオン酸（3-HP）を蓄積する．3-HP回路では，以下の経路により，CO_2が固定されると考えられている．

アセチル CoA + CO_2 → マロニル CoA → 3-HP → プロピオニル CoA → コハク酸

〔3〕 アセチル CoA 経路

水素H_2，二酸化炭素CO_2および一酸化炭素COから酢酸を生成する酢酸生成菌は，アセチル CoA 経路によってCO_2を固定する．アセチル CoA 経路は，① CO_2またはCOをメチル基まで還元する，② メチル基を鉄-硫黄タンパク質（E-Co）へ結合する，③ メチル基，カルボニル基およびCoAからアセチル CoAを形成するの三つの段階により進行する．

12.3 水素，硫黄，鉄の酸化

還元型の無機化合物を酸素により酸化して得たエネルギーを用いてCO_2固定を行う微生物が化学合成独立栄養生物である．さまざまな無機化合物が，化学合成独立栄養生物の電子供与体となっているが，おのおのの反応にはATPを合成する高エネルギーリン酸結合の形成に要する31.8 kJ/molを超える自由エネルギーが放出される必要がある（表12.1）．地球上の地質学的および生物的環境によって得られる無機化合物に適応したさまざまな化学合成独立栄養微生物が分離されている．

12.3.1 水素の酸化

水素ガスH_2を酸素O_2により酸化するときに生じるエネルギーを用いてCO_2固定を行う化学合成独立栄養微生物は水素細菌（hydrogen bacteria）と呼ばれ，

12.3 水素，硫黄，鉄の酸化

Hydrogenomonas, *Ralstonia*, *Alcaligenes* 属など数多い．エネルギー源に特定の電子供与体しか利用できない硫黄細菌や硝化細菌とは異なり，ほとんどの水素細菌は有機化合物を利用することも可能であり，代謝モードを従属栄養と独立栄養に切り換えることが可能である．嫌気的な場所で発生する水素 H_2 と酸素 O_2 が共存する環境は比較的少ないため，好気性の水素細菌は生息地で利用できる有機化合物と水素ガス H_2 の量を常にモニターし，有利な代謝モードを選択する必要があるためと考えられる．なお，水素細菌の培養には水素 H_2 と酸素 O_2 が共存する気体が必要であるが，これは爆鳴気であり爆発性を有するので注意が必要である．

水素細菌が有するヒドロゲナーゼ（$H_{2\text{-ase}}$）は Fe または Ni を含む酸化還元酵素であり，細胞膜上のヒドロゲナーゼは H_2 から電子を奪い取って，キノン（Q）およびチトクロム（Cyt）を含む電子伝達系に伝え，最終的に O_2 を H_2O に還元する．この過程で水素イオン H^+ をペリプラズムへと搬出し，ATP 合成に利用できる H^+ 勾配を形成する．また，細胞質の可溶性ヒドロゲナーゼは，H_2 を取り込んで直接 NAD^+ を NADH に還元し，還元力を確保する（**図 12.9**）．

こうして獲得した ATP と還元力を利用し，CO_2 をカルビン回路により固定して，代謝に必要な有機化合物を合成する．

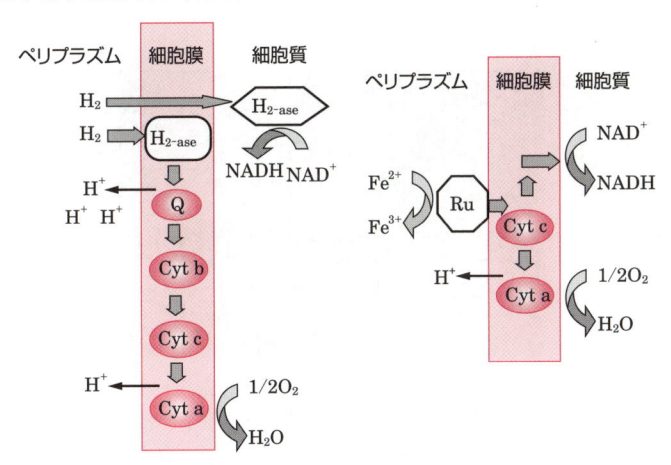

図 12.9 水素細菌と鉄細菌の基質酸化と電子の流れ

12.3.2 硫黄の酸化

還元型の無機硫黄化合物の酸化によりエネルギーを得て CO_2 固定を行う細菌を硫黄細菌（sulfur bacterium）という．広義には光合成を行う紅色硫黄細菌

Chapter 12 代謝多様性

や緑色硫黄細菌も含めるが，狭義には無色の硫黄細菌でグラム陰性桿菌である *Thiobacillus* 属の細菌を指す．*Thiobacillus* に電子供与体として利用される硫黄化合物は，H_2S，S^0，$S_2O_3^{2-}$ であり，酸化反応によって放出されるエネルギーを用いて細胞膜の内外に H^+ 勾配を形成し，ATP 合成に利用する．

硫黄の最も還元されたかたちである硫化水素 H_2S の酸化反応はいくつかの段階を経て進行し，最初の酸化過程で単体の硫黄 S^0 を生じる．単体の硫黄は不溶性であるため，微生物は硫黄の粒子を蓄積していくこととなる．H_2S の供給が枯渇すると，単体硫黄 S^0 を硫酸 SO_4^{2-} に酸化する反応が開始される場合もある．S^0，$S_2O_3^{2-}$ の酸化反応により SO_4^{2-} の生成が始まると pH がぐんぐん低下するため，硫黄細菌の中には pH 2 程度の強酸性の環境に適応するものもある．亜硫酸 SO_3^{2-} から硫酸 SO_4^{2-} への酸化の過程では，① 亜硫酸酸化酵素が関与する場合と，② AMP との結合によりアデニリル硫酸生成し，硫酸アデニリルトランスフェラーゼの作用により ATP と硫酸を生成する場合が知られている．

硫黄細菌は広く土壌，水中に存在し，地球上の硫黄循環に大きく作用すると考えられている．*Thiobacillus denitrificans* は硫黄化合物の酸化反応に酸素 O_2 の代わりに硝酸塩（NO_3^-）を利用することも可能であり，脱窒反応により窒素ガス N_2 を生じる硫酸脱窒菌である（図 **12.10**）．

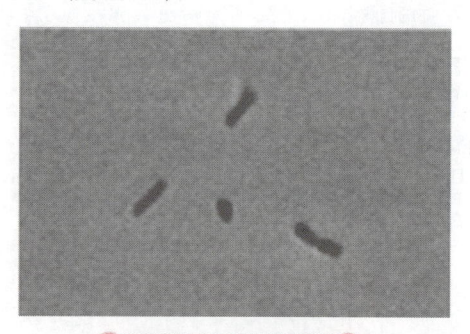

■ 図 12.10 硫黄脱窒菌

硫黄脱窒菌 *Thiobacillus denitrificans* は硝酸イオンを電子受容体に利用して硫黄を酸化し，エネルギーを獲得する．硝酸イオンは窒素ガスとなって放出される．

12.3.3 鉄の酸化

強酸性域で生育する *Thiobacillus* 属細菌の中には，分子状酸素 O_2 を用いて 2 価鉄イオン（Fe^{2+}）を 3 価（Fe^{3+}）に酸化し，得られたエネルギーを用いて CO_2 固定するものがあり，このような化学合成独立栄養細菌を **鉄細菌**（iron bacteria）と

いう．Fe^{2+} を多く含む湖沼や，鉄鉱石（黄鉄鋼：FeS_2）の採掘現場などによく見られる．Fe^{2+} イオンは，中性条件下では速やかに自動的に酸化して Fe^{3+} となるが，酸性条件下では Fe^{2+} も安定である．そのため，ほとんどの鉄細菌は高度の好酸性菌である．Fe^{2+} の酸化によって得られるエネルギーは多くないので（表 12.1），増殖にあたって大量の Fe^{2+} を酸化し，水に不溶性の $Fe(OH)_3$ の沈殿を生じる．

最もよく知られている鉄細菌である *Thiobacillus ferrooxidans* は，硫黄化合物を含む硫酸酸性条件下で生育し，H_2S，S^0，$S_2O_3^{2-}$ を酸化するとともに，Fe^{2+} を酸化する．*T. ferrooxidans* の電子伝達系にはチトクロム Cyt c，Cyt a に加えてルスチシアニン（Ru）と呼ばれる銅を含むペリプラズムのタンパク質が関与する．Fe^{2+} はルスチシアニンにより酸化され，引き抜かれた電子 e^- はチトクロムを経て O_2 に受け渡され，H_2O を形成するとともに，ATP 合成に利用できる H^+ 勾配を形成する（図 12.9）．

12.4 嫌気呼吸

12.4.1 酸素以外の電子受容体を用いる呼吸

酸素呼吸の過程では分子状酸素 O_2 は最終電子受容体として働き，電子伝達系から電子を受け取って還元され，H_2O を生成する．酸素は標準酸化還元電位が高く正の還元電位をもつため電子受容体として優れており，高い効率でエネルギーを獲得できる（図 12.11，図 12.12，表 12.2）．そのため，酸素を利用できる環境では酸素が電子受容体として優先的に利用される．一方，酸素が欠乏した環境では代替の電子受容体が用いられ，その過程を嫌気呼吸（anaerobic respiration）という．

硫黄化合物	酸化状態
有機硫黄（R-SH）	−2
硫化水素（SH_2）	−2
硫黄（S^0）	0
チオ硫酸塩（$S_2O_3^{2-}$）	+2
二酸化硫黄（SO_2）	+4
亜硫酸（SO_3^{2-}）	+4
硫酸（SO_4^{2-}）	+6

SO_4^{2-} →(ATP/PPi)→ ATP スルフリラーゼ → APS →($2e^-$/AMP)→ APS 還元酵素 → SO_3^{2-} →($6e^-$)→ 亜硫酸還元酵素 → H_2S

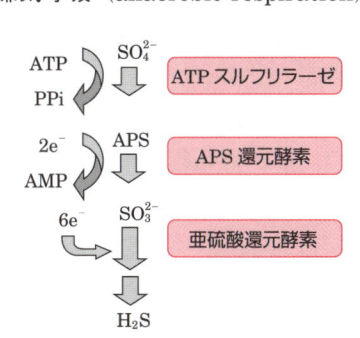

図 12.11 硫黄化合物の酸化状態と硫酸呼吸

Chapter 12 代謝多様性

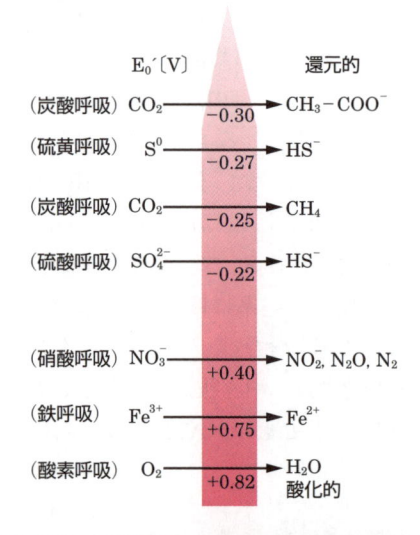

```
                    E₀´ [V]           還元的
（炭酸呼吸） CO₂ ─────────→ CH₃-COO⁻
                    -0.30
（硫黄呼吸） S⁰ ──────────→ HS⁻
                    -0.27
（炭酸呼吸） CO₂ ─────────→ CH₄
                    -0.25
（硫酸呼吸） SO₄²⁻ ───────→ HS⁻
                    -0.22
（硝酸呼吸） NO₃⁻ ────────→ NO₂⁻, N₂O, N₂
                    +0.40
（鉄呼吸）  Fe³⁺ ─────────→ Fe²⁺
                    +0.75
（酸素呼吸） O₂ ──────────→ H₂O
                    +0.82          酸化的
```

●図 12.12　嫌気呼吸と基質の標準酸化還元電位●

さまざま呼吸基質を電子受容体とした呼吸と，基質の標準酸化還元電位を示す．還元的な呼吸反応ほど，厳密な嫌気性でないと起こらない．

嫌気呼吸を行う細菌は，好気呼吸のシステムと類似した電子伝達系を有している．脱窒菌などは同一の菌体で酸素呼吸と硝酸呼吸が競合するため，O_2 があれば酸素呼吸を優先し，O_2 を使い果たすと硝酸呼吸を開始する．そのほかの基質を用いる嫌気呼吸細菌は通常は偏性嫌気性菌であり，呼吸に O_2 を用いることはできない．

12.4.2　種々の嫌気的呼吸

硝酸塩を電子受容体に用いる硝酸呼吸については，12.5 節で述べる．そのほかの硫酸塩，炭酸塩などを用いる嫌気呼吸について以下に解説する．

〔1〕硫酸呼吸

硫黄の最も酸化されたかたちである硫酸イオン（SO_4^{2-}）は海水の主要な陰イオンの一つであり，自然界に広く分布する硫酸還元菌（sulfate-reducing bacteria）によって利用される．硫酸イオンの最終的な還元性生物は硫化水素 H_2S である（図 12.11）．

硫酸イオンは安定であるため，最初に活性化しなければ還元することができない．硫酸イオン（SO_4^{2-}）は，ATP スルフリラーゼによって ATP と結合し，アデノシンホスホ硫酸（APS）を形成することにより，活性化する．

　　ATP：［アデニン］-［リボース］-［リン酸］-［リン酸］-［リン酸］

APS：［アデニン］-［リボース］-［リン酸］-［硫酸］

次に APS 還元酵素により亜硫酸イオン（SO_3^{2-}）が生じ，さらに亜硫酸還元酵素により H_2S にまで還元される．この過程で，合計 8 個の電子 e^- を受容することができる．

H_2 を生成する硫酸還元細菌である *Desulfovibrio desulfuricans* は，以下の反応により 1 分子の ATP を合成していると推定される．

$$4H_2 + SO_4^{2-} + H^+ \rightarrow HS^- + 4H_2O$$

また，硫酸還元細菌の多くは酢酸塩を硫酸呼吸により CO_2 にまで完全に酸化することができる．

$$CH_3COO^- + SO_4^{2-} + 3H^+ \rightarrow 2CO_2 + H_2S + 2H_2O \qquad -57.6 \text{ kJ}$$

〔2〕炭酸呼吸

二酸化炭素 CO_2 は嫌気的な環境にも豊富に存在する．ホモ酢酸発酵細菌およびメタン生成菌（→ 12.6.2 項）は，厳密な嫌気性環境で電子受容体として CO_2 を利用して，それぞれ酢酸とメタンを生成することができる．いずれの場合も，主要な電子供与体は水素（H_2）である．

エネルギー代謝で酢酸塩を生成するホモ酢酸菌のほとんどはグラム陽性で *Clostridium* 属に分類される細菌が多い．酢酸の生成反応は以下のとおりであり，CO_2 をアセチル CoA 経路によって固定する反応である（→ 12.2.2 項〔3〕）．

$$4H_2 + 2CO_3^{2-} + H^+ \rightarrow CH_3COO^- + 4H_2O$$

12.5 硝化作用，硝酸還元と脱窒素反応

12.5.1 硝化作用

〔1〕硝化細菌

アンモニアを好気的に酸化して硝酸に導く反応が硝化作用（nitrification）である．従属栄養で硝化を行う微生物も存在するが，一般にはアンモニア（NH_3）および亜硝酸塩（NO_2^-）を電子供与体とする酸化反応によって得られるエネルギーを用いて CO_2 固定を行う化学合成独立栄養細菌を意味する．このような硝化細菌（nitrifycation bacteria）は硫黄酸化および鉄酸化の無機栄養細菌と同様に，カルビン回路によって CO_2 を固定する．

① $NH_4^+ \rightarrow NO_2^-$ 　　270 kJ/mol

Chapter 12 代謝多様性

② $NO_2^- \rightarrow NO_3^-$　　　75 kJ/mol

硝化作用は，① アンモニアを亜硝酸塩（NO_2^-）にまで酸化するアンモニア酸化細菌（ammonia oxidizing bacteria）と，② 亜硝酸塩（NO_2^-）を硝酸塩（NO_3^-）に酸化する亜硝酸酸化細菌（nitrate oxidizing bacteria）の二つの細菌群により進行する．① の反応には *Nitrosomonas* 属細菌が，② の反応には *Nitrobacter* 属細菌が代表的である．これらの細菌は土壌，海洋などに広く生息している．両者の細菌群はしばしば隣接して生息し，アンモニアから硝酸への酸化が一気に進む．

〔2〕アンモニア酸化反応

Nitorosomonas などのアンモニア酸化細菌（亜硝酸細菌とも呼ばれる）によるアンモニアの酸化反応では，アンモニア NH_3 がヒドロキシルアミン NH_2OH を経て亜硝酸 NO_2^- に酸化される2段階の反応が進行している（図12.13）．

第1の反応は膜タンパク質であるアンモニアモノオキシゲナーゼ（AMO）によって NH_3 が酸化され，NH_2OH と H_2O を生成する反応である．この反応には，外から二つの電子 e^- の供給が必要であり，次の NH_2OH の酸化により生じた e^- が転用される．

$$NH_3 + O_2 + 2H^+ + 2e^- \rightarrow NH_2OH + H_2O$$

第2の反応は，ペリプラズムに局在するヒドロキシルアミン酸化還元酵素（HAO）が NH_2OH を NO_2^- に酸化し，4個の e^- を除去する反応である．

$$NH_2OH + H_2O \rightarrow NO_2^- + 4H^+ + 4e^-$$

4個の e^- のうち，2個は第1段階の反応に回され，残りの2個は Cyt c を経由し

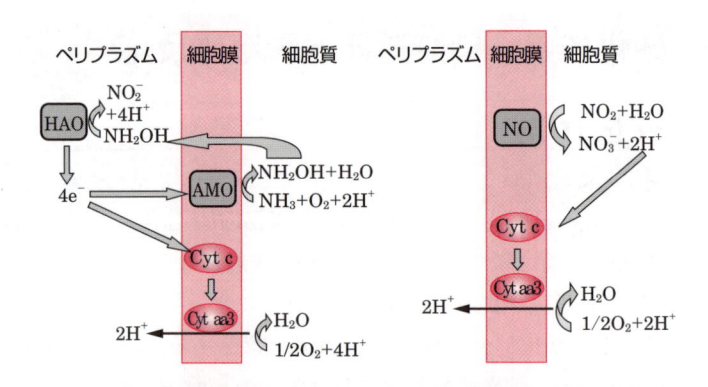

図12.13　アンモニア酸化反応と亜硝酸酸化反応

H^+ がペリプラズムに運び出されることによって生じた，プロトン H^+ 勾配のエネルギーが ATP 合成酵素によって利用される．

12.5 硝化作用，硝酸還元と脱窒素反応

てCyt aa3に達して，水素イオンH^+をペリプラズムに搬出することにより，H^+勾配を形成する．H^+勾配はプロトン駆動力として，ATP合成酵素を駆動するエネルギーとして用いられ，ATP合成に関与する．

〔3〕亜硝酸酸化反応

亜硝酸NO_2^-を好気的に酸化して硝酸NO_3^-を生成する亜硝酸酸化細菌（硝酸細菌とも呼ばれる）は，アンモニア酸化細菌とは系統的に異なる細菌である．亜硝酸酸化の第1段階は，

$$NO_2^- + H_2O \rightarrow NO_3^- + 2H^+ + 2e^-$$

であり，生じたe^-は

$$Cyt\ a \rightarrow Cyt\ c550 \rightarrow Cyt\ aa3$$

の経路で伝達されて，最終的には細胞質からペリプラズムへH^+を運び出すことにより，ATP合成に利用できるH^+勾配を形成する（図12.13）．

12.5.2 硝酸還元と脱窒

〔1〕脱窒菌の生態

硝酸塩（NO_3^-）の還元反応は，NO_3^-を窒素源として用いる同化型と，嫌気呼吸の電子受容体として用いる異化型（硝酸呼吸）がある．同化型の硝酸還元は，植物と微生物が行い，取り込んだNO_3^-を同化型の硝酸還元酵素と亜硝酸還元酵素により，亜硝酸NO_2^-を経てアンモニアNH_3に還元し，さらにグルタミン酸などに結合して有機体窒素に変換する．

硝酸（NO_3^-）→亜硝酸（NO_2^-）→アンモニア（NH_3）→有機体窒素（Glnなど）

一方，NO_3^-は嫌気呼吸における最も一般的な電子受容体であり，NO_3^-から有機物を酸化する酸化力を得ることができる．NO_3^-の還元により生じたN_2O，NO，

窒素化合物	酸化状態
有機窒素（R-NH_2）	−3
アンモニア（NH_3）	−3
窒素ガス（N_2）	0
一酸化二窒素（N_2O）	+1
一酸化窒素（NO）	+2
亜硝酸（NO_2^-）	+3
二酸化窒素（NO_2）	+4
硝酸（NO_3^-）	+5

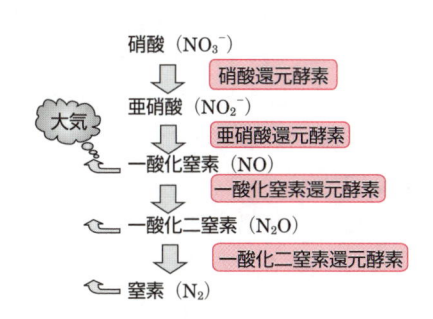

硝酸（NO_3^-）
⇩ 硝酸還元酵素
亜硝酸（NO_2^-）
⇩ 亜硝酸還元酵素
一酸化窒素（NO）　←大気
⇩ 一酸化窒素還元酵素
一酸化二窒素（N_2O）　←
⇩ 一酸化二窒素還元酵素
窒素（N_2）　←

図12.14　窒素化合物の酸化状態と脱窒反応

Chapter 12 代謝多様性

N_2 はいずれも気体であり，容易に大気中に散逸して環境から消失するため，この過程は脱窒素反応（脱窒）と呼ばれる（図 12.14）.

また，NO_3^- や NO_2^- を還元してガス状窒素（N_2 または N_2O）を大気に放出する硝酸呼吸を行う細菌を脱窒細菌（脱窒菌，denitrifying bacteria）という．*Paracoccus* 属や *Pseudomonas* 属（図 12.15）などのグラム陰性細菌の多くが脱窒反応を行うが，*Bacillus* 属などのグラム陽性菌や *Propionibacterium* 属などの絶対嫌気性菌などにも脱窒を行う細菌が存在する.

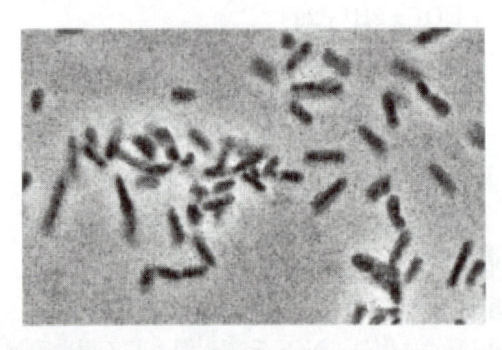

図 12.15 硝酸呼吸を行う緑膿菌（*Pseudomonas aeruginosa*）
硝酸イオン（NO_3^-）は最も一般的な O_2 の代替電子受容体であり，硝酸呼吸を行う微生物は多数存在する．大腸菌などは硝酸 NO_3^- を NO_2^- にまでしか還元できないが，多くの微生物が NO_3^- を窒素ガス N_2 にまで還元する脱窒反応を行う.

脱窒菌は土壌，海洋など自然界に広く生息するが，酸素 O_2 が得られる環境では脱窒反応を行わない．しかし，NO_3^- は酸化によって生成することから，脱窒反応が盛んに起こるのは，好気的な環境と嫌気的な環境が近接する場所である．水田や畑などでは，施肥した窒素肥料が硝化作用によって NO_3^- となり，次いで脱窒反応によって大気中に散逸することになるので，農業のうえでは有害な反応である．一方，排水処理過程では，排水中の窒素化合物を硝化作用と脱窒作用の組合せによって N_2 ガスに変換することにより，窒素化合物の量を効果的に減少させることができるため，排水処理施設では積極的に利用されている.

〔2〕脱窒反応

脱窒過程の最初の反応に関与する硝酸還元酵素（nitrate reductase）は，モリブデン Mo を含む膜結合型の酵素であり，分子状酸素 O_2 によってその合成は抑制される．無酸素の条件下で有機物の基質から脱離した電子は，膜の電子伝達系（チトクローム Cyt など）を経て硝酸還元酵素に供与され，硝酸イオン NO_3^- を還元す

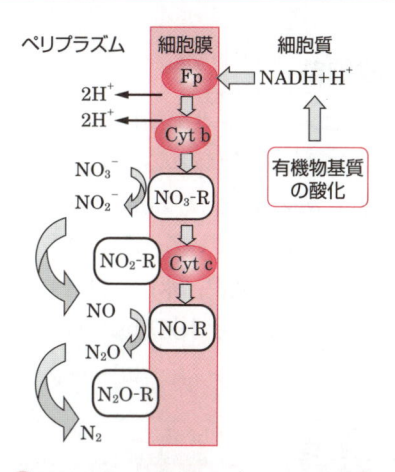

図 12.16 脱窒反応と電子の流れ

NADH が電子供与体である場合．Fp：フラボタンパク質，Cyt：チトクローム，NO_3^--R：硝酸還元酵素，NO_2^--R：亜硝酸還元酵素，NO-R：一酸化窒素還元酵素，N_2O-R：一酸化二窒素還元酵素．

る．この電子伝達系に共役して水素イオン H^+ がペリプラズムに運び出され，ATP 合成に利用できる H^+ 勾配が形成される．

生じた亜硝酸イオン NO_2^- は，さらに電子伝達系と亜硝酸還元酵素（nitrite reductase）などの作用により，NO，N_2O を経て N_2 に還元され，大気中に放出される（図 12.16）．

12.6 メタン生成

12.6.1 メタン発酵

嫌気性環境下で微生物の作用により有機物が分解されてメタンが発生する現象をメタン発酵（methane fermentation）という．湖沼のよどんだ底からメタンが発生する過程は数段階に分かれ，それぞれ別種の微生物が関与している．高分子化合物の加水分解と有機酸への分解は非メタン生成細菌が行い，次にメタン細菌が酢酸や $H_2 + CO_2$ をメタン CH_4 に転換する．嫌気消化槽のメタン発酵において発生するメタンは酢酸から 70％，残りは CO_2 からと評価されている．生成気体にはメタンが約 60％含まれる．

12.6.2　メタン生成細菌

　生物によるメタン生成は，メタン生成細菌（methanogenic bacteria）と呼ばれる厳密な嫌気性細菌によって行われる．メタン生成が生育のための唯一のエネルギー獲得代謝である細菌は，*Methanobacterium*，*Methanococcus*，*Methanosarcina* 属細菌などが知られている．形態は多様で，短桿菌，長桿菌，球菌，小荷物状菌などがあり，湖沼の底泥，水田，動物の消化管，海水の熱水鉱床などの自然界に広く分布するとともに，廃水処理場の嫌気消化槽では排水中の有機物の処理に積極的に利用されている．

12.6.3　メタン生成過程

　二酸化炭素 CO_2 は嫌気的な環境にも豊富に存在する．メタン生成細菌は，C 原子の最も酸化されたかたちである CO_2 から最も還元されたかたちである CH_4 への還元反応に必要な電子供与体として，一般に水素 H_2 を用いる．標準状態でメタン生成時に得られるエネルギー（$-131\,kJ$）は，少なくとも 1 分子の ATP を合成するのに十分である．

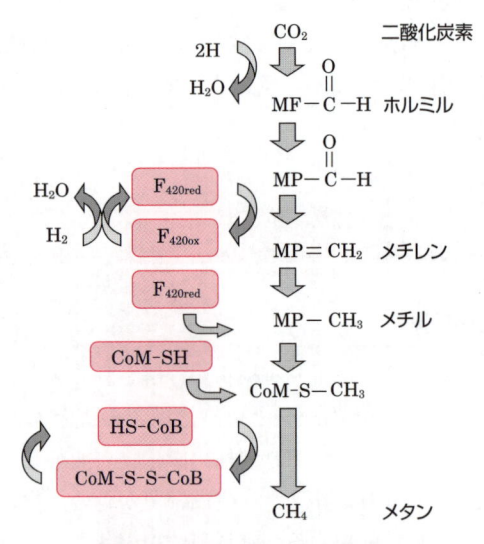

図 12.17　メタン生成過程

CO_2 から CH_4 を生成する過程．MF：メタノフラン，MP：メタノプテリン，CoM：補酵素 M，CoB：補酵素 B，F_{420red}：還元型の補酵素 F_{420}，F_{420ox}：酸化型の補酵素 F_{420}．

$$2H_2 + CO_2 \rightarrow 2H_2O + CH_4 \quad -131\ kJ$$

メタン生成過程では，CO_2 はホルミル基としてメタノフランに結合する．次いで，メタノプテリンに転移してから，$\equiv CH$ 基，$=CH_2$ 基，$-CH_3$ 基へと順次還元されていく．$-CH_3$ 基は C1 伝達体である補酵素 M（CoM）に転移され，CH_4 に還元される．さらに，フラビン誘導体である補酵素 F_{420} と，補酵素 B（CoB）が電子供与対として関与している（図 12.17）．酸化型の F_{420} は 420 nm の光を吸収して青緑色の蛍光を発するので，顕微鏡下でメタン生成菌を検出するための重要な手がかりとなる．

12.7 窒素固定

12.7.1 シアノバクテリウムによる窒素固定

〔1〕窒素固定を行う生物

分子状の窒素ガス N_2 をアンモニア NH_3 などの窒素化合物に変換することを窒素固定（nitrogen fixation）という．自然界における窒素固定には，雷・紫外線などによる窒素酸化物の生成，工業的な窒素固定，および生物窒素固定がある．地球上では毎年 2 億 5000 万トンの窒素が固定されており，その 70% が窒素固定細菌によるものと推定されている．

好気性の窒素固定細菌としてアゾバクタ（*Azobacter*）属が代表的であるが，通性嫌気性の *Klebsiella* 属細菌や偏性嫌気性の *Desulfovibrio* 属細菌も窒素固定を行う．また，光合成能をもつ *Rhodospirillum* 属細菌や，シアノバクテリア（*Anabaena* 属など）も窒素固定を行うことが報告されている．さらに，主としてマメ科植物の根に侵入して生活する根粒菌（*Rhizobium* 属など）も窒素固定細菌として重要である（表 12.3）．

表 12.3 窒素固定菌

有機栄養細菌	光合成細菌	無機栄養細菌	共生菌
Azotobacter	シアノバクテリア	*Alcaligenes*	*Rhizobium*
Azomonas	*Chlorobium*	*Thiobacillus*	*Bradyrhizobium*
Azospirillum	*Rhodospirillum*	*Methanosarcina*	*Azorhizobium*
Klebsiella	*Rhodobacter*	*Methanococcus*	*Frankia*
Desulfovibrio	*Heliobacterium*		

Chapter 12　代謝多様性

〔2〕窒素固定反応

窒素固定を行う細菌は，次式のようにATPを利用してN_2を還元する反応を触媒するニトロゲナーゼ（nitrogenase）を有している．

$$N_2 + 8H^+ + 8e^- + 16ATP + 16H_2O \rightarrow 2NH_3 + H_2 + 16ADP + 16Pi$$

N_2のN原子間の3重結合の解離エネルギーは940 KJ（O_2の解離エネルギーは49 KJ）と大きいためN_2ガスは非常に不活性であり，その活性化には大量のエネルギーが必要である．また，N_2をNH_3に還元するためには6個の電子e^-が伝達される必要があるため，窒素固定には多大なATPエネルギーと還元力を要する．ニトロゲナーゼは鉄−硫黄（Fe-S）クラスターをもつジニトロゲナーゼレダクターゼと，鉄とモリブデンを含む（Fe-Mo）ジニトロゲナーゼの複合体より形成されている．電子（e^-）はジニトロゲナーゼレダクターゼからジニトロゲナーゼへ1個ずつ供給され，各電子は2個のATPの加水分解と連関し，最終的にN_2をNH_3へと還元する．すなわち，電子は次式の方向へと流れていく（**図12.18**）．

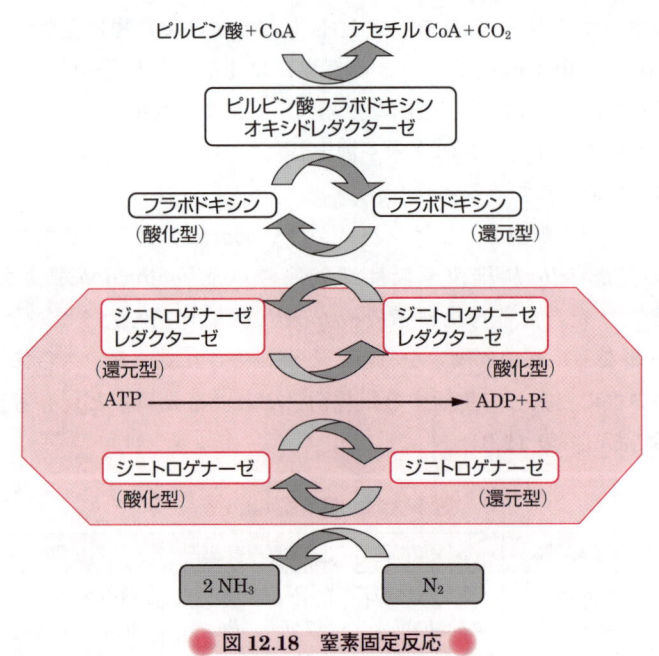

図12.18　窒素固定反応

窒素固定において，N_2ガスがNH_3に還元される過程の電子の流れを示す．ジニトロゲナーゼレダクターゼとジニトロゲナーゼが，窒素固定反応を行うニトロゲナーゼ複合体を形成している．

12.7 窒素固定

電子供与体→ジニトロゲナーゼレダクターゼ→ジニトロゲナーゼ→N_2

生産されたアンモニア NH_3 はただちに有機物に取り込まれて、有機窒素化合物となる。ジニトロゲナーゼはその調節が厳密に制御されており、窒素固定は O_2、NH_3、NO_3^-、および特定のアミノ酸などの有機体窒素によって抑制される。この調節の大部分は転写レベルで起こる。

ジニトロゲナーゼレダクターゼは O_2 によって急速かつ不可逆的に不活性化されるため、窒素固定反応は O_2 によって阻害される。したがって、好気性細菌は粘液層を形成するか、窒素固定を別の特殊な細胞で行うことによって、ニトロゲナーゼを O_2 から保護している。

〔3〕シアノバクテリア

シアノバクテリア（ラン藻：cyanobacterium）はしばしば繊維状の細胞連鎖体を形成し、酸素発生型の光合成を行う。光合成と窒素固定を同時に行うシアノバクテリアは、光合成により生成する酸素 O_2 からニトロゲナーゼを保護するために、窒素固定を専門に行う異質細胞（ヘテロシスト）を形成する。隣接する光合成細胞はヘテロシストに糖質と ATP を供給し、ヘテロシストは光合成細胞のエネルギー支援により窒素固定を行う。窒素固定によって生成した NH_3 は、グルタミン酸 Glu と結合してグルタミン Gln のかたちで光合成細胞に供給される（図 12.19）。

α-ケトグルタル酸（α-KG）＋NH_3→グルタミン酸（Glu）

グルタミン酸（Glu）＋NH_3→グルタミン（Gln）

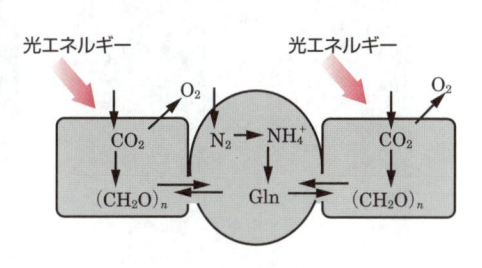

図 12.19 シアノバクテリアのヘテロシスト形成

ビーズ状のシアノバクテリア（*Anabaena*）は光合成を行う栄養細胞と窒素固定を専門に行う細胞（ヘテロシスト：球形の細胞）を形成する（写真提供：千葉県立中央博物館・林　紀男 博士）.

12.7.2 根粒菌による窒素固定
〔1〕根粒菌

　植物の根に形成される窒素固定細菌が共生したこぶ状の組織が根粒であり，根粒を形成する細菌を根粒菌（root nodule forming bacteria）と呼ぶ．マメ科植物との共生関係が経済的にも重要でありよく研究されている．マメ科植物はさやの中に種子を生じる植物群であり，大豆，エンドウ豆，クローバー，アルファルファなど経済的に重要な種を含む．グラム陰性の運動性桿菌である，*Rhizobium*，*Bradyrhizobium*，*Azorhizobium* 属の適当な種がマメ科植物の根に感染すると根粒を形成するようになる．マメ科植物のおよそ90％の種は根粒を形成することができるが，植物の種と *Rhizobium* の菌株との間には著しい特異性が存在し，特定の *Rhizobium* 菌株は特定のマメ科植物にしか感染できない．

　マメ科植物 *Rhizobium* 共生体による窒素固定は，土壌中の窒素化合物の量を大幅に増加させるので，農業の面で重要である．根粒菌がいないと年間の窒素固定量は1ha当たり3～4kg程度であるが，マメ科植物 *Rhizobium* 共生体は年間150～200kgの窒素を固定することができる．やせた裸地では窒素化合物が不足しがちなため，根粒を形成するマメ科植物はほかの植物よりも有利な条件で生育することができる．古くから，日本の田んぼでは休耕中にマメ科のレンゲが栽培されてき

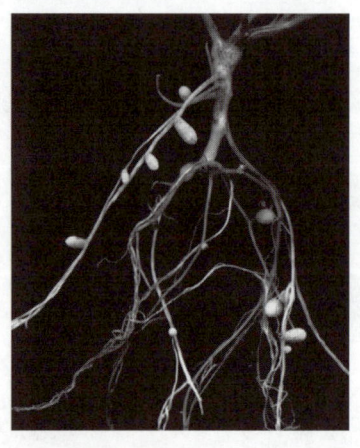

図12.20　マメ科植物の根粒形成

カラスノエンドウ（マメ科）の根には直径1～3mmの根粒が多数形成されている（写真提供：千葉県立中央博物館・大野啓一 博士）．

たが，これも根粒菌の窒素固定能を期待したためである（図 12.20）．

また，シアノバクテリアの一種である *Anabena* 属菌がアカウキクサの一種アゾラ（*Azolla*）の葉の孔に共生したものは，1 ha 当たり年間約 100 kg の窒素を固定するので，南アジアでは「緑の肥料」として米の栽培に用いられている．

〔2〕根粒形成

マメ科植物の根は，根圏の微生物の生育を促進する多様な有機物質を分泌している．根粒菌は根圏するとともに，植物の根毛に付着する．このとき，リカデシンと呼ばれるタンパク質が，根毛の表面のタンパク質と結合することにより，根粒を形成できる植物の認識を行っていると考えられている．結合した根粒菌が根毛細胞に侵入すると，根毛細胞は感染糸と呼ばれるセルロースの管を内部に向かって形成する．根粒菌は感染糸を経由して内部の細胞へ到達すると，急速に増殖，膨張し，分岐したバクテロイド（bacteroid）と呼ばれる異形の細胞へと変化する（図 12.21，図 12.22）．バクテロイドは植物の細胞膜によって取り巻かれ，シンビオームと呼ばれる構造をとる．シンビオームが形成されて初めて窒素固定が始まる．

Rhizobium 属根粒菌の一連の感染過程は Sym プラスミドと呼ばれる大きなプラスミド上にある nod 遺伝子群によって制御されている．Sym プラスミドはマメ科植物の特異性を決定する遺伝子も有しており，Sym プラスミドが転移すると *Rhizobium* 菌株の感染植物特異性も変化する．

バクテロイドは窒素固定のためのエネルギー源の供給について，宿主の植物に完

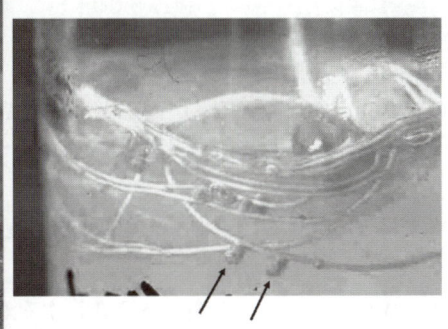

図 12.21 根粒形成

エンドウマメに根粒菌 *Rhizobium leguminosarum* を感染させることにより形成された根粒（写真提供：明治大学・魚住武司 博士）．

Chapter 12 代謝多様性

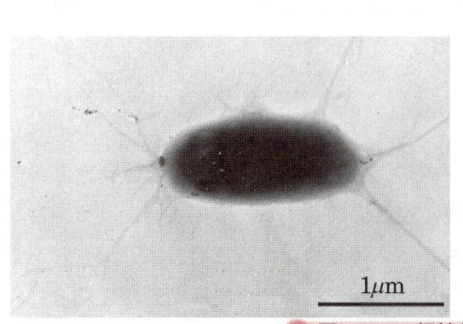

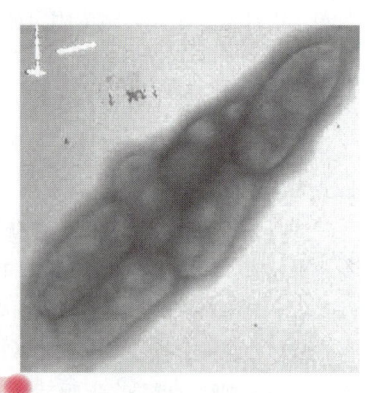

図 12.22 根粒菌

（左）エンドウマメ根粒菌 *Rhizobium leguminosarum*（Bar：1 μm）．（右）莢膜に覆われた根粒菌の集団（写真提供：明治大学・魚住武司 博士）．

全に依存している．シンビオームの膜を通して，主としてコハク酸，フマル酸，リンゴ酸などの TCA 回路の中間物質がバクテロイドに供給される．バクテロイドは TCA 回路から電子伝達系により ATP を合成するために O_2 を必要とするが，過剰な O_2 は窒素固定を阻害するため，O_2 濃度は低濃度で一定に保たれる必要がある．そのために，宿主植物は O_2 親和性の強いレグヘモグロビン（leghemoglobin）と呼ばれる Fe を含むタンパク質により O_2 をバクテロイドに供給する．

　バクテロイドの窒素固定によって生成したアンモニア NH_3 は宿主植物に輸送され，植物内でグルタミン酸（Glu）と結合してグルタミン（Gln）を形成し，ほかの組織へと輸送されていく．

演習問題

Q.1 O_2, CO_2, SO_4^{2-}, NO_3^- が存在する環境で，有機物を利用して生育する従属栄養微生物は，電子受容体が枯渇していくにつれてどのような順に電子受容体を利用していくか．

Q.2 炭素源として CO_2 を利用できる独立栄養生物は，必要なエネルギーをどのような方法で獲得しているか．

Q.3 光合成の暗反応は，明条件下で進行するか．

Q.4 光合成植物のクロロフィルと光合成細菌のバクテリオクロロフィルがそれぞれ吸収する光の波長が異なる理由として何が考えられるか．

Q.5 窒素代謝に関係する次の反応と微生物を正しく組み合わせよ．

(1) アンモニア酸化　　(a) *Rhizobium*
(2) 亜硝酸酸化　　　　(b) *Nitrobacter*
(3) 脱　窒　　　　　　(c) *Pseudomonas*
(4) 窒素固定　　　　　(d) *Nitrosomonas*

Q.6 微生物による以下の反応の中で，嫌気条件下でなければ起こらない反応はどれか．
(1) 硫酸呼吸　(2) 水素酸化　(3) メタン生成　(4) 鉄酸化　(5) 脱　窒

Q.7 ラン藻（シアノバクテリア）は酸素発生型の光合成を行うが，紅色光合成細菌の光合成からは酸素が発生しない．両者の光合成機構の差異は何か．

Q.8 硫黄化合物の酸化状態をすべて挙げよ．また，炭素化合物の酸化状態をすべてあげよ．

Q.9 水素細菌のヒドロゲナーゼはどのような反応を触媒するか．

Q.10 一般に，還元型の無機化合物の酸素による酸化反応は発熱反応であり，エネルギーが放出される．微生物が生育に必要なエネルギーをこうした反応から獲得するとき，反応が必ず満たさなければならない条件は何か．

参考図書

1. J. G. Black 著，林英生・岩本愛吉・神谷　茂・高橋秀美 監訳：ブラック微生物学，丸善（2003）
2. M. T. Madigan, J. M. Martinko, J. Parker 著，室伏きみ子・関啓子 監訳：Brock 微生物学，オーム社（2003）
3. 生化学辞典 第3版，東京化学同人（1998）
4. 微生物利用の大展開，エヌ・ティー・エス社（2002）
5. R. Y. スタニエ，J. L. イングラム，M. L. ウィーリス，P. R. ペインター 共著：微生物学（原書第5版），培風館（1989）
6. バイオインダストリー協会：発酵ハンドブック，共立出版（2001）
7. Campbell Reece BIOLOGY 7th ed., PEARSON Benjamin Cummings（2005）
8. 鈴木健一朗，平石明，横田明 編：微生物の分類・同定実験法，シュプリンガー・フェアラーク東京（2001）
9. Prescott, L. M., Harley, J. P., Klein, J. P. D. A.: Microbiology（General Topics）4th ed., WCB McGraw-Hill（1999）

Chapter 12　代 謝 多 様 性

ウェブサイト紹介

1. 世界微生物データセンター（WFCC-MIRCEN World Data Center for Microorganisms）のホームページ

    http://wdcm.nig.ac.jp/

    微生物や培養細胞を系統保存している系統保存機関のデータベースと生物多様性，分子生物学，ゲノムプロジェクトへのゲートウェイを提供する．

2. 独立行政法人理化学研究所バイオリソースセンター（JCM：Japan Collection of Microorganisms）のホームページ

    http://www.jcm.riken.go.jp/JCM/JCM_Home_J.html

    細菌・放線菌・古細菌・酵母・糸状菌のデータが得られる．

3. 独立行政法人産業技術総合研究所の特許生物寄託センター（IPOD：International Patent Organism Depositary）のホームページ

    http://unit.aist.go.jp/ipod/ci/index.html

    特許庁長官の指定する特許微生物株の受託機関．

4. ATCC のホームページ

    http://www.atcc.org/

    細菌・放線菌・古細菌・酵母・糸状菌・ウイルス・培養細胞・原生生物など，世界的な微生物保存機関である．住商ファーマインターナショナル（http://www.summitpharma.co.jp/japanese/index_j.html）は日本代理店．

5. 東京大学分子細胞生物学研究所バイオリソーシス研究分野 IAM のホームページ

    http://www.iam.u-tokyo.ac.jp/misyst/ColleBOX/jp/IAMcollection.html

    細菌・酵母・糸状菌・微細藻類のデータが得られる．

Chapter 13
微生物生態学

　これまでに発見された微生物（細菌，菌類など）は，わずか10％程度である．90％以上は培養・分離法が確立されていないために，いまだにどのような微生物が生息し，どのような働きをしているか大部分が不明である．微生物の生息場所は，これまで地表近くのみに存在すると考えられていたが，現在地殻下数kmにも存在していることが明らかになってきている．地表から地殻内までのさまざまな環境条件下に多種多様な微生物が生息し，その微生物の性質の多様性は計り知れないものがある．
　本章では，現在注目されている変わり者の微生物（極限微生物）に焦点を当てるとともに，さらに国際プロジェクトとして期待されている地殻内生物圏研究についても紹介する．

Chapter 13

微生物生態学

13.1 環境と微生物

　われわれの身の回りの土壌や水などには人間生活と直接かかわりのない微生物が多数生息している．これらを一般に環境微生物と総称しているが，その生活様式は極めて多岐にわたっている．また，環境微生物の中にはわれわれの生活に間接的に関係しているものもある．例えば，水や土壌などの環境汚染の指標として用いられる微生物や，環境の浄化に役立っている微生物もある．これらの微生物は病原微生物のようにわれわれの体に直接影響を与えるわけではないが，極めて重要な微生物である．そして，私達が住んでいる地球にはさまざまな環境がある．そのさまざまな環境に適応し特異な生活様式を獲得した微生物もいる．

13.1.1 極限環境の微生物

　極地や高山などのような極寒の地，温泉や火山のような高温環境，乾燥した砂漠地帯，死海や塩田などの高塩濃度地帯などわれわれが生活するうえでは極めて厳しい環境にも種々の微生物が生息している．このような環境に生息している微生物を総称して極限環境微生物（extremophiles）と呼んでいる．極限環境微生物には図13.1のような環境で生育できる好アルカリ性菌，好酸性菌，高度好塩性菌，好熱性菌，好圧性菌，溶媒耐性菌，放射線耐性菌などがある．

好アルカリ性菌：好アルカリ性菌は生育の至適 pH が 9 以上の菌で，pH 12 以上でも生育する菌が地殻内から見つかっている．好アルカリ性細菌の研究により発見された有用酵素はそれまでの酵素よりアルカリ側で作用するものが多く洗剤に添加されたり，基質の転換効率が良いものなどは食品工業に応用されている．

好酸性菌：好酸性菌は生育の至適 pH が 5 以下の菌で，最も酸性側で生育する菌として pH 1 以下で生育する *Picrophilaceae* 科の古細菌が数種分離されている．陸上の酸性温泉からは好酸性・好熱性・独立栄養古細菌のようなより厳しい環境を好む微生物も見つかっている．

高度好塩性菌：至適増殖 NaCl 濃度が 2.5 M（17.5％）以上の微生物でその大半

13.1 環境と微生物

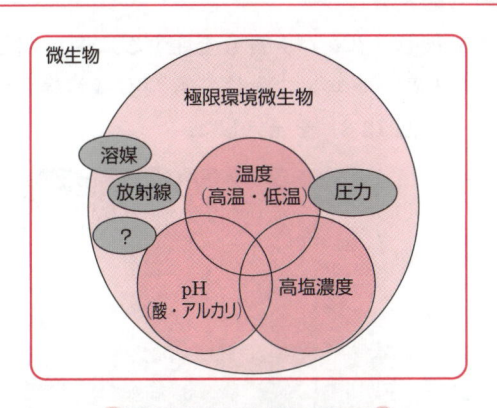

図 13.1 極限環境微生物

極限環境微生物は種々の極限条件の中で生育している．中には複数の極限条件に適応している微生物も存在する．

が古細菌に属するが，真正細菌も数種存在する．自然環境では死海や岩塩鉱山の岩塩結晶から分離されている例などがある．また，ケニアのマガディ湖は pH 10 位のアルカリ性塩湖で，このような場所からは好アルカリ性高度好塩菌が分離されている．日本国内では雨が多いため塩田で分離された例がある（図 13.2）．また，ある種の高度好塩菌はバクテリオロドプシンと呼ばれる光駆動プロトンポンプとしてエネルギー変換を行う紫色の膜タンパクを作るものが知られている．バクテリオロドプシン（→ 4.5.3 項）をもつ高度好塩菌は低酸素濃度状態では光合成従属栄養的な光を利用した生育が可能である．

そのほかの極限環境微生物：有機溶媒耐性菌は生物にとって有害な高濃度の有機溶媒中で生育できる微生物である．有機溶媒はその種類にもよるが，生物の細胞

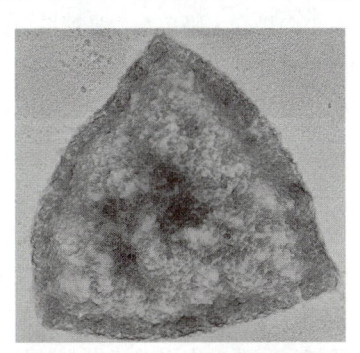

図 13.2 石川県の塩田から発見された高度好塩菌 *Haloarcula japonica*
(写真提供：東洋大学生命科学部・高品知典博士)

Chapter 13 微生物生態学

膜の脂質二重層を破壊し，タンパク質も変性する．井上 明と掘越弘毅（1989）は世界で最初に高濃度トルエンに耐性をもつ有機溶媒耐性菌 *Pseudomonas putida* IH‒2 000 株（図 13.3）を発見した．

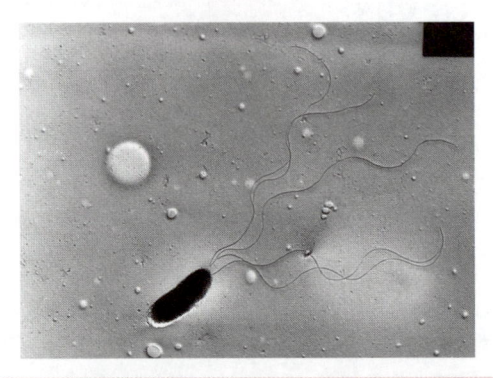

図 13.3　有機溶媒耐性菌 *Pseudomonas putida* IH-2000 株
（写真提供：東洋大学生命科学部・井上 明博士）

放射線は DNA に損傷を与え変異を起こす．通常の生物では 30 グレイ程度で致死的に働くが，放射線耐性菌（*Deinococcus radiodurans*）は 5 000 グレイ程度の放射線に対しても耐性を示す．その理由は普通の生物よりも極めて強力な DNA 修復機構をもっているためと考えられている．

13.1.2　環境浄化と微生物

河川や海の汚染の指標として大腸菌などの微生物の数を調べる方法がある．これは水の富栄養化や糞尿などによる有機汚染により，微生物が高濃度に繁殖していないかを調べるものである．この場合大腸菌など腸管系病原菌の数を調べるのは環境中の食中毒菌や病原菌すべてを個別に調査するには多大な労力がかかるため，短時間にその数を把握でき安価なために用いられる．大腸菌など簡単に培養できる細菌を指標とし，その数が多い場合はそのほかの菌も同様に多数存在し，微生物汚染が高いと判断される．

また，環境を汚染する微生物としては漁業被害を与える赤潮などの微細藻類や硫化水素を発生する硫酸還元菌など自然環境には種々の微生物が存在している．これらの微生物が大量発生するのは閉鎖性水域に多量の有機物が蓄積し，底層の酸素濃度が低下すると底泥では硫酸還元菌の作用で硫化水素が生成され底層水が無酸素化するからである．これが赤潮などの発生の一つの要因となっている．一方，赤潮の

原因となる微細藻類を殺藻する各種細菌や微生物が沿岸海域に広く分布しており，これらを利用した赤潮防除の研究も行われている．

人間の生活排水などを浄化するために微生物を利用する活性汚泥法がある．これは生活排水を一か所に集めその中に空気を数日間送り複数種の微生物により汚染物質を分解し，浄化した水を放流させている．これ以外にPCBやダイオキシン，有機水銀などを分解する微生物もいる．海難事故などで流出した原油を分解し環境浄化するのにも微生物を用いる方法が検討されている．微生物はその種類，環境，利用方法によって環境汚染の原因にもなり，また浄化にも働く．

13.2　深海に生きる微生物

海はわれわれにとって身近な環境であるが，深海の環境は陸上とは高水圧，低温または超高温，暗黒の3点で大きく異なる．深海にはこれら異なる環境条件に適応した微生物が生息している．また，深海には深海に適応した微生物以外に陸上から河川水によって運ばれてきたもの，海表面に生育していた微生物が魚の死骸やゴミなどとともに深海に運ばれてきたものなども存在する．これらの微生物はすぐに死滅することはないがその生育はかなり抑制されたものになっている．深海に生息している微生物はまだあまり研究されていないため，今後人間の生活に役立つ有用微生物が多数見つかることが期待されている．

13.2.1　高　水　圧

水中では深度に比例して水圧（深度が10 m増えるごとに約0.1 MPa＝1 kg/cm^2）がかかっている．そのため，海洋の平均水深，約3 800 mの場合で38 MPaもの水圧がかかり，世界最深部のマリアナ海溝（約10 900 m）では1 cm^{2}当たり1 t以上の水圧がかかっている．普通の細菌は30 MPaを超えると水圧のために増殖が悪くなり，大腸菌などの場合は細胞分裂ができずに異常伸長してしまう．そのような環境に非常によく適応しているのが**好圧性細菌**（piezophiles）である．

好圧性細菌：好圧性細菌はわれわれが暮らしている大気圧下よりも圧力の増加とともに形態変化などを起こさず増殖が良くなる．さらに絶対好圧性細菌は大気圧下ではまったく増殖できず，高い水圧がかかって初めて増殖できる微生物である（図13.4）．また，普通の微生物が増殖を抑制されるような圧力でもある程度の圧力

Chapter 13　微生物生態学

までは大気圧下と同じように増殖できる菌を耐圧性菌という．いずれの場合も生育できる限界圧力はあるが，マリアナ海溝から分離された *Moritella yayanosii*（図 13.5）の場合は 120 MPa（12 000 m の水圧）以上の水圧でも増殖する．

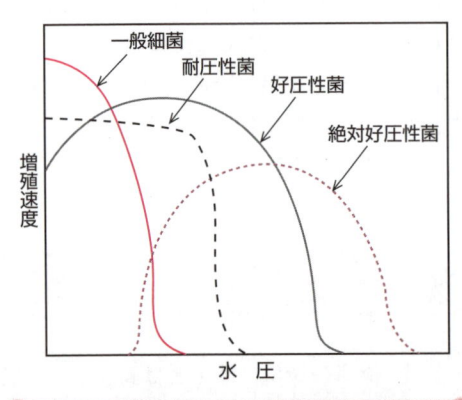

● 図 13.4　好圧性微生物の圧力と増殖速度の概念図
　一般の微生物は圧力増加と共にその増殖速度が低下する．しかし，好圧性微生物は圧力の増加とともにその増殖速度が変化する．

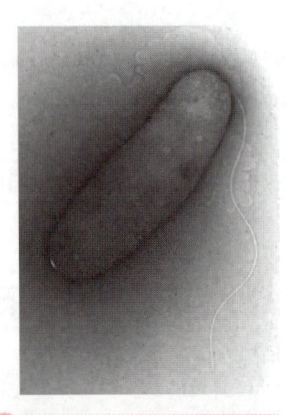

● 図 13.5　マリアナ海溝から分離された絶対好圧性細菌
　Moritella yayanosii は 50 MPa 以下の水圧では増殖できず，現在，分類・同定されている微生物の中で最も高い圧力下で増殖する（写真提供：海洋研究開発機構・能木裕一博士）．

13.2.2　低温または超高温

　深海は太陽光によって暖められることがないので，その大部分は 4℃ 以下の低温環境である．そのため比較的低温（15℃ 以下）でよく生育する好冷菌（psychrophile）が多い．しかし，ごく一部の熱水鉱床付近では 300℃ を超えるような熱水が海底下からわき出している場所も存在する．このような場所には熱水噴出孔特有の好熱菌（thermophile）などの微生物が生育している．

　好冷菌：好冷菌に関して厳密な定義は決まっていないが，一般に 0〜5℃ で生育可能な微生物のうち，至適生育温度が 15℃ 以下・生育上限温度が 20℃ 以下のものを好冷菌，生育上限温度が 20℃ より高いものは低温菌としている．深海からは多種多様の好冷菌や低温菌が分離されている．好冷菌・低温菌は深海以外にも南極の氷の下やアルプスなどの高山などからも分離されている．

　一般の菌が低温で生育が悪くなる理由は，まずその細胞膜の構造にある．低温になると膜が堅くなり外部からの物質の取込みが悪くなる．好冷菌の場合は細胞膜

に含まれる不飽和脂肪酸[*1]の量が多く低温でも膜の流動性が失われない．また，代謝活性にかかわる酵素が一般の微生物よりも低い温度でも作用するために代謝活性も失われないためである．

好熱菌：至適生育温度が 55 ～ 75 °C にある微生物は好熱菌，75°C 以上にあるものは高度好熱菌（extreme thermophile）と定義されている．生物の成育限界温度は 150°C 以下と推定されているが，きわめて短い時間であればそれ以上の温度にさらされても死滅しないと考えられている．一般の細菌が死滅するような高温で生育するために好熱性細菌の酵素・タンパク質は熱に対して極めて安定である．この耐熱性酵素を DNA 増幅に利用したのが PCR 法で，このとき用いられたのが好熱菌 *Thermus aquaticus* の DNA ポリメラーゼ（Taq polymerase）である．また，16S rRNA 遺伝子に基づく生物進化の系統樹を見ると根本に近い部分はすべて好熱性菌である．

現在，最も高い温度で生育が確認できている菌は大西洋中央海嶺の深度 3650 m のブラックスモーカーから分離された古細菌 *Pyrolobus fumarii* の 113°C（図 13.6）である．未確認の超好熱菌では，北大西洋のブラックスモーカーから分離した菌が 121°C で生育できるという報告もある．

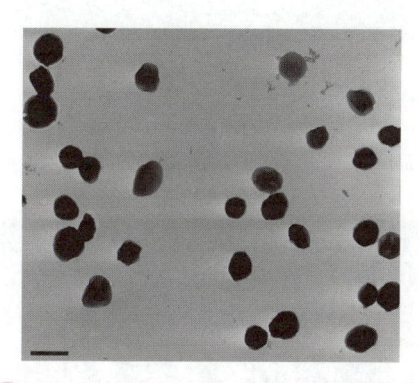

図 13.6　超好熱菌 *Pyrolobus fumarii*

大西洋中央海嶺のブラックスモーカーから分離された．微好気性の独立栄養細菌で，NO_3^-，$S_2O_3^{2-}$，O_2 を電子受容体とする不定形球菌．生育温度は 90 ～ 113°C（出典：Blochl et al.：Extremophiles, 1, pp.14-21, Springer-Verlag（1997））．

[*1] 不飽和脂肪酸：二重結合，あるいは三重結合をもつ脂肪酸の総称．不飽和脂肪酸は二重結合が多いほど同じ炭素数の飽和脂肪酸より融点が低くなる．

Chapter 13 微生物生態学

13.2.3 暗　　黒

太陽光は水深200 mで1％以下となり，光合成による物質生産はなく，多くの微生物は上から落ちてくる有機物を栄養源として生育している．しかし，熱水噴出孔周辺や冷水湧出域には化学合成生物群集と呼ばれる生物が生息している．これらの生物は体内に共生した細菌が，海底から染み出してくるメタンや硫化水素などの還元的化学物質を利用して生産したエネルギーによって生育している（図 **13.7**，口絵参照）．このような化学合成共生システムの生産能力は非常に高く，活動的な熱水噴出域の生物量は単位面積当たりではサンゴ礁生物群集に匹敵する．

図 13.7　化学合成生物群集

日本海溝深度 6 300 m 付近の冷水湧出域に生息するナギナタシロウリガイの群生．海底下から湧き出してくるメタンや硫化水素を共生細菌がエネルギー変換して生育している．表面泥を退けると（黒色の部分）硫化水素などにより還元的になっている（写真提供：海洋研究開発機構）．

図 13.8　ハオリムシ（チューブワーム）

相模湾 1 160 m の冷水湧出域に生息する．キチン質でできた棲管の先からエラだけを出している（写真提供：海洋研究開発機構）．

化学合成生物群集：化学合成生物群集と呼ばれる大型の生物はその体内や細胞内に共生させた微生物が生産するエネルギーで生育している．熱水や冷湧水中にはメタンや硫化水素といった還元的化学物質が含まれている．これを体内に共生させた硫黄細菌などの化学合成細菌がエネルギーに変えている．化学合成生物群集の多くは共生させた細菌によるエネルギーに依存している．そのため宿主となる大型生物は消化管などが退化してしまっているものが多い．

ハオリムシ類は棲管と呼ばれる細長い管を自分の体に合わせて作りその中で生活しているひも状の生物である（図 13.8，口絵参照）．幼生時に硫黄細菌を体内に取り込み，成体になると口も消化管も完全に退化して失ってしまい，体の後半部分の栄養体と呼ばれる構造に莫大な量の共生菌を宿す．シロウリガイ類やヒバリガイ類などの二枚貝の場合はエラの細胞に共生菌を宿す．共生菌の種類は多くの場合は硫黄細菌であるがメタン酸化細菌を共生させている種類もいる．

13.3 熱水噴出孔の微生物

熱水噴出孔（hydrothermal vents）は海底に染みこんだ海水が，その下にあるマグマの地熱により暖められたものである．場所によっては300℃を超えるような熱水が水圧のため沸騰することもなく噴き出している．

13.3.1 熱水噴出孔の発見

1970年代末アメリカの潜水調査船「アルビン」によってガラパゴス諸島，深度2600 mに熱水鉱床が発見された．この熱水鉱床はすでに活動を休止しているものであったが，そのあとメキシコ沖東太平洋海膨にブラックスモーカー（図 13.9（口絵参照），図 13.10）と呼ばれる，真っ黒な熱水（350℃）を吹き上げるチムニーを発見した．熱水噴出孔の周りには化学合成生物である長い管状の生き物（ハオリムシ類）や二枚貝（ヒバリ貝類，シロウリガイ類）が群生しており，白いカニなども生息していた．海底下から噴出する熱水には黒色系の金属化合物を含まないホワイトスモーカーと呼ばれる熱水もある．

現在，熱水噴出孔は東太平洋，西太平洋，大西洋中央海嶺，インド洋，海底火山の周辺で発見されている．日本近郊では伊豆・小笠原弧の海底火山や沖縄トラフなどにある．

Chapter 13 微生物生態学

図 13.9 ブラックスモーカー

海底下から吹き上げる熱水中に多量の硫化水素や重金属を含んでいるため，海水の成分と反応して黒い煙のように見える（写真提供：海洋研究開発機構）．

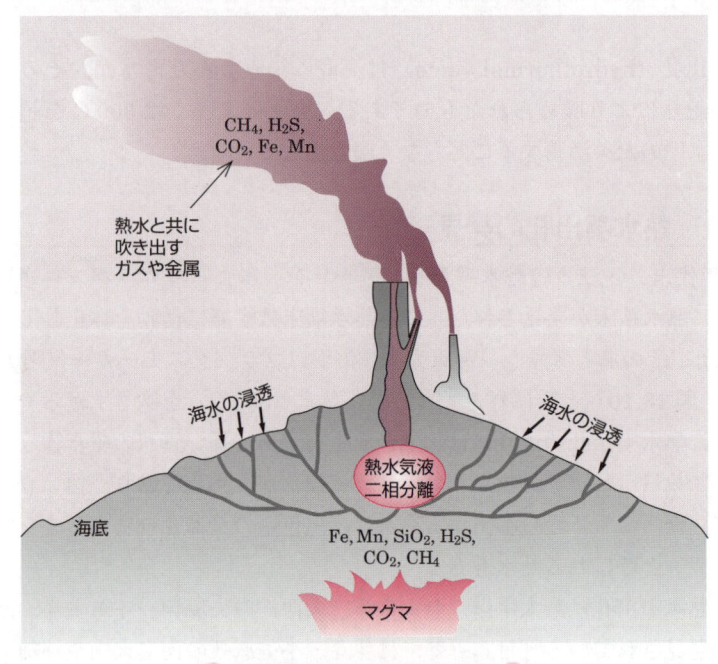

熱水と共に吹き出すガスや金属 → CH_4, H_2S, CO_2, Fe, Mn

海水の浸透

熱水気液二相分離

海底

$Fe, Mn, SiO_2, H_2S, CO_2, CH_4$

マグマ

図 13.10 熱水噴出孔の構造

13.3.2　熱水噴出孔の微生物

　熱水噴出孔の周りの化学合成生物群集（図 13.11，口絵参照）と共生する微生物以外に数百℃の熱水を噴出するチムニーの噴出孔や熱水の中からも微生物が分離されている．これら高度好熱性菌（thermophiles）の多くは古細菌（Archaea）に分類され，真正細菌（Bacteria）に分類されるものは Thermotoga 属と Aquifex 属の 2 属だけである．また，熱水中の微生物はその下に広がる熱水孔下生物圏から熱水によって運ばれてきたのではないかとも考えられている．

図 13.11　熱水孔生物群集
沖縄トラフの熱水噴出孔周辺の生物群集．活動的な熱水域は冷湧水域に比べ高密度に生物が群集している．シロウリガイ類（左），ユノハナガニ（右）（写真提供：海洋研究開発機構）

13.4　地殻に生きる微生物

13.4.1　地殻内微生物

　これまで無生物の世界と考えられてきた地殻内にも生物圏があると考えられている．地下微生物の研究は 1920 年代から行われ徐々にその実態に迫ってきたが，1990 年代から地殻内微生物に対して行われた分子系統学的手法により，地球の表面積と数 km の深さに及ぶその体積から，全地球における生物存在量の半分以上を占める巨大な生物圏であると考えられ始めている．また，地殻内にはハイパースライム（Hyper-SLiME）と呼ばれる超好熱菌の生態系の存在も示唆されている．しかし，地殻内微生物の大部分は現在活発な代謝活性を有する活動的な微生物ではなく，休眠状態や死滅してしまった過去の微生物の遺物（パレオーム，Paleome）であることがわかり始めている．

Chapter 13 微生物生態学

ハイパースライム：ハイパースライムとは熱水孔下環境に生息する微生物が，地球内部にあるエネルギーのみに依存する生態系で，惑星内部のエネルギー供給と水の存在があれば形成され得る．高井 研らのグループではインド洋の熱水中の微生物解析から熱水孔下環境に，超好熱メタン菌と超好熱発酵菌を中心とした超好熱性地殻内独立栄養微生物生態系（ハイパースライム，Hyper-SLiME：Hyperthermophilic Subsurface Lithoauto-trophic Microbial Ecosystem）の存在を示唆している[*2]．

パレオーム：現在，培養法がわからない微生物の研究を行う場合，その微生物を含んだ泥などから直接DNAを抽出し，その環境に生息している微生物を推測する分子系統学的な実験方法が広く用いられている．この方法により抽出されてくるDNAはその場所に存在した微生物のものであるが，現在活発に増殖している微生物もすでに死滅してしまった微生物のDNAを区別することは困難である．過去に死滅してしまった微生物のゲノム（genome）情報をパレオームと呼んでいる．

地殻内から分離された微生物：これまでに陸上の地殻内環境から分離・培養され，分類まで行われている微生物はあまり多くないが，これらは陸上表面に生息する微生物では考えられないような新奇な性質を示すものが多い．これは，地殻

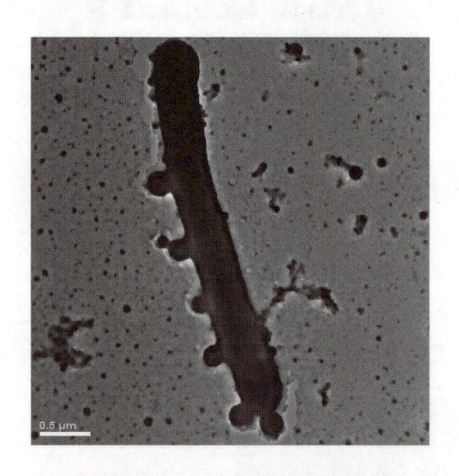

図 13.12 地殻内分離微生物

南アフリカトランスバールの金鉱地下 3 200 m から分離された絶対嫌気性超好アルカリ菌 *Alkaliphilus transvaalensis*（出典：Takai et al.: Int. J. Syst.Evol. Microbiol., 51, pp.1245-1256, Society for General Microbiology (2001)）

[*2] 高井，稲垣（2003）

内の過酷な環境に適応した微生物と地表に生息する微生物との間に時間的にも空間的にも大きな隔たりがあるためと考えられる．例えば，南アフリカの金鉱の地下 3 200 m から分離された *Alkaliphilus transvaalensis*（図 **13.12**）は現在知られている微生物の中でもっとも強いアルカリ（pH 12.5）で増殖できる．

Topics　地殻内生物圏研究

　地殻内を研究するためのマントル物質を得るためには深い穴を掘らなければならない．大陸部から掘った場合は地殻は厚く 20～60 km 掘らなければならないが，海底下の地殻の厚さは比較的薄く 4～10 km ほどであるため（左図），深海掘削というアイデアが生まれた．この方法は 1960 年代から試み始められ，やがて国際プロジェクトとして発展し，現在は統合国際深海掘削計画（IODP）となった．そのために，独立行政法人海洋研究開発機構では地球深部探査船「ちきゅう」（右図）を建造した．深海掘削で得られる成果は地下生命圏の研究以外に地震発生のメカニズムや地球の環境変化を詳しく調べることができる．地殻内に存在するハイパースライムなど原始の地球に誕生した生命に近いものを得ることにより生命誕生の謎に迫ろうとしている．

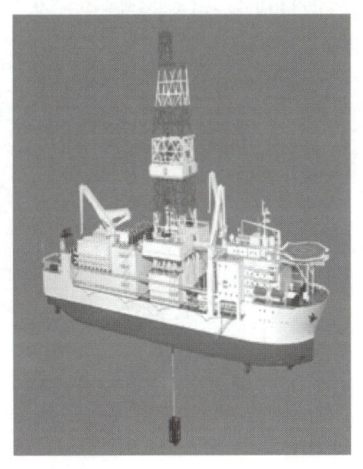

図　地殻内構造と地球深部探査船「ちきゅう」
（写真提供：海洋研究開発機構）

13.5 培養が難しい微生物

われわれの身の回りには極めて多くの微生物が成育している．例えば，畑の土壌1g当たりに$10^{9～10}$個の微生物が生息している．ところが現在行われている通常の培養法を用いて微生物培養を行った場合，生息している微生物全体の1％程度しか培養ができていない．特殊な培養法を用いても全体の3％以下の微生物しか培養できないといわれている．一般に生存しているが培養できていない微生物をVNC (viable but non-culturable) と呼んでいる．その原因はいくつか考えられている．

13.5.1 培養方法がわからない微生物

微生物はその生息する環境ごとに異なった培養条件を必要とする．例えば大腸菌を培養する場合でも温度範囲を通常30～40℃程度で行う．10℃以下ではほとんど増殖しないし，50℃以上では死滅してしまう．また，培地にグルコースなどを炭素源として入れる必要があるし，窒素源としてアミノ酸やアンモニウム塩なども入れてやる必要がある．しかし，独立栄養細菌の中にはCO_2やメタンのようなガスがあれば炭素源を加える必要がなく，気相中の窒素を固定して利用する微生物もいる．逆に微量成分として金属やビタミンなど細かい栄養素がないとまったく増

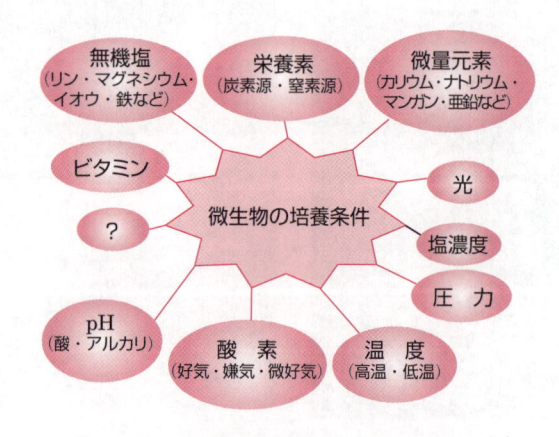

図13.13 微生物培養に考慮すべき条件

現在培養されている微生物はこれらの条件の一部が適していれば培養できるものが多い．しかし，存在しているが培養法がわからない微生物に対しては，その生育環境も考慮しながらこれらの条件を検討する必要がある．

殖できない微生物もいる．このように培地成分にどのようなものが入っているかによって増殖できる菌は変わってくる．それとともに適した温度を組み合わせて考えると簡単に培養条件が見つからない微生物がいることは容易に想像できる．

さらに微生物を培養するのに大事なものとして酸素の存在がある．好気性菌のように通常の気相状態の約20％の酸素から10％程度の酸素濃度を必要とする微生物，絶対嫌気性菌のように酸素があると致死的に働く微生物，通性嫌気性菌のようにどちらの条件でも生育できる微生物，逆に通常の酸素濃度では生きられないが低濃度の酸素（大体2～10％）で生きられる微好気性菌もいる．

それ以外にpH，塩濃度など考慮するそのほかの条件もたくさんあり（図13.13），それらが適していないため培養できない微生物がまだたくさんいると考えられる．

13.5.2　培養に非常に時間のかかる微生物

微生物を培養する場合人間の手では変えられない要因が時間である．例えば同じほ乳類でもネズミなどは1か月あれば次の世代を作ることができるが，牛や馬で数年，人間の場合では十数年かかる．微生物の分裂に関してもその種類によって大きく異なる．例えば実験などによく用いられる大腸菌は条件さえ整えば約20分で1匹が2匹に分裂するので8時間後には1 000万を超える計算になる．ところが好圧性細菌など増殖の遅い菌は1時間に1回程度分裂するだけなので8時間後でも256という計算になる．微生物にとって代謝速度が速いことが必ずしも良いわけではない．増殖速度がもっと遅く，1回の分裂に1日かかるような微生物の場合1週間かかっても1匹が128程度にしか増えていないことになるし，さらにゆっくりとした増殖を行う可能性も考えられる．しかも，培養条件が最適でない場合は増殖速度が落ちるため，さらに時間はかかる．このように増殖に非常に時間のかかる微生物の場合，培養できていることがわからないため難培養と見られる場合もある．

これ以外にも今まで培養できていた微生物を長期間放置するとVNC状態に陥ることがある．これらのものに対しては熱処理を行ったり，酵素処理を行うことで正常に培養できるようになるものがいくつか知られている．

Chapter 13 微生物生態学

演習問題

Q.1 極限環境微生物とはどのような微生物か述べよ．

Q.2 化学合成生物群集とはどのようなものか述べよ．

Q.3 熱水噴出孔の微生物研究によってどのようなことがわかるか述べよ．

Q.4 二つ以上の極限環境条件で生育できる微生物はどのようなものが考えられるか．

Q.5 培養が困難な微生物とはどのようなものか．

参考図書

1. 今中忠行 編：微生物利用の大展開，NTS（2002）
2. 加藤千明 編：深海バイオテクノロジーの展開，生物工学会誌 83（10），pp.465-481（2005）
3. 古賀洋介，亀倉正博 編：古細菌の生物学，東京大学出版会（1998）
4. 高井 研，稲垣史生：地殻内微生物圏と熱水活動，地学雑誌 112（2），pp.234-249（2003）
5. 掘越弘毅，秋葉晄彦：好アルカリ性微生物，学会出版センター（1993）
6. H. L. Ehrlich：Geomicrobiology, Marcel Dekker（1995）
7. R. Margesin, F. Schinner（Eds.）：Cold-Adapted Organisms, Springer（1999）

ウェブサイト紹介

1. 独立行政法人海洋研究開発機構

    http://www.jamstec.go.jp/

    深海に生きる微生物，熱水噴出孔の微生物，地殻に生きる微生物の研究を行っている．最新の研究や写真が豊富．

2. フリー百科事典「ウィキペディア」

    http://ja.wikipedia.org/

    無料のウェブ上の百科事典．記載内容が完全ではないが，関連用語や語句にリンクがあり基礎的な学習に役立つ．

Chapter 14
微生物と水処理

　水は人間が，生活するうえで欠くことができない資源の一つである．人間が利用できる水資源は限られており，いかに有効に利用するかが重要な課題になってきている．これまでは，自然の恵みの中で豊富な水資源を利用し，自然界の力で再生（浄化）ができた．これらの自然の浄化に，微生物が大きくかかわっていることはあまり知られていない．
　本章では，微生物の浄化力を積極的に活用した水処理技術，飲料水の汚染について述べる．

Chapter 14

微生物と水処理

14.1 微生物の概要（浄化微生物）

　地球上の水量は14億 km^3 と推定されている．そのうち97～98%が海水で，2～3%が陸水である．降雨などにより海水と陸水が循環する中で，生態系が形成され，豊かな地球環境が維持されてきた．近年，人口の増加および集中により，陸水水源の不足，生態系の破壊が生じ，人間とほかの共生生物のバランスが崩れ，生態系による水系の自浄能力が低下し始めている．このような状況の中，人間の生活生産活動で発生する排水を人為的に浄化する必要が生じ，水質浄化技術が開発されてきた．いかに自然の摂理を利用し，安価に浄化するかが課題である．水質浄化技術としては，

① 生態系自浄作用を人為的にリアクタ内で行う生物学的処理技術
② 太陽の紫外線や空気中の酸素やオゾンでの酸化分解反応を人為的に加速する物理化学的処理技術

に分類できる．

　自浄作用で働くさまざまな微生物が廃水処理設備の処理槽に生息する．有機物や窒素などを除去する細菌や，増殖した細菌を捕食する原生動物や後生動物などが活躍し廃水を浄化する．これらの微生物について培養試験をすると多くの種類の細菌が分離でき，有機物を分解するものは従属栄養細菌で *Pseudomonas*, *Bacillus*, *Alcaligenes*, *Flavobacterium* に属するものが多い．有機物による汚染指標には，**生物化学的酸素要求量**[*1]（BOD：Biochemical Oxygen Demand），**化学的酸素要求量**[*2]（COD：Chemical Oxygen Demand）などがあり，微生物分解によりBOD，CODを低下させる．好気微生物反応では有機物を細菌が分解するとともに菌体合成する．増殖した細菌の一部は原生動物や後生動物により捕食される，残り

＊1　生物化学的酸素要求量：水中での生物が分解できる物質の微生物による酸化に必要な溶存酸素量を示す．酸素要求量の大小により，水中の汚染度が推定できる．
＊2　化学的酸素要求量：水の汚染度を示す指標で，酸化剤として重クロム酸カリウムなどの反応による消費量から水中に含まれる有機物の化学的に消費される酸素量を示す．BODに比較し，短時間で測定できる利点を有する．

の増殖した微生物は余剰汚泥として濃縮脱水されたあと，コンポストで有効利用されたり焼却処分される．嫌気微生物反応では有機物を分解し，菌体合成するとともにメタンや水素などを生成する（図 14.1）．

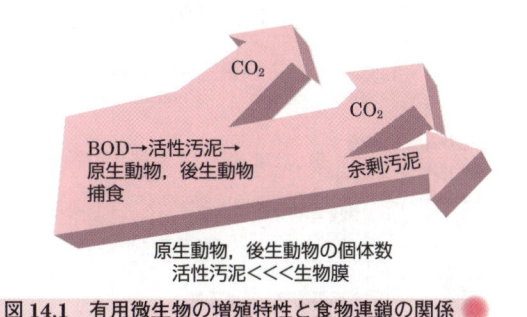

図 14.1　有用微生物の増殖特性と食物連鎖の関係

14.2　汚水処理

14.2.1　汚水処理技術の経緯

　人口の集中は欧州で早く進み，14 世紀に過密都市パリで地下に石造りの下水道が初めて誕生した．その後，19 世紀にコレラが流行するとさらに下水幹線が作られ，下水のかんがい処理が開始された．かんがい処理は土壌中の微生物と下水を接触させ処理する古典的な生物浄化方法である（図 14.2）．

　日本では，江戸に人口が集中したが，そのころのし尿は有用な肥料として利用され，水質汚濁の原因とはならなかった．20 世紀に入り，1922 年に本格的な下水処理が東京市（当時）の三河島処理場で開始されている．20 世紀後半になると，科学技術とりわけ化学工業の急速な発展により，水質汚染による公害が顕在化した．特に水俣病やイタイイタイ病などを機に，水質汚濁が公害として社会問題となり，1967 年に**公害対策基本法**が制定され，1971 年には環境省（http://www.env.go.jp/）が設立された．このころから汚染の加害者が特定され，生物処理や物理化学的処理技術の開発が進められた．1993 年に環境基本法が制定され，公共用水域の水質汚濁にかかわる**環境基準**は，人の健康の保護に関する環境基準および生活環境の保全に関する環境基準に分けて定められた．このころになると有機物の処理や，浮遊物質量の処理技術が確立し，必要な施設で整備されてきた．その後，湖沼，海域などの栄養化の原因物質である窒素やリンなどを処理する必要性がクロー

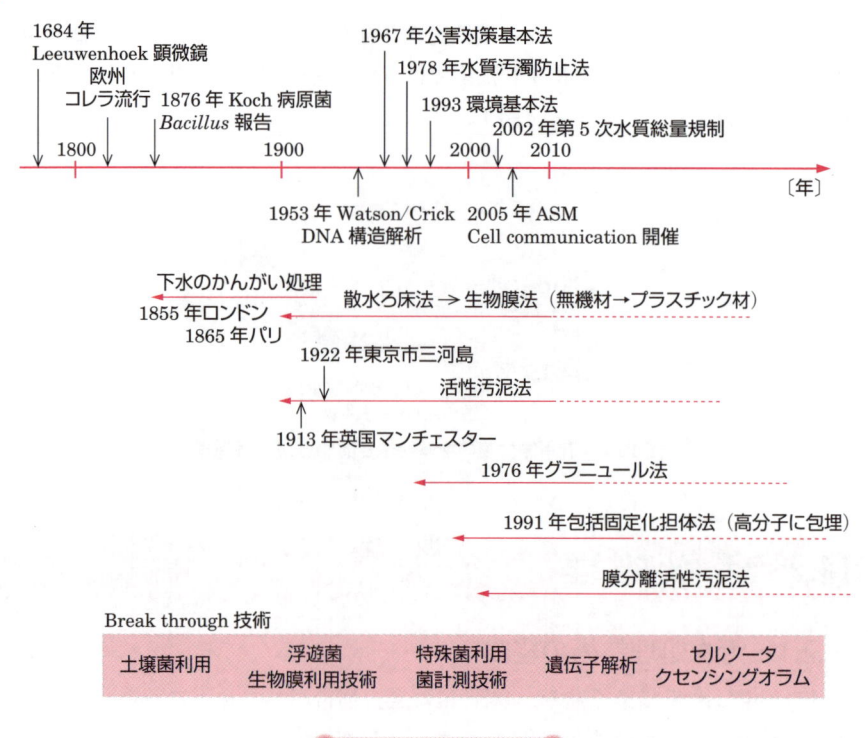

Chapter 14　微生物と水処理

```
1684年
Leeuwenhoek 顕微鏡          1967年公害対策基本法
  欧州                       1978年水質汚濁防止法
  コレラ流行  1876年 Koch 病原菌
            Bacillus 報告    1993 環境基本法
                                    2002年第5次水質総量規制
├──┬──┬──┬──┬──┬──┬──┤
  1800      1900       2000  2010        〔年〕
                1953年 Watson/Crick   2005年 ASM
                DNA 構造解析          Cell communication 開催
```

　　　下水のかんがい処理　　散水ろ床法 → 生物膜法（無機材→プラスチック材）
　　　1855年ロンドン
　　　　1865年パリ
　　　　　　　　1922年東京市三河島
　　　　　　　　　　　　　　活性汚泥法
　　　　　　　1913年英国マンチェスター
　　　　　　　　　　　　1976年グラニュール法
　　　　　　　　　　　　　　1991年包括固定化担体法（高分子に包埋）
　　　　　　　　　　　　　　　　　　膜分離活性汚泥法

Break through 技術

| 土壌菌利用 | 浮遊菌
生物膜利用技術 | 特殊菌利用
菌計測技術 | 遺伝子解析 | セルソータ
クセンシングオラム |

● **図 14.2　技術の変遷** ●

ズアップされ，さまざまな技術が開発されている．

　望ましい水質としては以下のことが望まれる．

- pH：自然界にある範囲，中性
- 浮遊物質（SS）：水に濁りを与えない
- 有機物（BOD, COD）：水中の酸素を消費しない濃度
- 有害物質：生物に対し害を及ぼさない濃度
- 病原性生物：含有しない
- 栄養塩類：あおこ，赤潮を発生させない濃度

14.2.2　好気処理

　好気処理は活性汚泥法（activated sludge method）と生物膜法（biofilm method）などがある．

　活性汚泥法は 20 世紀前半から用いられている排水処理法であり，現在もほと

14.2 汚水処理

> **Topics　環境基準**
>
> 　環境基準は,「維持されることが望ましい基準」であり, 行政上の政策目標である. これは, 人の健康などを維持するための最低限度としてではなく, より積極的に維持されることが望ましい目標として, その確保を図っていこうとするものであり以下の項目がある.
> - 大気「大気汚染に係わる環境基準」http://www.env.go.jp/kijun/taiki
> - 騒音「騒音に関する環境基準」http://www.env.go.jp/kijun/oto1-1.html
>   「航空機騒音に係わる環境基準」http://www.env.go.jp/kijun/oto2.html
>   「新幹線鉄道騒音に係わる環境基準」
>   　　http://www.env.go.jp/kijun/oto3.html
> - 水質「水質汚濁に係わる環境基準」http://www.env.go.jp/kijun/mizu.html
>   「地下水の水質汚濁に係わる環境基準」
>   　　http://www.env.go.jp/kijun/tika.html
> - 土壌「土壌の汚染に係わる環境基準」
>   　　http://www.env.go.jp/kijun/dojyou.html
> - ダイオキシン類「ダイオキシン類による大気の汚染, 水質の汚濁及び土壌の汚染に係わる環境基準」http://www.env.go.jp/kijun/dioxin.html
>
> 　「水質汚濁に係わる環境基準」は, 公共水域において維持することが望ましい水質の基準を定めたもので,「人の健康に関する健康項目」と「生活環境の保全に関する生活環境項目」の二つからなっている. 前者は公共用水域一律に定められており, 重金属類や有機塩素化合物, 農薬など, 26項目がある. 後者は河川, 湖沼, 海域ごとに, 河川ではBOD基準値, 湖沼と海域ではCOD基準値などが設けられている.

んどの下水処理場で用いられている. 下水を入れた槽に空気を吹き込むと, 細菌や微小動物がフロック状に自然繁殖する. このフロック状の微小生物集合体が活性汚泥である. フロック形成する菌として *Zoogloea ramigera* が知られているが, *Pseudomonas*, *Bacillus*, *Alcaligenes*, *Flavobacterium* などに属する多種の細菌がフロックを形成している. 細菌種に多様性があることにより, より安定した処理ができるといえる. 活性汚泥混合液 $1\,\mathrm{m}l$ 中に $10^7 \sim 10^8\,\mathrm{cells}$ 生息している. 土壌微生物よりは, どぶ川の水生微小動物や細菌に近い生物相である. この活性汚泥は次の機能を有する.

Chapter 14　微生物と水処理

① 有機物を分解する機能（バイオマスや炭酸ガスに変換）
② 浮遊成分や重金属などを吸着除去する作用
③ 混合菌であるため凝集性が良く沈降性が良いフロックを形成する機能

　活性汚泥法による処理装置は，活性汚泥を保持した**曝気槽**と活性汚泥フロックを沈降させ上澄水（処理水）を得る沈殿池から構成される（**図 14.3**，**図 14.4**）．工学的に確立された技術である．BOD 成分や浮遊物質成分の除去に用いられている．微生物学的には複合系の微生物群であり，解析が十分に行われていない．今後，分子生物学的解析技術が進み微生物の種類，機能などが明らかになることが期待される．

　活性汚泥法は微生物フロックを用いるのに対し，バイオフィルムを用いた**生物膜法**が浄化に用いられている．生物膜法の歴史は古く，19 世紀には英国でれき間接触（石材の充填材表面にバイオフィルムを形成）で下水処理が行われている．日本では昭和 50 年代にハニカム充填材を利用し始め，昭和 60 年代に波板状や網状のプラスチック充填材が流行し，微生物量を多く保持させることによる高速処理が試みられた．なお，当時は汚泥保持量が設計指針であった．その後，回転円板法が流行した．表面積が重要視されるようになり，プラスチック表面を発泡させ比表面積

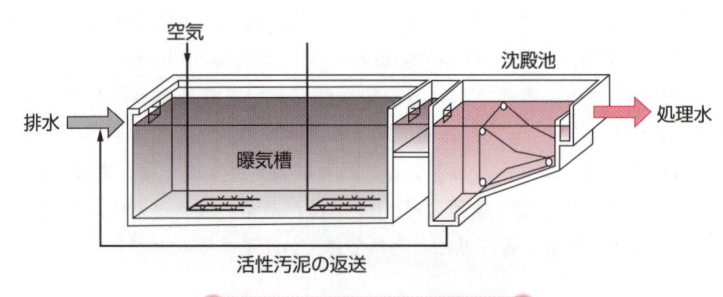

図 14.3　活性汚泥法の概略図

図 14.4　下水処理場

14.2 汚水処理

を大きくしたり，複雑な突起物形状に成型することが試みられた．またこれまで付着微生物の利用が主流であったが，平成に入るとゲルの内部に菌を包括固定する包括固定化法が採用され，拡販されている（**図 14.5**）．これらの生物膜法は増殖速度の遅い菌を保持するのに有用な手段で，微生物相が多様であり（**表 14.1**，**図 14.6 ～図 14.9**），窒素除去に必要な硝化細菌（**図 14.10**）の保持にも用いられている．

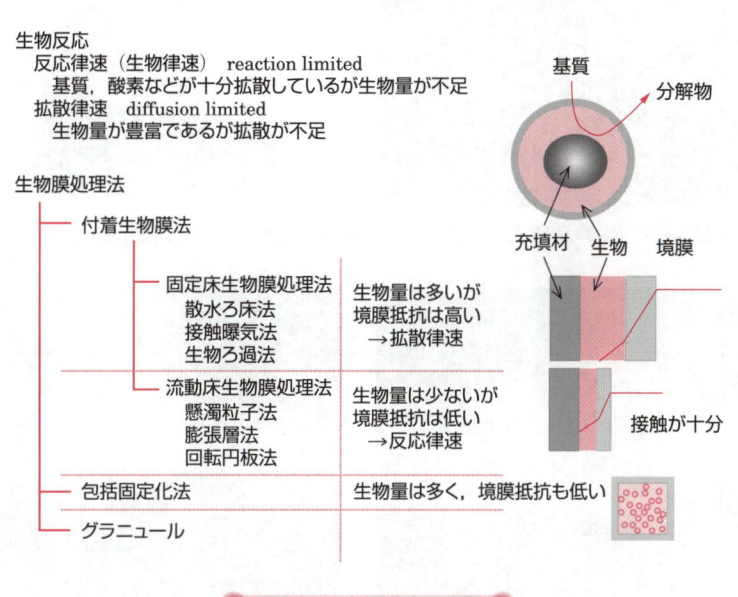

```
生物反応
    反応律速（生物律速） reaction limited
        基質，酸素などが十分拡散しているが生物量が不足
    拡散律速　diffusion limited
        生物量が豊富であるが拡散が不足

生物膜処理法
  ├─ 付着生物膜法
  │     ├─ 固定床生物膜処理法      生物量は多いが
  │     │    散水ろ床法           境膜抵抗は高い
  │     │    接触曝気法           →拡散律速
  │     │    生物ろ過法
  │     └─ 流動床生物膜処理法      生物量は少ないが
  │          懸濁粒子法            境膜抵抗は低い
  │          膨張層法              →反応律速
  │          回転円板法
  ├─ 包括固定化法                  生物量は多く，境膜抵抗も低い
  └─ グラニュール
```

図 14.5　生物膜法の分類

表 14.1　微生物相の比較

微生物の種類		活性汚泥	生物膜
細　菌		＋＋＋＋	＋＋＋＋
菌　類		＋	＋
藻　類		＋	＋
原生動物	鞭毛虫類（ボドーなど）	＋	＋＋＋
	肉質虫類（アルセラなど）	＋	＋＋＋
	繊毛虫類（ツリガネムなど）	＋＋	＋＋＋
後生動物	ワムシ類	＋	＋＋＋
	線虫類	＋	＋＋
	貧毛類	＋	＋＋

注）＋は相対的な生息数の多さを表す．

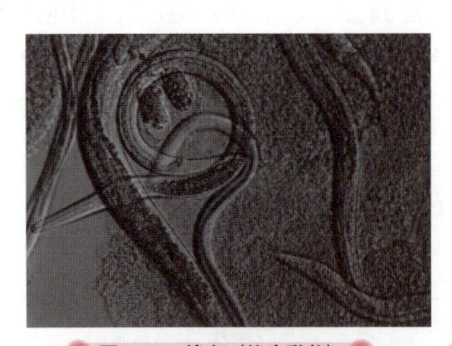

Chapter 14　微生物と水処理

図 14.6　線虫（後生動物）

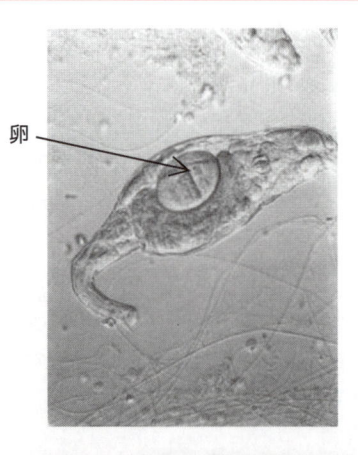

図 14.7　ワムシ（*Philodina*, 後生動物）

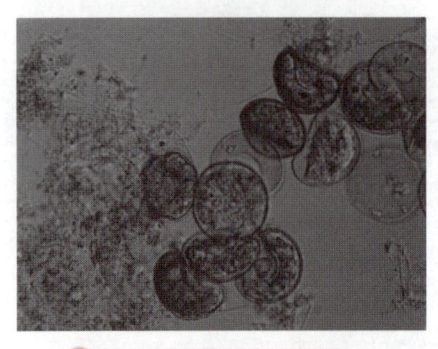

卵

図 14.8　アルセラ（*Arcella*, 原生動物，有核アメーバ）

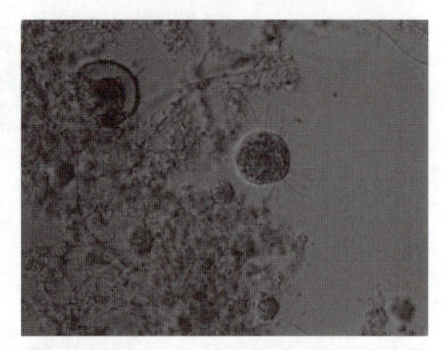

図 14.9　ボドー（**Bodo**, 原生動物）

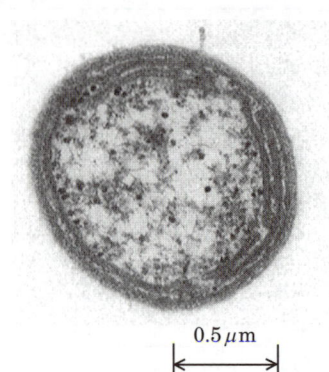

$0.5\,\mu\mathrm{m}$

図 14.10　硝化細菌の透過電子顕微鏡写真

> **Topics** 窒素処理
>
> 廃水中にはアンモニア，硝酸，亜硝酸，有機体窒素の形態で窒素が含有し，湖沼での富栄養化（あおこが増殖し異臭や毒物ミクロシスチンを生成）の原因となり，また海域では赤潮や青潮の発生原因となる．窒素の処理としてアンモニアを酸化する硝化工程，生成した亜硝酸や硝酸を脱窒する脱窒工程からなり，下水処理や産業廃水処理で用いられている．
>
> 硝化工程では亜硝酸菌（*Nitrosomonas*）によるアンモニアから亜硝酸への酸化，硝酸菌（*Nitrobacter*）による亜硝酸から硝酸への酸化が行われる．脱窒工程では従属栄養性の脱窒菌（*Pseudomonas denitrificans*）が 2 mol の亜硝酸および硝酸から 1 mol の N_2 ガスを生成する．

14.2.3 嫌気処理

　嫌気処理は高濃度 BOD 含有廃水の処理に採用されており，食品廃水や畜産廃水に用いられている．特にビール廃水には例外なく採用されている．嫌気性細菌による有機物分解率や速度は好気微生物より劣るが，微生物保持量を高濃度に維持することにより高速処理を可能にしている．高濃度に保持する方法として UASB（Upflow Anaerobic Sludge Blanket，上向流嫌気性汚泥床）が普及しており，グラニュールと呼ばれる 1～2 mm 径の菌体の塊を生成させ廃水と接触させ処理する．排水中の有機物を分解し，メタンガスを発生させる．嫌気処理工程は加水分解，有機酸生成，メタン生成からなる．加水分解と有機酸生成に関与する代表的な菌としては *Clostridium*，*Lactobacillus*，*Propionibacterium* など，代表的なメタン生成菌は糸状性の *Methanosaeta* と連鎖状球菌の *Methanosarcina* がある．

14.3　飲料水の汚染と殺菌

　下水道普及率の増加に伴い，河川での下水処理水量の割合が増加する傾向があり，下水処理水中の病原微生物が再認識されるようになってきた．飲料水で問題となる微生物は
　① ウイルス

② 細菌（病原性大腸菌など）
③ 原虫（クリプトスポリジウム，ジアルジアなど）

などがある．

下水処理水や浄水での病原菌の殺菌には**塩素系殺菌**が古くから用いられてきた．クリプトスポリジウムなどの新たな殺菌の必要性から，オゾン殺菌，紫外線殺菌などが検討されている．

〔1〕塩素消毒

次亜塩素酸ナトリウムが水道水の塩素消毒として用いられており，遊離塩素の酸化力で細菌の細胞壁を破壊したり酵素を阻害する．次亜塩素酸ナトリウムは食品添加物に指定されており，食品，食品加工器具，機器の消毒などの食品の衛生管理に用いられている．一般に細菌の栄養細胞にはよく効くが，胞子に対しては効果が小さい．水道水においては水道法に基づく水質基準で残留塩素が水道給水栓で 0.1 ppm 以上である．

ほとんどの下水処理場では塩素消毒が採用されている．病原性大腸菌の消毒には有効な手段と考えられている．原虫やウイルスにおいて，塩素耐性が知られている．

〔2〕オゾン殺菌

オゾン消毒は欧米で水道水の消毒に用いられており，日本では塩素消毒が法律で規定されているため，水道水への適用は脱臭に限定されている．下水処理水やプールの消毒や食品工場の空気の殺菌などに用いられている．オゾンは空気または酸素を無声放電し発生させる．オゾンは酸化力が強く，細胞膜の破損や核酸の損傷，酵素やタンパク質を変性させる．オゾンは殺菌，脱臭，有機物の分解などを行い，この反応で消費されず残存するオゾンは，速やかに酸素分子に自己分解するので，残留性が少ない．大腸菌群の平均殺傷率 97% に対応するオゾン注入率として 5 mg/l で，接触時間は 5〜10 分である．細菌の殺菌だけでなく塩素消毒に耐性のある原虫シストやウイルスに効力を発揮する．

〔3〕紫外線殺菌

紫外線殺菌は食品工業，医薬品工業などさまざまな分野で利用されている．紫外線を発生させる光源としては，水銀灯が用いられ，水銀灯の封入圧力によって高圧水銀ランプと低圧水銀ランプに分類される．前者が光重合などの化学反応に，後者が殺菌（殺菌波長 250〜260 nm）に用いられる．微生物の核酸構造を破損し死滅させ，細菌，ウイルスなどすべてを殺菌できる．

14.4 水由来の病気（感染症）

　水由来の病気としてコレラ菌や赤痢菌が古くから知られている．これらの細菌は下水処理が普及するにつれ，感染はなくなっている．しかしながら新たに病原性大腸菌などの感染が発生していることから，その監視や防止策の徹底が必要である．

〔1〕 病原性大腸菌

　1996 年に病原性大腸菌 O－157 の大流行以降，たびたび感染者が出ている．下水処理場では塩素消毒や紫外線殺菌などを行っており，下水処理水からの汚染の報告はない．

〔2〕 クリプトスポリジウム

　1996 年に水道水を介して集団感染し，水道水源の汚染が大きな社会問題となっている．クリプトスポリジウムのオーシスト（$4～6\mu m$，胞子状の形態）は塩素に対し耐性がある．10 シスト程度で発症する可能性がある．腹痛，下痢，発熱，嘔吐の症状で発症する．流入下水中に検出されることが報告されており，活性汚泥処理により汚泥に吸着し除去される．

〔3〕 ジアルジア

　クリプトスポリジウム以上に広く分布しているが，水道水による感染例はない．ジアルジアも塩素消毒に耐性がある．10～100 シストで発症する可能性がある．腹痛，下痢の症状で発症する．流入下水中に検出されることが報告されており，活性汚泥処理により汚泥に吸着し除去されやすい．

14.5 難分解性物質の除去など

　最近ではダイオキシン，環境ホルモンなどを含有する排水の水質浄化が注目されている．この問題に関しては一般市民も事業者も加害者でありかつ被害者である．昔の公害問題とは別の形態である．

　環境ホルモンの影響については，1972 年に世界保健機構の国際化学物質安全計画（WHO）において，すでに指摘されていた．国際的関心が高まったのは，1996 年に T. Colborn らによる「奪われし未来」の出版が契機である．新しい毒性観念であるため，作用する物質の種類およびその影響，環境中での汚染状況など不明な

点が多く，幅広い調査，研究が行われている．

米国環境省 EPA（United States Environmental Protection Agency）は，内分泌かく乱性の評価方法について，スクリーニングとテストに関する諮問委員会（EDSTAC：Endocrine Disruptor and Testing Advisory Committee）を設け，1997年に「環境内分泌攪乱に関する特別レポート」を提出している．国内では環境省が，1997年に国内外の文献調査をもとに内分泌かく乱作用が疑われる67物質（群）を提示した．また，1998年には，環境ホルモン戦略計画 SPEED '98（Strategic Programs on Environmental Endocrine Disruptors）を発表し，環境ホルモン物質の特定や汚染状況の調査など包括的な取組みを開始した．調査結果から，環境ホルモン物質を含む排水としては，埋立地浸出水や下水が報告されており，特に，埋立地浸出水ではダイオキシン類，下水ではベンゾフェノン，フタル酸エステル類などが検出されている．

排水中の環境ホルモン物質の処理方法として，オゾン酸化や紫外線酸化など，物理化学的手法の適用および微生物分解の検討が行われている．

演習問題

Q.1 生物学的処理と物理学的処理の特長を述べよ．

Q.2 環境基準について述べよ

Q.3 活性汚泥を構成する微生物と機能を説明せよ．

Q.4 活性汚泥法と生物膜法での微生物相の相違を説明せよ．

Q.5 下水処理水や浄水の殺菌方法について述べよ．

参考図書

1. 松尾友矩 編：水環境工学，オーム社（2000）
2. 鯖田豊之：水道の文化，新潮選書（1989）
3. 須藤隆一 編：水環境保全のための生物学，産業用水調査会（2004）

ウェブサイト紹介

1. 環境省
   http://www.env.go.jp

2. 日本下水道協会
   http://www.jswa.jp

3. 日本水環境学会
   http://www.jswe.or.jp

4. 水処理生物学会
   http://www.env-eng.u-shizuoka-ken.ac.jp/JSWTB

5. 米国環境省 EPA (United States Environmental Protection Agency)
   http://www.epa.gov

6. 米国水環境協会 WEF (Water Environment Federation)
   http://www.wef.org

MEMO

Chapter 15
食物保存と微生物汚染

　食物は微生物の汚染により腐敗する．したがって，食物を保存するためには微生物の性質をよく理解する必要がある．微生物が生育するにはいくつかの重要な因子がある．主なものに温度，水分活性，pH，時間，酸素，栄養素，その他（食塩）などがある．食物の保存には，微生物の生育条件を外すことが重要である．微生物の生育条件を理解することが，裏を返せば微生物の汚染を防止する方法を理解することになる．ここでは，食物保存と微生物の生育因子との関連について解説する．

Chapter 15

食物保存と微生物汚染

15.1　食物の保存と微生物の生育

15.1.1　微生物の生育因子

〔1〕温度（生育と死滅に関係する温度）

　動物にとって生きるうえで適温度域があるように，微生物にも当然生育に適する温度域がある．ヒトの快適な温度域と同様な適温度域に生育する微生物もいるが，冷蔵のような低温環境下で生育するものもいれば，50℃以上の高温環境でよく生育する微生物もいる．微生物が生育するには，その環境に適応して生育できるように微生物自身が変化していった場合と，微生物が自分に適した温度域に移動していった場合の結果であると考えられる．その生活様式は多種多様であり，千差万別である．微生物にとっては，微生物体内の酵素活性が最適になる温度域が最適な生育環境だと考えられる．一方，過酷な環境条件下ではその時期をじっと耐えている場合もあるだろう．微生物は，地球上のあらゆる環境において生育しているか，休眠していると考えられる．

　微生物の中には，温度に対して耐熱性をもつものもいる．生育に不利な環境条件のときに芽胞（胞子，spore）状態で身を守る菌群が存在する．常温では増殖可能な栄養細胞であるが，芽胞状態になると急激に耐熱性が増加する．耐乾燥性をはじめ薬剤耐性などさまざまな耐性ももつようになる．

　耐熱性がある芽胞を滅菌する手段として，微生物実験に用いる器具は160〜170℃，30分〜1時間以上の乾熱滅菌（ドライオーブン）を行うか，121℃，15〜20分以上の湿熱殺菌（オートクレーブ）が行われている．

　缶詰・瓶詰では芽胞を殺菌することが重要である．一般的には流通の通常温度で生育できる菌が見出されない商業的無菌と呼ばれる殺菌方法がとられている．

　普通，加熱に対して微生物の死滅曲線は指数関数的になる．そこで通常の1/10の菌数にする加熱条件を D 値という値で示す．D 値の単位は分で表し，D 値〔分〕とはある温度で加熱し，1桁菌数を落とすために必要な時間のことを指す．例えば，110℃の D 値が3分の微生物の場合，3分間加熱すると，加熱前に

10 000 cfu/g [*1] の菌数がいたとすると，3分後には1 000 cfu/gになり，さらに3分間加熱すると100 cfu/gとなる場合である．D値〔分〕を1/10または10倍にする温度幅をZ値で表す．Z値の単位[*2]は〔℃〕で表す．Z値が求められれば殺菌温度を何℃上げれば殺菌時間が1/10に短縮できるか計算で求めることができる．

〔2〕 水分活性（water activity）

　微生物は，生育における栄養分の取込みなどに水分を必要とする．食品中の水分には，食品成分を構成している水分（結合水という）と食品成分の内外を自由に動き回ることができる水分（自由水という）がある．微生物は食品中の自由水を利用して生育するが，食品中の自由水が少ないときには，微生物体内の水分が反対に奪われてしまい，生育ができなくなる（図15.1）．食品中にたとえ同量の水分が含まれていたとしても，その水分中に溶けている各種成分の影響によって利用できる水分（自由水）は異なる．微生物の生育には総水分ではなく，水分活性という概念で表現し，生育の指標としている．

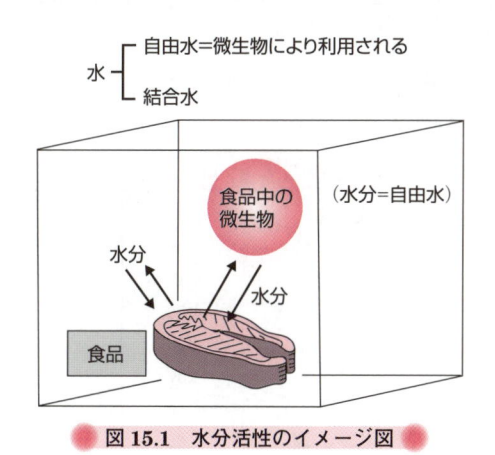

図15.1　水分活性のイメージ図

〔3〕 pH

　通常の微生物は弱アルカリ性から弱酸性域にかけて生育する．アルカリ性を示す食品はかん水，こんにゃく，ピータンが知られているが，日常食される主な食品は中性から酸性側に分布している（図15.2）．同じpHの食品でも使用される酸の種類により，微生物の生育に対する抑制効果は異なる．サルモネラについての例を，

[*1] cfu：colony forming unit 集落形成単位．菌数に相当する．
[*2] Z値の単位：本来は華氏（°F）であるが，日本では℃のほうが便利であるのでこちらをよく使う．

表 15.1 に示した．微生物の生育には pH は重要な因子であるが，それぞれの食品の種類によって生育する微生物群はほぼ決まってくる．また食品の pH によって殺菌条件も異なる（表 15.2）．

微生物の発育範囲

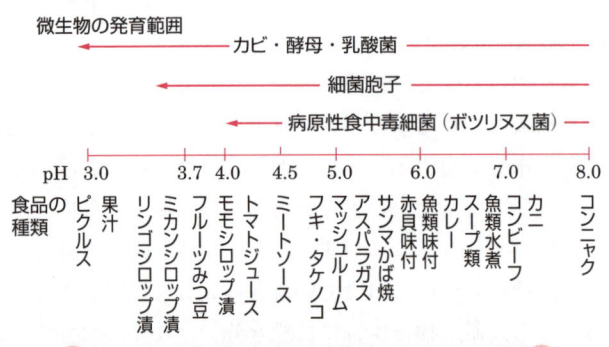

← カビ・酵母・乳酸菌 →
← 細菌胞子 →
← 病原性食中毒細菌（ボツリヌス菌） →

pH	3.0	3.7	4.0	4.5	5.0	6.0	7.0	8.0
食品の種類	果汁 ピクルス	ミカンシロップ漬 リンゴシロップ漬	モモシロップ漬 フルーツみつ豆	トマトジュース ミートソース	サンマかば焼 アスパラガス マッシュルーム フキ・タケノコ	赤貝味付 魚類味付 カレー スープ類	カニ コンビーフ 魚類水煮	コンニャク

■ 図 15.2　微生物の発育可能 pH 域と食品の pH

（出典：松田典彦：キユーピーニュース 11 号，p.4，キユーピー（1974））

■ 表 15.1　サルモネラの生育最低 pH

（出典：K. Chung and J. M. Geopfert：J. Food Scu., 35, pp.326-328 （1970））

使用酸	最低 pH
塩　酸	4.05
クエン酸	4.05
酒石酸	4.10
グルコン酸	4.20
フマル酸	4.30
リンゴ酸	4.30
乳　酸	4.40
コハク酸	4.60
グルタル酸	4.70
アジピン酸	5.10
酢　酸	5.40
プロピオン酸	5.50

* *Sal. anatum*, *Sal. tennessee*, *Sal. senftenberg*, 接種量 10^4/ml

15.1 食物の保存と微生物の生育

表 15.2 缶詰食品の pH による分類と主な変敗原因微生物

食品群 (Cameron and Esty, 1940)	pH	C. botulinum (A, B)	C. sporogenes	C. thermosaccharolyticum	C. pasteurianum	B. stearothermophilus	B. coagulans	B. subtilis	B. licheniformis	無胞子細菌・カビ・酵母	加熱殺菌温度 〔℃〕
低酸性食品	>5.0	+*	+	+	+	+	+	+	+	+	>110°
中（弱）酸性食品	4.5〜5.0	+	+	+	+	−	+	+	+	+	>105°（100°）**
酸性食品	3.7〜4.5	−	−	±	+	−	±	?	?	+	90〜100°
高酸性食品	<3.7	−	−	−	−	−	−	−	−	+	75〜80°

*　　+：変敗原因になる，−：変敗原因にならない
　　　±：外国では変敗原因となるとの報告がある　　?：不明
**　瓶詰，透明プラスチック・フィルム袋詰では湯殺菌する場合が多い．

〔4〕時間（世代時間，generation time）

　微生物の生育には，温度，水分活性，pH，時間の要素因子が必要である．栄養素は食物に含まれているため，微生物の生育にも必要なものであり，したがって制御因子にはならない．微生物にはそれぞれ固有の生育可能温度域がある．pH も生育最適範囲がある．生育のために良い条件がそろえば 15 分くらいで 1 個の細胞が

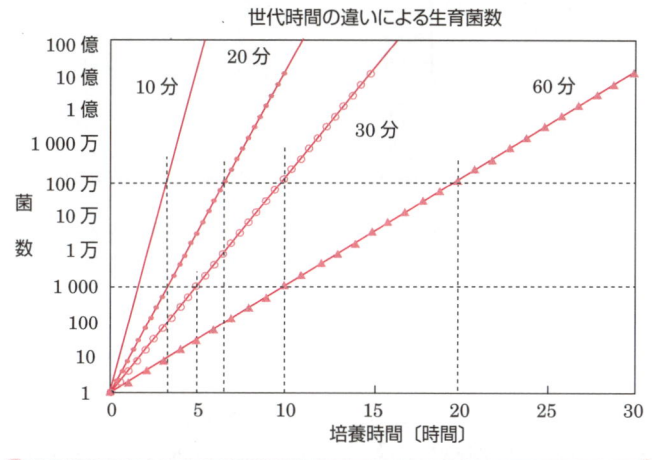

図 15.3　微生物の世代時間が異なる場合の微生物の生育イメージ

Chapter 15　食物保存と微生物汚染

2個になることができる．これを世代時間という．このスピードで増え続けると1個の細胞は1時間に4回分裂する．2の4乗（16倍）2時間で2の8乗（16×16倍＝256倍），3時間で（16×16×16倍＝4 096倍）．このように分裂速度が速い細菌では15分ごとに倍々に指数関数的に増え，ある一定時間後には大量の菌数になってしまう（図15.3）．一般的に，1g当たり100万の菌数がいる状態を"初期腐敗"という．

微生物の制御を考えるとき，保存前の食品中にどれだけの菌数が存在するか（初菌数）が問題となる．殺菌をするときには，その初菌数の多少によって死滅させるのに必要な時間が異なる．初菌数が少なければ時間が少なくて済むが，初菌数が多ければ死滅させるのに時間がかかる．

〔5〕酸素（oxygen）

生育に酸素が必要な微生物と，酸素がないほうが良い微生物と酸素に左右されない微生物群がある．図15.4に図示したように，酸素の必要度に応じて微生物の生育に差が生じる．

一般的には，酸素を必要とする微生物群は好気性菌（aerobes），酸素の有無に左右されない通性嫌気性菌（facultative anaerobes），酸素があると生育を阻害され

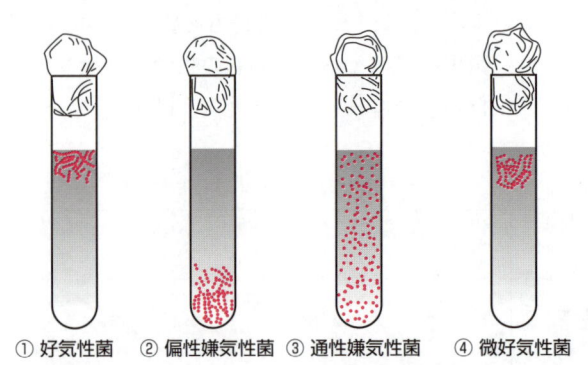

① 好気性菌　② 偏性嫌気性菌　③ 通性嫌気性菌　④ 微好気性菌

① 好気性菌（Aerobic bacteria）遊離酸素の存在下で発育するもの
② 偏性嫌気性菌（Anaerobic bacteria）遊離酸素の存在しない条件下で発育するもの
③ 通性嫌気性菌（Facultatively anaerobic bacteria）遊離酸素の存在の有無にかかわらず発育するもの
④ 微好気性菌（Microaerophilic bacteria）遊離酸素の小量存在下で発育するもの

図15.4　微生物の生育と酸素の関係

（出典：Pelczar Jr., M.J., R.D.Reid and E.C.S.Chan：Microbiology 4th ed., p112, McGraw-hill TMH eds.（1977））

る偏性嫌気性菌（obligated anaerobes），若干の酸素を必要とするものは微好気性菌（microaerophiles）と呼ばれている．好気性の微生物は，脱酸素剤や窒素充填や真空パックによって生育しにくくなるが，反対に嫌気条件下で生育する微生物にとっては生育に快適となるので注意が必要である．

〔6〕**栄養素**（nutrition）

微生物の生育にはタンパク質，糖質，ビタミン類，金属イオン，塩類，水分などが必要とされる．それらの成分はヒトにとっても必要であるため，食品からこれらの成分を取り除くことは食品のかたちをなさなくなるため，微生物の生育抑制のためにはこれらの成分を取り除くことは不可能である．したがって，食品で微生物が生育する条件に栄養素はそろっていることになる．微生物制御には考慮しにくい因子である．

〔7〕**その他**（NaCl）

微生物によっては，食塩を必須とするものがいる．夏場に多い食中毒原因菌である腸炎ビブリオなどは，食塩がないと生育できない．生育には 0.5％以上必要で，2〜4％の食塩濃度のときに盛んな生育が見られる．海洋微生物や塩湖に生息する微生物（好塩性微生物）も一定濃度以上の食塩が生育に必須である．通常の微生物は 7〜8％程度まで生育が可能である．

15.2 食物の悪変

食品の悪変は劣化や変敗や変質と呼ばれている（deterioration, microbial spoilage）．主としてタンパク質が微生物の作用により分解され，低分子に変わり，有害物質や悪臭を放つようになることを腐敗（putrefaction）という．これに対して炭水化物や脂肪が微生物により分解することを変敗や変質（spoilage）と呼ぶ．酸臭（rancid flavor）や酸味（sourness）が発生するものを酸敗（rancidity）という．悪変は変敗とも呼ばれ，その現象はさまざまである．

微生物菌体の色素，微生物が産生する色素による着色，発光，蛍光の発生，多糖の産生によるネトの産生，異味，食品成分の分解（主にデンプンの分解）による粘度の低下，組織の軟化などが起こる．また異臭を伴うことが多い．酸の産生による酸敗もある．異臭やときにはガスや毒性物質を産生することもある．異臭やガスの成分は，インドール，アミン類（ジメチルアミン，トリメチルアミンなど），硫化水素，アンモニア，スカトールなどで，ときにはセメダイン臭（酢酸エチル）を発生させることがある．

15.3 食中毒

　例年，発生する食中毒の95％以上は微生物を原因とするものである．食中毒菌の形式は毒素を作り，その毒素で嘔吐を引き起こす**毒素型タイプ**と菌体を取り込み体内で増えることによる急性胃腸炎，下痢，嘔吐を引き起こす**感染型タイプ**がある．分析技術が進み，微量の毒素の産生が証明されるようになった微生物もある．また一部の菌では遺伝子解析によって毒素産生遺伝子の存在や組織侵入にかかわる遺伝子の有無がわかるようにもなった．

　食中毒には**毒素型食中毒**，**感染型食中毒**，アレルギー様食中毒がある．厚生労働省のHPなどを参照するとよい．

　主な食中毒原因菌の簡単な性質を**表15.3**に示した．

〔1〕毒素型食中毒

　ボツリヌス，黄色ブドウ球菌，セレウス（嘔吐型），腸管出血性大腸菌（Vero毒素産生）などがある．産生した毒素が食中毒症状を引き起こすため，微生物の証明

表15.3 主な食中毒菌の性質

菌名	サルモネラ	カンピロバクター	腸管出血性大腸菌	腸炎ビブリオ	黄色ブドウ球菌	セレウス	ウエルシュ	ボツリヌス	ノロウイルス
生育温度	10～45℃	31～46℃	8～45℃	10～44℃	10～46℃	5～50℃	15～50℃	(A, B型) 10～48℃ (B, E型) 3.3～45℃	—
生育pH	4.5～8.0	5.5～8.0	4.0～9.0	5.0～9.6	5.0～10.0	4.35～9.35	5.5～8.0	(A, B型) 4.5～9.0 (B, E型) 5.0～9.0	—
主な症状	下痢 腹痛 発熱 嘔吐	発熱 下痢 腹痛	腹痛 下痢 鮮血便 脳症	悪心 嘔吐 下痢 発熱	嘔吐 下痢 腹痛	嘔吐 下痢	下痢 腹痛	嘔吐，腹痛 下痢，神経症状	吐き気 嘔吐 下痢 発熱
対策	加熱 低温保存	加熱 低温保存	加熱 低温保存	加熱 迅速な摂取	低温保存 加熱 (毒素は耐熱性強い)	低温保存 迅速な摂取	低温保存 迅速な摂取	低温保存 喫食前加熱 加熱殺菌	加熱
主な原因食品	鶏卵 食肉	鶏肉 野菜炒め 焼肉 井戸水 生牛乳	未消毒 井戸水, レバーの刺身	魚介類	牛乳 調理者の化膿創	チャーハン 食肉 豆類 香辛料	食肉 香辛料	食肉，野菜 魚肉発酵食品	二枚貝 (カキ)， 健康保菌者

15.3 食中毒

がない場合には毒素の証明をすることが必要となる．

〔2〕感染型食中毒

腸炎ビブリオ，病原ビブリオ，プレジオモナス，サルモネラ，コレラ，シュードモナスアエルギノーザ，リステリア，カンピロバクター，ウエルシュ菌，セレウス（下痢型），エルシニア，エロモナス，ノロウイルス（旧名小型球形ウイルス）がある．微生物にとって親和性の高いヒトの臓器で増菌が起こる．そのため組織が壊死し，症状が現れることで食中毒が引き起こされる．近年食中毒原因にノロウイルスとカンピロバクタが目立ってきた．

〔3〕アレルギー様食中毒菌

モルガン菌（モルガネラ属）による．食品の中でアミノ酸類が微生物による分解（脱炭酸作用）を受けアミンを生成することで，ヒトにアレルギー様の症状を引き起こす．発熱，発赤などの症状を示す．青魚によるヒスタミン中毒がよく知られている．

〔4〕マイコトキシン

カビの生育によって食品中に毒素が蓄積される場合がある．カビの種類により産生される毒素（toxin）の種類が異なる．肝臓がんや肝硬変，慢性肝臓障害を引き起こす（表15.4）．

表15.4 主要マイコトキシンとその産生カビ，ヒト・動物に対する障害性および中毒発生の有無

マイコトキシン名	主要産生カビ	障害性	中毒症発生状況発症動物（発生地域）
アフラトキシン類 　アフラトキシン B_1, B_2, G_1, G_2, M_1, M_2，アフラトキシコールなど	*Aspergillus flavus* *A. parasiticus*	肝臓がん，肝硬変，急性肝炎，Reye's 症候群，Kwashiorkor	ヒト（インド，アフリカ，タイ）シチメンチョウ，ニジマス，ブタ（英国，米国，日本）
オクラトキシン類 　オクラトキシン A, B ステリグマトシスチン パツリン	*A. ochraceus* *Penicillium viridecatum* *A. versicolor* *A. nidulans* *P. expansum* *A. clavatus*	腎および肝障害，肝臓癌，腎臓がん（マウス） 肝障害，肝臓がん（ラット） 腎障害，角質増殖症	ウシ （米国，ヨーロッパ，日本）

表15.4 つづき

マイコトキシン名	主要産生カビ	障害性	中毒症発生状況発症動物（発生地域）
黄変米毒素類 　シトリニン 　ルテオスカイリン 　シクロクロロチン 　シトリオビリジン	P. citrinum P. viridicatum P. islandicum P. citreo-viride	ネフローゼ症候群 （実験動物，ブタ） 肝硬変，肝臓がん （ラット） 神経毒性（実験動物）	ニワトリ（日本）
フザリウムトキシン類 　T-2　トキシン	Fusarium tricinctum F. graminecarum	赤カビ中毒症，ATA症 （食中毒性無白血球症）	ヒト，家畜 （日本，ソ連，ヨーロッパ，米国，中国）
ニバレノール，デオキシニバレノール 　ジアセトキシスシルペノール	F. graminearum F. equiseti		
ゼアラレノン	F. sambucinum F. graminearum F. culmorum	発情性症候群，流産	ブタ（ヨーロッパ，米国，カナダ，オーストラリア）
フモニシン B_1，B_2	F. monilifarme F. proliferatum	灰白質脳炎，肺水腫（ブタ）	ウマ （北米，南米，南アフリカ）
麦角アルカロイド	Claviceps purpurea C. fusiformis	けいれん，運動失調，虚血性壊死	ヒト，ウシ （ヨーロッパ，インド）

15.4　食物保存の原理と方法（低温，加熱，食塩添加など）

　微生物の生育の条件を先に述べたが，その生育条件を外すことで微生物の制御をすることが基本となる．一つだけの条件で保存性の向上が図られても，食品の美味しさが損なわれることが多い．したがって，いくつかの条件を組み合わせた方法を取ることが多い．ドイツのライスナー博士のハードル理論が有名である．その原理は温度，水分活性，pH酸化還元電位，保存料，拮抗する微生物などの制御方法を組み合わせて，微生物制御を達成するというものである．

15.4.1　低温保存

　微生物はその生育に最適の温度があり，最適温度から高温にさらされると，死に

15.4 食物保存の原理と方法（低温，加熱，食塩添加など）

至る．低くなるとその活動は不活発になり生育も遅くなる．それを利用したのが低温による微生物の生育抑制である．細菌の一部には，生育に不利な状況になると殻に閉じこもり，芽胞（spore）で過ごす微生物もいる．バチルス属，クロストリジウム属菌が相当する．その状態では耐熱性，耐乾燥性，耐貧栄養性などをもっている．

15.4.2 その他

乾燥，アルコール添加，食塩添加，蔗糖添加，pH低下，pH上昇，保管温度上昇（60℃以上）などが考えられる．アルコールは1～2%以上の添加で日持ちが期待できる．塩辛などに利用されている．添加物にはグリシン酢酸ナトリウム系のものが多く使われている．表15.5に食品の保存に用いられている静菌剤と抗菌作用について，簡単に説明する．

以上のいくつかの静菌剤を組み合わせて食物を保存することが行われている．

これからの方向としては添加物無添加でもハードル理論などを用い，因子の組合せによる安全・安心の食品が必要とされるであろう．

表15.5 食品の保存に用いられている静菌剤と抗菌作用

静菌剤	抗菌作用
アルカリ剤	タンパク質溶解性
有機酸	キレート作用，非解離分子の細胞膜透過性大
	pH低下，酸自身の殺菌性
アジピン酸	芽胞のTDTを下げる
ソルビン酸	芽胞の発芽阻害，−SH酵素の阻害
ペクチン分解物	ガラクツロン酸の殺菌作用，増殖抑制効果
プロタミン	ポリカチオン，菌体膜の損傷膜と結合して膜機能の阻害
キトサン	高分子凝集作用，細胞表層に作用し透過性に影響
ショ糖脂肪酸エステル類（モノグリ）	芽胞の発芽の阻害，過熱損傷の修復阻害
	酵素作用の阻害
グリシン	細胞壁の合成阻害，菌体膜の損傷
ポリリジン	細胞壁に吸着
リゾチーム	細胞壁の分解
チアミンラウリル硫酸	界面活性作用
香辛料	呼吸阻害
食塩	水分活性低下，細胞の浸透圧調整機能の破壊脱水
糖分	水分活性低下，細胞の浸透圧調整機能の破壊脱水
アルコール	タンパク質変性，細胞分裂阻害，ただし芽胞には効果がない
乾燥	細胞浸透圧調整機能の破壊

Chapter 15 食物保存と微生物汚染

演習問題

Q.1 「発酵」と「腐敗」はどのように異なるかを説明せよ．

Q.2 微生物の生育に必要な因子を最低四つあげよ．

Q.3 どのような場合に細菌が芽胞（spore）を造るかを説明せよ．

Q.4 「腐敗」とは主にどのような成分が変化するのかを説明せよ．

Q.5 「変敗」，「変質」は主にどのような成分が変化するのかを説明せよ．

Q.6 食品中の水を微生物が利用する場合，どのような水を利用するのか．水分活性の概念を簡単に述べよ．

参考図書

1. 三瀬勝利，井上富士男 編：食品中の微生物検査法解説書，講談社サイエンティフィク（1996）
2. 清水 潮 編：食品微生物の科学，幸書房（2005）
3. 好井久雄・金子安之・山口和夫 編著：食品微生物学ハンドブック，技報道出版（1999）
4. 松田敏生：食品微生物制御の化学，幸書房（1998）
5. 芝崎 勲，改訂新版 新・食品殺菌工学，光琳（1998）

ウェブサイト紹介

1. 厚生労働省
   http://www.mhlw.go.jp/
2. 農林水産省
   http://www.maff.go.jp/
3. 感染症情報センター
   http://idsc.nih.go.jp/index-j.html
4. 東京都健康安全研究センター
   http://www.tokyo-eiken.go.jp/index-j.html
5. 動物衛生研究所
   http://niah.naro.affrc.go.jp/index-j.html
6. 食品総合研究所
   http://www.nfri.affrc.go.jp/index.html

Chapter 16
産業用微生物とその応用

　微生物を利用した発酵（fermentation）は，有史以前から世界各国で独自のさまざまな発酵産業を形成し現在に至っている．今日の発酵工業は酒類，食品，医薬，農薬などの分野で大きな市場を占めている．本章では，さまざまな産業応用例について紹介する．

Chapter 16
産業用微生物とその応用

　発酵が微生物によるものであることが判明したのは，「発酵学の父」と呼ばれるパスツール（L. Pasteur）の功績によるものであり，19世紀半ばまで待たなければならなかった．パスツールは，乳酸発酵，ブドウ酒（ワイン）の製造，アルコール発酵や食酢製造などがそれぞれ異なった微生物によるものであることを証明した．発酵の本質は微生物の「化学反応」であるが，それが酵素反応によるものであることを証明したのはブフナー（Buchner）兄弟である（1897年）．彼らはビール酵母を珪砂ですり潰しその浸出液に大量のショ糖を加えたところ，生きている酵母が存在していないのにエタノールが生成していることを発見した．この実験が酵素（enzyme）の概念の始まりであった．Enzymeとはラテン語で「酵母の中」という意味であり，化学触媒同様，タンパク触媒が化学反応において存在することが判明した．それからの長い歴史の中で，発酵工業は微生物自体を使う発酵法と微生物中の酵素を使って有用物質生産する方法を開発してきた．

　学問の進歩により，現在，① アルコール（エタノール）製造（アルコール飲料や工業用エタノールなど），② 発酵食品工業（醤油，味噌，乳酸飲料，食酢，チーズ，納豆など），③ アミノ酸発酵（グルタミン酸，リジン，アルギニンなど），④ 核酸発酵（5′-イノシン酸や5′-グアニル酸などの調味料など），⑤ 有機酸製造（クエン酸，リンゴ酸，グルコン酸，乳酸など），⑥ 生理活性物質製造（抗生物質，抗腫瘍剤，ビタミン，ステロイドホルモン，ジベレリンなど），⑦ 微生物による環境浄化，⑧ 工業用酵素の生産と応用，⑨ 糖質関連化合物の発酵と酵素生産（シクロデキストリン，有用オリゴ糖など）など多種多様な産業が発展している．これらの発酵に関与する産業用微生物と製造法は多種多様であるが，企業が技術内容を論文に発表し公知にするケースは非常に少ない．

> **Topics　発　酵**
>
> 　微生物が発酵の本体であることを知らない有史以前から人類は酒（アルコール発酵）やヨーグルト（乳酸発酵）などを嫌気的に製造してきた．その概念を変えたのは，アミノ酸，核酸，抗生物質などの発酵生産であるが，酢酸発酵がその原点だった．これらの化合物は深部培養法（通気かくはん培養）といって，培養タンクに張り込んだ培地に強制的に空気（酸素）送り込んで製造される．1900年代半ばの本技術を「発酵」に含めるようになった．現在，嫌気発酵（anaerobic fermentation）と区別し，「酸化発酵（oxidative fermentation）」と呼んでいる．一方，紅茶やタバコの熟成は植物自身が有する酵素で化学変化によって行なわれるが，これらも発酵と呼んでいる．

16.1　アルコール

　清酒，みりん，ビール，発泡酒，ワイン，シェリー，リンゴ酒，ポート，紹興酒（以上醸造酒），ウイスキー，ブランデー，焼酎，カルバドス，泡盛，ジン，ラム，テキーラ，ウォッカ（以上蒸留酒）など，読者はどこかでこれらのお酒（調味料）を耳にしたことがあるだろう．その原型となるアルコール発酵は世界各地の穀物や果物の自然発酵によるものだった．一方，工業用と燃料用エネルギーとしてエタノール製造が注目されたのは，産業革命の化学原料確保，2回の世界大戦時の燃料不足，昨今の石油枯渇資源代替（バイオマス）の問題に起因している．発酵形式（酵母）は次のとおりである．

$$C_6H_{12}O_6 \rightarrow 2C_2H_5OH + 2CO_2$$
　　　グルコース　　　エタノール　　二酸化炭素

16.1.1　アルコール発酵菌

　多くの場合，エタノール生産菌は *Saccharomyces cerevisiae* とその類縁酵母である．β-ガラクトシダーゼ（β-galactosidase）生産（乳糖発酵性）酵母である *Kluyveromicees lactis* や *Kluyveromyces fragilis* を使ってミルク中の乳糖をアルコール発酵させる場合もある．一方，グルコースからエタノール発酵細菌として知られているのは，*Zymomonas mobilis*（一属一種），ヘテロ乳酸菌

Chapter 16　産業用微生物とその応用

(*Lactobacillus brevis*, *Lactobacillus buchneri* や *Leuconostoc mesenteroides* など) と *Clostridium* 属細菌である.

16.1.2　アルコールの製造法

〔1〕醸造酒

　酒には大別して醸造酒と蒸留酒がある．醸造酒は発酵アルコールをろ過しただけにすぎないが，蒸留酒は発酵アルコールを蒸留したものである．

　清酒は米，米麹を主原料として**麹カビ**（*Aspergillus oryzae*）のα-アミラーゼ（α-amylase）によるデンプンの糖化と酵母（*Saccharomyces cerevisiae*）によるアルコール発酵を同時進行させて製造される醸造酒である．「米どころは酒どころ」といわれるが多少の誤解があるようである．多くの酒造会社は山田錦，五百万石，美山錦などのうるち米を原料としている．これらの米は吸湿性が良く，大粒で心白がある．米の中心の心白はタンパク質や脂質が少なく雑味のない良質の酒ができるので，70～40％まで精白する．使用する酵母も日本醸造協会から優良株を供給されている場合が多い．精白した米を蒸煮（蒸すこと）後に麹カビを混ぜるようにして植えつけて麹を作る．良質の麹は植えつけた麹カビのα-アミラーゼ，グルコアミラーゼ（glucoamylase）やプロテアーゼ（protease）などの活性が高く，良質なアルコール発酵の原料となる．清酒の主発酵は，種酵母，蒸し米，麹と水を加えて行う．水も良質な清酒を製造する場合に重要である．酵母の生育に必要なカルシウム，カリウムやリン酸を適当に含み，鉄やマンガンは少ないほうが良いといわれる．

　ビールは世界で最も古くから醸造された酒といわれ，世界最大の生産量となっている．基本的には清酒と似た製造工程をとるが，大麦の麦芽（トウモロコシや米を副原料とする場合もある），ホップと水が主原料である．まず，大麦を水に浸漬して発芽を促し（麦芽），麦芽のα-アミラーゼなどの作用によりデンプンが消化されやすい状態にする．ホップは独特の苦味を付与するための原料である．清酒の麹酵素と同じような作用により，麦芽中の酵素によってデンプンやタンパク質は糖，タンパク質分解産物のペプチド，アミノ酸に分解される．ビール酵母による発酵によってアルコールや CO_2 に加え独特の風味を与える．

　ビールの製造法は**上面発酵**（top fermentation）と**下面発酵法**（bottom fermentation）がある．上面発酵は *Saccharomyces cerevisiae* を用いて比較的高温で発酵させるため，発酵泡とともに酵母が培養液表面に浮上する．下面発酵は *Saccharomyces carlsbergensis*（*Saccharomyces cerevisiae* とシェリー酵母の

Saccharomyces bayanus の雑種）を用いて行うが，発酵中は分散しており，糖を消費すると凝集して発酵タンクの底に沈む．

そのほかの醸造酒として，ブドウを原料としたブドウ酒（自然発酵による最古の酒），リンゴを原料としたシードル，馬乳を原料としたクミスなど，世界各国で異なったデンプンと糖原料を用いた酒が存在する．これらをワインというので，ブドウ酒だけをワインとはいえない．

〔2〕蒸留酒

蒸留酒の代表的な酒はウイスキー，ブランデー，焼酎などがある．これらのデンプンや糖原料は各国で異なる．

本格焼酎はサツマイモ，ジャガイモ，大麦，米などを原料として，米や麦麹が平行して発酵される．蒸留器でアルコール40％程度まで蒸留したあと，貯蔵して熟成したり水で薄めてビン詰めされる（乙類）．再蒸留したものを甲類という．泡盛はクエン酸生成量の高い黒麹カビ（*Asperugillus awamori*）を用い，タイ米を原料とした焼酎である．

ウイスキーは麦芽で穀類を糖化したあと，酵母でアルコール発酵させ蒸留して木樽で貯蔵する．一般に，各種貯蔵ウイスキーをブレンドしたものをスコッチウイスキー，長年貯蔵して同じ樽からビン詰めしたものをシングルモルトウイスキーという．ブランデーは，一般にはぶどう酒を蒸留して貯蔵した酒を指すが，サクランボやリンゴを原料として製造した酒もブランデーと呼んでいる．そのほかの蒸留酒として，テキーラ（リュウゼツランの茎），ジン（穀類と植物精油エキス），ラム（サトウキビの搾汁）やウォッカ（穀類）などが世界各国で製造されている．

16.2　食　　酢

食酢の製造は日本古来の発酵技術であるが，古くは中国から伝来したと考えられている．酢酸発酵が酢酸菌によって行われることを初めて発見したのはPasteurである（1864年）．ワインが酸敗することは当時フランスでは腐敗だったが，食酢自体は古くから世界各国で一般的なものであり世界最古の調味料といわれる．下述の酢酸菌（混合物）が使用されている．食酢は大きく分けて醸造酢，合成酢，穀物酢，果実酢，米酢，りんご酢，ぶどう酢がある（日本農林規格，JAS）．わが国で現在最も大量に生産されているのは醸造酢であり，穀物，果実，醸造用アルコール

などを原料として酢酸菌から作られている．

16.2.1　酢酸発酵菌

酢酸発酵は，*Acetobacter aceti*，*Acetobacter rancens*，*Acetobacter pasteurianus*，*Acetobacter europaeus*，*Acetobacter intermedius*，*Acetobacter polyoxygenus*，*Acetobacter pomorum*，*Acetobacter oboediens* などのエタノール（酒精）酸化能の高い絶対好気性酢酸菌を用いて行われている．酢酸菌はエタノールを原料として酢酸に酸化変換する．

16.2.2　食酢の製造法

一般に食酢はデンプンや果実の糖分をアルコール発酵させ，生成するエタノールを酢酸発酵で酢酸に転換する2段階で製造する．原料自体や発酵で生成する呈味成分や芳香成分に加えてミネラルなどが独自の風味を与える．食酢製造工程に関与する微生物は，麹カビ（*Aspergillus*），酵母（*Saccharomyces*）と酢酸菌（*Acetobacter*）である．麹菌はデンプン原料を糖化し，酵母はその生成物をエタノールに変換し，酢酸菌がエタノールから酢酸を生産する．

エタノールから酢酸に発酵する方法は2種類ある．一つは表面培養（surface culture, static culture）であり，なるべく培地の表面積を大きくして空気（酸素）との接触を確保する．この場合，発酵の主役は *Acetobacter pasteurianus* で液体培養液表面に皮膜を形成しながら発酵が進行する．一方，通気かくはん培養（submerged culture）では発酵タンクに強制的に酸素を大量に加える．表面培養の場合，発酵終了まで10日前後を要するが，通気かくはん培養法を用いると2, 3

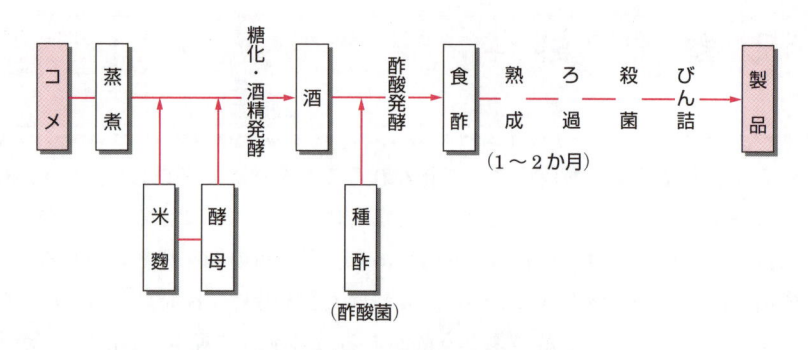

図 16.1　米酢の製造例

日である．一般に，通気培養法による食酢は独特の風味が少ないので各種の呈味成分の添加を行うが，安定した食酢の生産に適している．一般に食酢の製造は酢酸菌の混合培養によって発酵させ，**純粋培養**[*1]（pure culture）を行わない．発酵液のpHが低いために雑菌汚染の可能性が少なく，種酢（種菌を含む食酢発酵液）を植え継いで次の発酵に使用している．各製造工場の発酵法の違いによって独特の呈味と風味を与える（**図16.1**）．

16.2.3 酢酸発酵に関与する酵素

酢酸菌によるアルコールから酢酸への変換は，従来信じられてきた菌体内のNAD依存性アルコール脱水素酵素（ADH）とアルデヒド脱水素酵素（ALDH）によるものではないことが証明されている．酢酸菌のADHとALDHは細胞膜の表面に存在する．この二つの酵素はピロロキノリンキノン（PQQ）という複雑な構造をした補酵素（coenzyme）を用いて反応を触媒し，エタノール→アセトアルデヒド→酢酸となる．両酵素反応で生成する電子（e^-）は酸素に渡され水（H_2O）となる（詳細については，飴山　實らの参考文献を参照）．

16.3　核酸発酵

味覚は塩味，酸味，甘味，苦味とうま味からなる．「うま味」は日本人の味覚に対する敏感さに起因しているが，外国では長く認められなかった．昆布のグルタミン酸がうま味成分として発見されたのは明治時代である．鰹節（発酵食品）の$5'$-イノシン酸（$5'$-IMP，$5'$-inosinic acid），シイタケの$5'$-グアニル酸（$5'$-GMP，$5'$-guanylic acid）が相次いでうま味成分として発見された．その後，鰹節は$5'$-IMPとグルタミン酸，ステーキは$5'$-IMPと$5'$-GMP，ウニはグリシン，アラニン，グルタミン酸，バリン，メチオニンなどのアミノ酸と$5'$-IMP，$5'$-GMPがうま味成分として，相加的あるいは相乗的な効果があることが判明している．発酵食品の原料自体にうま味成分が存在するが，発酵によってさらに生成促進される．味噌，醤油，塩辛，鰹節などがその例である．現在，うま味は英語「umami」と

[*1] 純粋培養：異なる微生物を含まず，一種の微生物だけを純粋に分離して培養する方法．Brefeldがカビ（1872年），ListerやKochが細菌（1881年），Hansenがビール酵母（1878年）の純粋培養に成功して以来，細菌学，医学，発酵工業が飛躍的な発展を遂げた．

して世界に認知されている．核酸である 5′- IMP の発見を契機として種々の核酸が発酵法や酵素法で製造されるようになった．以下にその代表例を述べる．

16.3.1 製　造　法

　生命の本質である核酸（DNA と RNA）を発酵製造するのは不可能といわれてきた．しかし，その基本構造であるヌクレオチドやヌクレオシドが微生物によってろう洩することは古くから知られていた．上述したうま味成分として核酸が同定されて以来，主に日本人研究者がその中心的な研究を担った．

　5′- IMP 生産菌として，*Corynebacterium ammoniagenes*，*Corynebacterium glutamicum*，*Corynebacterium equi*，*Bacillus subtilis* などが知られている．酵母の RNA から 5′- IMP が製造されて以来，発酵法と酵素法（enzymation）による生産研究が盛んになった．発酵法では *Corynebacterium ammoniagenes* の多重変異株[*2]を用いて菌体外に大量生産させる．酵素法では，まず *Corynebacterium ammoniagenes* を用いてイノシン（inosine）発酵を行う．イノシンから 5′- IMP を酵素合成するには ATP が必要であるが，大腸菌（*Escherichia coli*）のイノシンキナーゼ（イノシンの 5 位の水酸基をリン酸化する酵素）を用いる．ATP は大腸菌がグルコースと無機リン酸から合成される．

　5′- GMP の直接発酵法はまだ確立していない．通常，*Crynebacterium ammoniagenes* の変異株を用いて前駆体のキサンチル酸（5′- XMP，5′- xanthyl acid）発酵を行う．次いで，5′- XMP から 5′- GMP 転換能を強化した（GMP 合成酵素）大腸菌変異株の培養液を混合して生成物を得る．5′- XMP はもっぱら 5′- IMP の前駆体として発酵生産されている．

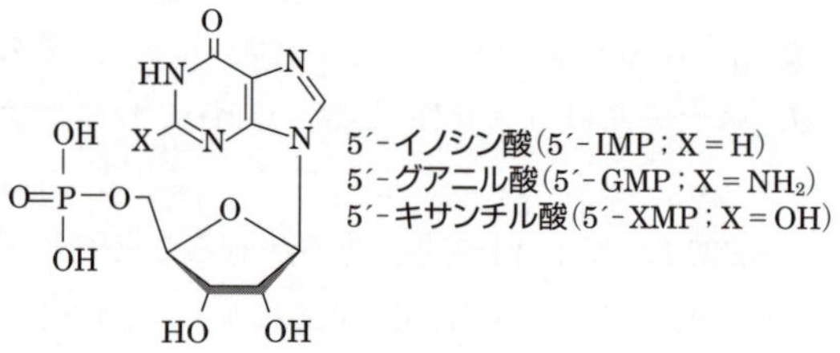

5′-イノシン酸（5′-IMP；X = H）
5′-グアニル酸（5′-GMP；X = NH$_2$）
5′-キサンチル酸（5′-XMP；X = OH）

図 16.2　核酸の構造

[*2] 多重変異株：一般に工業的に使用されている菌株は突然変異で改良するが，何回も変異を繰り返して目的に適う変異株を選択する場合が多い．伝統的な発酵菌は，現在も自然に生じた変異株を選択して使用されている場合も多い．

うま味の強さは 5′-GMP＞5′-IMP＞5′-XMP であり，適量のグルタミン酸を加えると強い相乗効果がある．5′-IMP，5′-GMP と 5′-XMP の構造を図 16.2 に示す．

16.4 アミノ酸発酵

「発酵」とは本来嫌気的に微生物を使った物質生産を意味していた．この発酵の概念を変えたのは日本人研究者である．また，核酸発酵と同様に「タンパク質の構成アミノ酸を生産するのは不可能」と思われてきた．木下祝郎らが *Corynebacterium* 細菌を用いてグルタミン酸発酵の工業化に成功したのは 1957 年ある．グルタミン酸の Na 塩が昆布のうま味成分であることを証明した池田菊苗の発見（1908 年）から半世紀経っており，安価で大量に発酵生産できるようになった．

アミノ酸は調味料のほかに，栄養源，飼料，甘味料，医薬などの多分野で使用されており，発酵によるアミノ酸製造は大きな市場を形成している．微生物によるアミノ酸製造は，① タンパク質分解法，② 化学合成法，③ 発酵法と ④ 酵素法に分けられる．アスパラギン，チロシン，システインは①，グリシン，アラニン，メチオニンは②で製造されている．そのほかのアミノ酸はほとんどが ③ か ④ を用いて製造されている．

16.4.1 アミノ酸発酵の例

グルタミン酸の工業用発酵生産菌は，*Corynebacterium glutamicum* と *Brevibacterium lactofermentum* が知られている．ジャガイモ，トウモロコシやタピオカのデンプンを耐熱性の α-アミラーゼとグルコアミラーゼで加水分解して得られるグルコースとアンモニア体窒素を原料にして製造する．最近の技術進歩により，*Corynebacterium glutamicum* を用いて発酵生産させると 100 g/l 以上のグルタミン酸が生産されているようである（図 16.3）．

リジンは *Corynebacterium glutamicum* と *Brevibacterium lactofermentum* (*Brevibacterium flavum*) 変異株を用いて発酵生産されている．糖質原料としてイモ，米やトウモロコシ由来のグルコース，サトウキビやテンサイなどの廃糖密由来のスクロース，グルコースやフルクトースなど，窒素源としてアンモニア体窒素，タンパク質分解産物である有機体窒素，酵母エキスなどを用いる．そのほか，アル

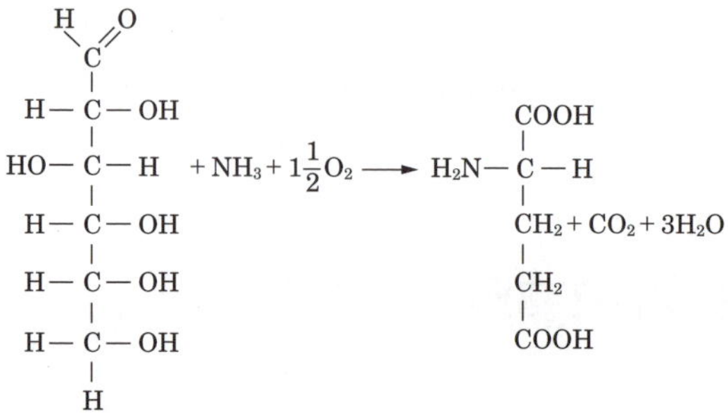

$$\underset{\text{グルコース}}{\begin{array}{c}H\\\|\\C=O\\|\\H-C-OH\\|\\HO-C-H\\|\\H-C-OH\\|\\H-C-OH\\|\\H-C-OH\\|\\H\end{array}} + NH_3 + 1\frac{1}{2}O_2 \longrightarrow \underset{\text{L-グルタミン酸}}{\begin{array}{c}COOH\\|\\H_2N-C-H\\|\\CH_2\\|\\CH_2\\|\\COOH\end{array}} + CO_2 + 3H_2O$$

● 図 16.3 グルタミン酸の直接発酵の形式

ギニン,ヒスチジン,イソロイシン,ロイシン,フェニルアラニン,プロリン,セリン,スレオニン,トリプトファンなどが変異株を用いた発酵法によって工業生産されている.

一般にアミノ酸の生合成は生体の構成成分であるので過剰生産することはない.微生物はアミノ酸を過剰生産しないように何らかの代謝制御機構を有している.したがって,代謝制御を変異法などで解除させることによってアミノ酸を過剰生産させている.この技術による発酵を「代謝制御発酵」と呼んでおり,アミノ酸発酵では避けられず,各種アミノ酸ごとに独自の代謝制御の解除を行っている.

16.5 クエン酸

クエン酸は酸味料として清涼飲料水などの食品に添加されており,最も一般的な発酵有機酸である.キレート作用があるため洗浄剤に配合され,防錆剤や清缶剤としての用途もある.かんきつ類やパインなどの果物の酸味主成分であるので,一時期これらの果物からクエン酸が抽出されていたが,現在はほとんど発酵法で製造されている.表面培養法,通気かくはん培養法,固体培養法(solid culture)などで発酵生産されている.原料として糖蜜,デンプン(サツマイモ,タピオカなど),デンプンのりが用いられている.発展途上国の原料が安価なため,日本のクエン酸はほとんど輸入に頼っている.

かつて石油発酵が盛んな時期があり,糖質原料から発酵させるより経済的に有利と考えられていた.パラフィン資化性酵母を用いてクエン酸を発酵する試みもその

一例であるが，枯渇資源の石油を原料とした工業的発酵生産は現在行われていない．

クエン酸生産菌として，*Aspergillus niger* や *Aspergillus awamori* などの黒麹カビ，*Penicillium* 属カビ，パラフィン資化性酵母 *Yarrowia*（*Candida*）*lipolytica* などが知られている．工業的にはもっぱら *Aspergillus niger* が使用されている．通常，生成したクエン酸はカルシウム塩にして沈殿させて回収してから精製する．

16.6 ビタミン類

ビタミン（vitamin）は，アミン化合物であるビタミン B_1（チアミン）を発見した Funk が命名した（1912 年）．鈴木梅太郎と Funk はほぼ同時にチアミンを結晶化したことで知られている．ビタミンは人や動物の必須栄養素として発見された物質が多く，水溶性と脂溶性のものに大別される．発見された順番に A, B, C, D などと命名したがアミン化合物ではない．現在，水溶性ビタミンとしてチアミン，リボフラビン（ビタミン B_2），ビタミン B_6，ナイアシン，パントテン酸，ビオチン，葉酸，ビタミン B_{12}，リポ酸，アスコルビン酸（ビタミン C）が，脂溶性ビタミンとしてビタミン A, D, E, K やユビキノン，必須脂肪酸が知られている．

リボフラビンは，子嚢菌 *Ashbya gossypii* の変異株，組換え *Bacillus subtilis* や *Corynebacterium ammoniagenes* で大量生産されている．ビオチンは現在のところ化学合成が主体であるが，最近 *Bacillus sphaericus* の高生産性変異株で工業化された．*Serratia marcescens* や組換え大腸菌による製造法も報告されている．ビタミン B_6 も同様に化学合成品であるが，*Pichia guilliermondii*, *Rhizobium meliloti*, *Flavobacterium* などが発酵生産菌として期待されている．ビタミン B_{12} は *Pseudomonas denitrificans* や *Propionibacterium shermanii* の高生産変異株で発酵生産されているようである．ビタミン C は，その前駆体である L－ソルボースを発酵生産してから化学合成されている．D－ソルビトールを原料として強力な糖酸化能を有する *Gluconobacter oxydans* の変異株が使われている．

そのほかのビタミンは，工業化の途上にあるか研究段階に留まっていると思われる．一般に，ビタミンを発酵法や酵素法で製造するのは難しい．構造が複雑なものが多いうえ，生産菌自体が微量しか合成していないためと考えられる．生合成経路の遺伝子が詳細に判明すれば，発酵生産法が見出されると期待されている．

16.7 シクロデキストリン

シクロデキストリン（CD：cyclodextrin）はドーナツ型の構造を有しており，C6～12個のグルコースがα-1，4グルコシド結合で環状に結合したオリゴ糖であるが，6員環，7員環，8員環構造体が主たるCDで，それぞれα-CD，β-CD，γ-CDという（図16.4）．

図16.4 シクロデキストリンの構造

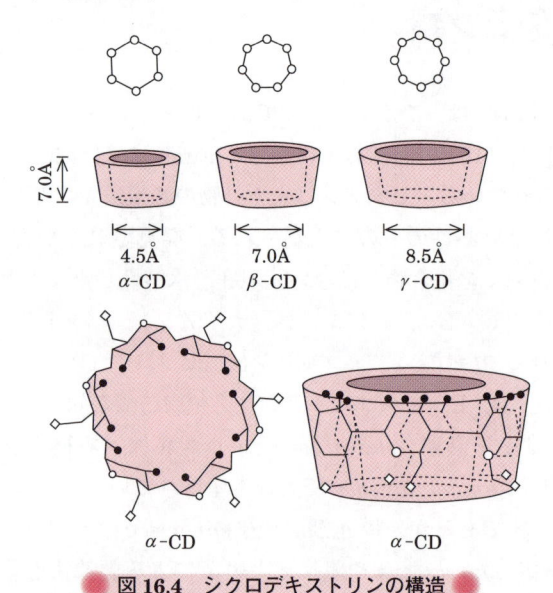

○はグルコース単位を示す．グルコースがα-結合し6個（α-CD），7個（β-CD），8個（γ-CD）で環化している．円筒表面には親水基（◇），空洞内に疎水基（●）が並んでいる（出典：野本正，酸素工学，学会出版センター，p.103（1993））

16.7.1 シクロデキストリン合成酵素生産菌

CDはシクロデキストリン合成酵素（CGTase）によって酵素合成されている．その微生物起源は*Bacillus*属細菌が最も多いが（*Bacillus circulans*, *Bacillus macerans*, *Bacillus stearothermophillus*, *Bacillus megaterium*, *Bacillus coagulans*, *Bacillus subtilis*, *Bacillus firmus*, 好アルカリ性*Bacillus*），*Klebsiella oxytoca*や*Thermoanaerobacter*属細菌も菌体外に生産する．

16.7.2 シクロデキストリン製造法

上述の菌の CGTase は異なった比率で α-CD, β-CD と γ-CD を伴産する. 通常デンプンを原料として CD を製造する. その初期段階ではその生成物は α-CD, β-CD, γ-CD である. しかし, 反応が進行するとそれぞれの CD が主成分となる. 好アルカリ性 *Bacillus* 由来の CGTase を用いて, 3 種の CD を無溶媒で分別精製・結晶化する方法が開発されている. 溶媒法は精製が簡単であるが, 溶媒自体やその中に含まれる微量物質が CD に取り込まれ人体や環境に有害となる懸念があり, 食品や医薬品に使用する場合は注意を要すると考えられている.

16.7.3 用　　途

CD は内部空洞が疎水性で外部表面が親水性のため, 空洞内に種々の化合物が取り込まれる（包接化合物という）. それによって, ① 揮発性の高い香料や食品の香気成分の不揮発性化, ② 酸や光に不安定な物質の安定化, ③ 油性物質の乳化や安定化, ④ 医薬や食品栄養物の体内吸収促進, ⑤ 食品の粉末化, ⑥ 食品の呈味性の改善などに多用な用途が生まれた. チューブ入りの練りワサビに辛味成分が CD で包接されているのはその一例である. 表 16.1 にシクロデキストリンの用途を示す.

表 16.1　シクロデキストリンの用途

■ 揮散しやすい成分の安定化 　各種香料, 茶 (緑茶, ウーロン茶, 紅茶, 抹茶), コーヒー, ラーメン (具, スープ), アルコール製剤 (食品用防腐剤) など
■ 分解しやすい成分の安定化 　練りワサビ, ワサビ漬け, おろしニンニク, おろしショウガ, 練りカラシ, カラシレンコン, 珍味, ルチン, ロイヤルゼリー, 各種ビタミン, 食用色素など
■ 吸湿しやすい成分の吸湿性の改善 　粉末 (固形) 調味料, 粉末 (固形) スープ, 粉末茶 (緑茶, ウーロン茶, 紅茶), ハードキャンディー, 粉末チーズなど
■ 苦味や異臭の矯味・矯臭 　缶詰 (魚, 肉), 口臭除去剤 (ドリンク, トローチ, キャンディー, ガム), 各種エキス (シイタケ, 霊芝, 高麗人参, ドクダミ, 肉, 魚介類, 酵母エキスなど), 各種野菜ジュース, 野菜スープ, 食酢, べったら漬けなど
■ 乳化性の改善 　アイスクリームミックス, 卵白 (起泡性の向上), ドレッシング, ホイップクリーム, コーヒークリームなど
■ 難水溶性成分の溶解性の改善 　ミカン缶詰 (白濁防止), ルチンなど

16.8 抗生物質

抗生物質（antibiotics, 複数形）は「（微）生物が生産し，（微）生物に対し微量で顕著な阻害作用を有し，人間や動物に対して毒性が低い物質」と定義されてきた．しかし，現在では半有機合成や有機合成法によって製造されても抗生物質とされる場合が多い．一方，抗ウイルス，免疫，抗アレルギー，抗ガン，抗神経作用物質などを含めて生理（生物）活性物質（bioactive substance）と呼ぶことも多く，抗生物質は便宜的な定義と考えてよい．

16.8.1 抗生物質生産菌

抗生物質の歴史は Fleming がカビ *Penicillium notatum* からペニシリン（penicillin）を発見したことから始まった（1929年）．Chain と Florey が *Penicillium crysogenum* が生産するペニシリンを工業化した（1940年）．ついで Waksman が放線菌 *Streptomyces griseus* から抗結核物質ストレプトマイシン（streptomycin）を見出してから（1944年），化学療法剤としての抗生物質の開発が盛んになった．

抗生物質生産菌は *Streptomyces* 属細菌が多い．*Streptomyces venezuelae*（クロラムフェニコール），*Streptomyces aureofaciens*（リファンピシン），*Streptomyces clavurigerus* などである．そのほか，*Bacillus subtilis*（バシトラシン），*Bacillus brevis*（グラミシジン），*Bacillus polymyxa*（ポリミキシン）などがある．抗ガン剤生産菌としては *Streptomyces antibiotics*（アクチノマイシン D），*Streptomyces caespitosus*（マイトマイシン C）や *Streptomyces verticillus*（ブレオマイシン），抗カビ剤としては *Penicillium gryceofulvum*（グリセオフルビン）などがあげられる．*Cepharolosporidium acremonium*（セファロスポリン）は免疫抑制剤として移植医療の発端となったカビである．日本で，強力な免疫抑制剤（タクロリムス）を生産する *Streptomyces tsukubaensis* が発見されている（1984年）．

16.8.2 抗生物質の作用機作

抗生物質の作用部位について以下にまとめて述べる．
① 細胞壁合成の阻害（ペニシリン，セファロスポリン，バンコマイシンなど）
② タンパク質合成の阻害（クロラムフェニコール，テトラサイクリンなど）

③　細胞質膜の障害（ポリミキシン，グラミシジンなど）
④　核酸合成の阻害
　　・DNA 合成（マイトマイシン，ブレオマイシンなど）
　　・RNA 合成（アクチノマイシン，リファンピシンなど）
⑤　代謝拮抗（グリセオフルビンなど）

　抗生物質はヒトや家畜などの感染症治療などに多大な光明を与えた．一方で繰り返し大量投与によって耐性菌が頻発しているため，上述の抗生物質などの構造変換（半合成）や新規抗生物質の探索が行われている．また，免疫疾患（各種アレルギー，エイズなど），インフルエンザや各種腫瘍の治療薬の開発は最近の重要な課題となっている．抗生物質製造は微生物発酵，酵素合成，有機合成からのアプローチが盛んに行われているが，開発に長年を要し，人体に対する安全性の保障に多大な費用がかかる．

16.9　パ ン 製 造

　一部を除き，パンは酵母（Saccharomyces cerevisiae）による発酵工程がある．原料となる小麦粉にはデンプンが含まれており，パン酵母はアルコール発酵して炭酸ガスを生成するのでふっくらとしたパンができあがる．多くの場合，小麦粉にはパン酵母が利用できる糖類が少ない．そこで Aspergillus niger の α-アミラーゼを添加して利用可能な糖類を補充してふっくら感を高める場合がある．また，パンがボロボロとした食感を与えることがある（老化という）．老化を防止するために Bacillus の α-アミラーゼを添加するとパンの固化やもろさを防止できる．酵素で生成する麦芽糖（マルトース）に水分保持能力があるからである．パンが焼きあがった時点で，パン酵母やこれらの酵素は失活するが，パンの風味や香味に寄与しているといわれる．

　まだ一般的に使用されていないが，パン生地に酵母を練りこみ冷凍する工夫がなされている．酵母は凍結すると細胞に障害が起きるので，耐凍結酵母が突然変異法で得られている．耐性酵母を練り込んだ凍結生パン生地を解凍したあとに発酵と焼成をする．

16.10 発酵乳製品

乳酸菌（lactic acid bacteria）は数多くの食品発酵に用いられている．ヨーグルト，乳酸菌飲料，チーズなどの発酵乳酸食品や味噌，醤油，漬物，酒，ワイン，サイレージなどの製造に深く関与している．また，ヒトや動物の消化管にも生息している．

乳酸菌はグルコースあるいは関連糖を分解して50％以上の乳酸を生成するグラム陽性菌の総称であり，*Lactococcus*, *Leuconostoc*, *Lactobacillus*, *Streptococcus*, *Pediococcus*, *Wissella*, *Carnobacterium*, *Enterococcus*, *Vagococcus*, *Oenococcus*, *Tetragenococcus*, *Bifidobacterium* の12属に分類されている．ビフィズス菌（*Bifidobacterium* 属）は偏性嫌気細菌で乳酸生成は対糖収率も50％あり遺伝学的性質も異なっているが，その生育環境が乳酸菌と似ているため便宜上乳酸菌の仲間に入れている．

16.10.1 発酵乳系乳酸菌

乳酸発酵食品に使用されている主な乳酸菌は *Lactobacillus delbruekii* subsp. *bulgaricus*（発酵乳，乳酸菌飲料），*Lactobacillus delbruekii* subsp. *lactis*（チーズ，発酵乳），*Lactobacillus helveticus*（チーズ，発酵乳，乳酸菌飲料），*Lactobacillus helveticus* subsp. *jugurti*（チーズ，発酵乳，乳酸菌飲料），*Streptococcus thermophilus*（発酵乳，乳酸菌飲料），*Lactococcus lactis* subsp. *lactis*（発酵バター，チーズ，発酵乳），*Lactococcus lactis* subsp. *cremoris*（発酵バター，チーズ，発酵乳），*Lactococcus diacetilactis*（発酵バター，チーズ），*Leuconostoc cremoris*（発酵バター，チーズ，発酵乳）などがあげられる．

その一例としてヨーグルトについて述べる．近年，ヨーグルトをはじめとする発酵乳製品は健康食品として注目を集めている．ヨーグルトと乳酸菌飲料は，世界各国で乳から発酵生産される食品の代表例である．主に牛乳を原料として2種類の混合乳酸菌を種菌（スタータという）として使用する．ブルガリア菌（*Lactobacillus delbruekii* subsp. *bulgaricus*）とサーモフィルス菌（*Streptococcus thermophilus*）である．牛乳中の乳糖，タンパク質（カゼインなど）やCaなどの無機塩は，これらの乳酸菌の作用によって凝固して乳酸（低pH），アミノ酸やペプチド，ビタミンや香気成分の生成に加えて，Ca吸収促進，整腸作用やそのほかの

健康効果を与える．

　ヨーグルト発酵に使われる*Lactobacillus delbruekii* subsp. *bulgaricus* と *Streptococcus thermophilus* は共生関係にあり，お互いに助け合って乳酸と香気成分（主にアセトアルデヒドやジアセチル）を生成する．前者はタンパク質を分解して遊離のグルタミン酸，バリン，ロイシン，ヒスチジンやグリシンを生成して後者の成育を促進する．一方，後者は糖代謝でギ酸，ピルビン酸，CO_2 を生成して前者の成育を促進すると考えられている．

> **Topics　乳 酸 発 酵**
>
> 　乳酸発酵は二つに大別される．一つはホモ乳酸発酵で発酵乳酸菌をホモ乳酸菌という．この乳酸菌は，嫌気であれ好気条件であれ，1モルのグルコースから2モルの乳酸を生成する．ヨーグルトや乳酸飲料は主にホモ乳酸菌の発酵で製造される．ヘテロ乳酸菌は，嫌気条件下で1モルのグルコースから1モルずつの CO_2，乳酸，エタノールを生産し，好気条件下ではエタノールの前駆体が酢酸に変換される．

16.10.2　腸管系乳酸菌

　ヒトの腸内から種々の健康に寄与する乳酸菌が分離されている．その多くは *Lactobacillus* 属（*Lactobacillus casei*，*Lactobacillus acidophilus*，*Lactobacillus crispatus*，*Lactotbacillus amylovorans*，*Lactobacillus gallinarum*，*Lactobacillus gasseri*，*Lacotbacillus johnsonii*，*Lactobacillus plantarum* など）や *Enterococccus* 属（*Enterococcus faecium* など）に加え，*Bifidobacterium* 属細菌（*Bifidobacterium bifidum*，*Bifidobacterium longum*，*Bifidobacterium breve*，*Bifidobacterium infantis*，*Bifidobacterium adolescenntis* など）である．これらの乳酸菌は発酵乳，乳酸菌飲料，チーズなどの製造に使われている．

16.10.3　乳酸発酵食品（乳酸菌）の効用

　乳酸発酵製品がヒトに生理効果があるとされたのは1907年，メチニコフ（E. Metchnikoff）が「ヨーグルトには長寿効果がある」と発表したことが契機となっている．多くの乳酸菌には保健効果があり，プロバイオティクス（probiotics）と呼ばれるようになった．これは抗生物質に対比される概念として提唱されたもので

Chapter 16　産業用微生物とその応用

ある．現在，「ヒトや動物に投与した際，その腸内での微生物叢（microflora）が改善効果によって消化器官，呼吸器官，泌尿器官などに健康に好影響を与える，生きた一種あるいは混合微生物」と定義されている．

以下に示したように，感染症の予防や治療，免疫関連の効果がある菌もプロバイオティクスに入れている．

- 便秘や下痢の改善（整腸作用など）
- 栄養分の消化吸収の促進
- 病原菌の感染防止，アレルギー予防（改善）や免疫性の向上
- 虫歯の予防
- ストレスの低減
- 抗ピロリ菌作用や癌予防

約半世紀前から，整腸作用のある *Lactobacillus casei* や *Lactobacillus acidophilus* を入れた乳酸菌飲料が市販されてきた．ビフィズス菌（*Bifidobacterium longum* や *Bifidobacterium breve* など）が乳酸菌飲料やヨーグルトなどの成分として市販されている．Warren と Marshall は胃の粘膜組織中に *Helicobacter pylori*（ピロリ菌）が存在し，慢性胃炎や十二指腸潰瘍の原因菌であることを報告した（1982年）．最近では胃癌の誘発抑制効果があるともいわれている．木村勝紀らは，ヨーグルトに *Lactobacillus gasseri*（LG21）を入れると有意に *Helicobacter pylori* が胃内で減少することを発見し，市販ヨーグルトなどに生菌として含まれている．

Topics　保健食品

一般には機能性食品（functional food）といい，日本が提唱したものである（1984年）．免疫，分泌，神経，循環，消化などの系の病気を未然に防止する食品のことである．薬事法の医薬とは区別する．1991年，当時の厚生省はこれらの機能について科学的な証明がある機能性食品を特定保健用食品（food for specified health use）として，健康強調の表示を認めた．その機能性因子の一つがプロバイオティクスである．プレバイオティクス（prebiotics）は，腸内の有用菌の生育を促進するか有害菌の生育を阻害することによって宿主（ヒトや動物）の健康を向上させる難消化性食品成分（オリゴ糖や植物繊維など）を指す．1998年，光岡知足は直接あるいは腸内菌叢を介して生体調節機能を有する食品成分をバイオジェニクス（biogenics）と定義した．

16.11　産業用酵素

　産業用酵素は多種多様の用途がある．本章で述べてきた工業原料の一部は酵素法を用いて製造されているが，産業用酵素は発酵法で生産する．
　・酸化還元酵素（oxidoreductase）
　・転移酵素（transferase）
　・加水分解酵素（hydrolase）
　・リアーゼ（lyase）
　・異性化酵素（isomerase）
　・合成酵素（lygase）

に大別されており，工業的に最も使用されているのは加水分解酵素である．世界の産業用酵素市場は約2 500億円，日本で200億円前後と推定される（医薬用酵素を除く）．洗剤用，食品加工用酵素がその30〜40％を占めている．世界市場の大半は遺伝子組換え酵素であると推定され，主に大腸菌，枯草菌（*Bacillus subtilis*），カビ（*Aspergillus nigar*）などを宿主菌として用いている．

　酵素の利点は，
　・常温常圧，中性付近で作用する
　・厳密な基質特異性
　・立体特異性が高い

など，一般の化学触媒に対して優れた特徴がある．これらの性質は有機合成プロセスに比べて資源，エネルギー節約，副生物が少ないなどの点から有利である．しかし，酵素はタンパク質であるため過激な反応条件下では失活してしまう．そのため，多くの産業用酵素はタンパク質工学的改良をしなければならず，開発には多大な時間と労力を必要としてきた．

　最近，極限環境（微）生物（extremophile）が生産する酵素が注目を浴びている．掘越弘毅の好アルカリ性微生物（alkaliphile）が生産する網羅的なアルカリ酵素研究に端を発する極限酵素（extremozyme）は，耐アルカリ性，耐熱性，耐塩性，耐圧性，低温活性，有機溶媒耐性などの性質を有しており，「常温常圧，中性付近で作用する」を満足させる必要がないからである．

　産業用酵素とその生産菌は数多くあり，枚挙のいとまがない．本節では，商品に配合されている酵素について極限酵素中心に概述する．

16.11.1　洗剤用酵素

〔1〕プロテアーゼ

　プロテアーゼはほとんどの生物に存在する代表的な酵素であり，工業的応用に多種多様の目的で使われてきた．

　洗剤に配合されているアルカリプロテアーゼは世界の工業用酵素の約 30％を占有している．衣料表面の大半の汚れはタンパク質（ケラチンなど）であるため洗剤に配合されてきた．眼鏡洗浄剤，トイレ洗浄剤，化粧品にも配合されている．従来，中性や好アルカリ性細菌 Bacillus（Bacillus licheniformis, Bacillus amyloliquefaciens, Bacillus subtilis, Bacillus lentus など）由来のアルカリプロテアーゼが使われていた．現在，分子質量約 26 〜 30 KDa，最適 pH が 11 〜 12.5 で耐熱性のあるアルカリプロテアーゼが生産され，世界の重質洗剤に配合されている．そのほとんどが好アルカリ性 Bacillus clausii が分離源である．

　以上の酵素はズブチリシン（subtilisin）といわれ，Bacillus subtilis のセリンプロテアーゼが命名の由来である．セリンが活性触媒アミノ酸である．中性 pH で生育する Bacillus licheniformis 由来をズブチリシン Carlsberg，Bacillus amyoliquefaciens 由来をズブチリシン BPN′ という．最近，ズブチリシン様セリンプロテアーゼの種類が 200 を超えたため，これらをまとめてズブチラーゼ（subtilase）と呼ぶ場合もある．アミノ酸配列の相同性の差によって，ズブチリシン（A），テルミターゼ（B），プロテインキナーゼ（C），ランチビオティックペプチダーゼ（D），ケキシン（E），ピロリシン（F）の六つのファミリーに分類されている．工業利用の報告は微生物のみに存在するファミリー A 酵素である．このファミリーはさらに真正（true）ズブチリシン（反応最適 pH が 9 〜 10；Carlsberg や BPN′ など），高アルカリプロテアーゼ（反応最適 pH が 11 〜 12.5），細胞内プロテアーゼに分類されている．洗剤に配合されているのは，もっぱら高アルカリプロテアーゼである．細胞内プロテアーゼの実施例はない．これらのファミリーの酵素起源は Bacillus に加えて，グラム陽性菌，グラム陰性菌，シアノバクテリア，古細菌（始原菌），カビ，酵母，植物，昆虫，ネマトーダ，両生類，魚，ほ乳動物で広く存在していることが判明している．

〔2〕セルラーゼ

　アルカリセルラーゼ（alkaline cellulase）が日本の洗剤に世界で初めて配合された（1987 年）．Bacillus 株のアルカリ液体培養で工業生産されている．本酵素は，各

16.11 産業用酵素

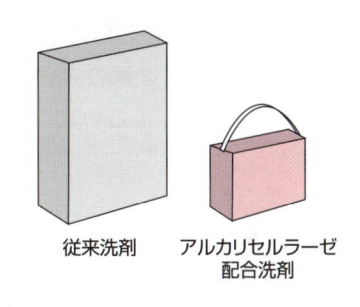

図 16.5 アルカリセルラーゼ配合洗剤

種界面活性剤，キレート剤，プロテアーゼなどの洗剤成分にも耐性があり，結晶性セルロースにほとんど作用しない．デンプンやタンパクの汚れは繊維の表面に存在するが，しつこい汚れは木綿繊維の非晶部に閉じ込められており，本酵素はこの非晶部繊維ごと汚れを切り出す．アルカリセルラーゼ配合洗剤で木綿肌着を繰り返し洗濯しても重量の損失，引っ張り強度，繊維の重合度とフィブリル化度（毛羽立ちの尺度）の低下などはほとんど認められない．本酵素の配合と洗剤成分の工夫によって，かつての洗剤の 1/4 の容量のコンパクト洗剤が世界の主流となった（図 16.5）．

一方，糸状菌 *Humicola insolens* の中性酵素は再汚染防止，木綿繊維の柔軟化，染色木綿衣料の鮮明化などに効果があり，*Trichoderma reesei* の酸性酵素と共にジーンズのストーンウォッシングの風合いを出すために使用されている．

〔3〕アミラーゼ

アミラーゼは，食品・デンプン工業に必須の酵素である．欧米では，自動食器洗浄機の普及率が 50％で，液化型 α-アミラーゼ入り衣料用洗剤も販売されているため需要が多い．工業用酵素として需要性が高い酵素は，中性菌の *Bacillus stearothermophilus* や *Bacillus amyloliquefaciens* の酵素と，*Bacillus licheniformis* が生産する最適 pH が中性の BLA である．BLA は，*Bacillus stearothermophilus* や *Bacillus amyloliquefaciens* の酵素と較べアルカリ側で活性を残し，耐熱性とキレート剤耐性があるため，食品・デンプン会社と洗剤メーカは本酵素を食品加工や洗剤に利用してきた．

従来，高アルカリ領域で活性の高い液化型 α-アミラーゼはなかった．その後，新しいアルカリ液化型 α-アミラーゼ生産 *Bacillus* 属株が分離された．本酵素は最適 pH が 8.5〜9.0，最適温度が 55℃ 付近で，比活性も従来の α-アミラーゼに比べ 5〜6 倍高い．最近，BLA よりキレート剤耐性に優れた好アルカリ性 *Bacillus*

由来の新しい液化型アルカリ α-アミラーゼも発見されている．一般に，BLA のような α-アミラーゼは構造維持のために3個の Ca を含んでいるが，本酵素はまったく Ca を含まない．キレート剤耐性があるのはこのためで，立体構造維持の機構は従来の酵素とまったく異なっている．

〔4〕リパーゼ，その他

皮脂，果汁や増粘材などの汚れ落し酵素として *Humicola lanuginosa* のリパーゼ（lipase），*Bacillus* のペクチナーゼ（pectinase）や好アルカリ性 *Bacillus* のマンナナーゼ（mannanase）が配合された酵素洗剤も開発されている．リパーゼは *Aspergillus niger*，ペクチナーゼとマンナナーゼは *Bacillus subtilis* を宿主として大量生産されている．

16.11.2 酵素製造法

産業用酵素の市場価格は異常に安いため，突然変異法であれ遺伝子組換え法であれ，培養液に数 g/l から $30\,g/l$ 前後の酵素を生産する技術が必要となる．日本では遺伝子組換え酵素を使用した食品に対する国民の抵抗感が強く，安全性を確認した酵素生産菌自体を発酵に用いている場合が大半である．

いずれの手法が酵素の大量生産に有利かは一概にいえない．使用する酵素遺伝子，宿主，ベクターによっては生産性が不安定で，宿主を変異育種しなければならない場合もある．改良酵素を大量生産するには組換え法に頼らざるをえない．突然変異法，組換え法，セルフクローニング法，染色体相同組換え法などを適宜組み合わせているのが現状である．また，酵素の耐熱化，比活性の増大，最適 pH や最適温度の改良なども理論的にデザインできない場合も多い．この場合，変異改良酵素の比活性，組換えプラスミドの安定性，醗酵生産性（経済性）などを考慮して改変遺伝子を選択して宿主を培養する．

16.12 今後の展望と課題

産業用微生物が生産する化合物は，その多くの場合遺伝子組換え法によって経済的に生産されるめどがたったものが多い．また，全ゲノムが解読された産業用微生物も増加の一途にある．これらの遺伝子工学的知見は発酵工業をさらに進展させるであろう．一方で，遺伝子組換え植物同様，発酵生産物を組換え法によって生産し

て利用することに対して，強い抵抗感が存在する（特に食品，栄養素，飼料）．特に我が国はその傾向が強いのも事実である．組換え化合物が真に安全であるか，そのリスクに関する説明責任は国，大学や企業にある．これらの機関は，特に「食の安心と安定供給」に関して，組換え化合物の安全性を保証して一般国民の理解を得ていかなければならないだろう．

演習問題

Q.1 醤油と味噌の発酵製造法にかかわる微生物（複数）を述べよ．

Q.2 酵母のアルコール発酵とホモ乳酸菌の乳酸発酵は代謝経路が類似している．なぜ生産物が異なるのか簡潔に述べよ．

Q.3 純粋培養法がいかに産業や医学に貢献したか具体的に説明せよ．

Q.4 発酵法と酵素法による物質生産の有利性の判定は何によって決まるのか，簡潔に説明せよ．

Q.5 代謝制御発酵法の一例を簡単に記述せよ．

参考図書

1. 飴山實，大塚滋 編：酢の科学，朝倉書店（1990）
2. 柳田友道：うま味の誕生，岩波新書（1991）
3. 掘越弘毅，秋葉眺彦 編：好アルカリ性微生物，学会出版センター（1993）
4. 太田隆久：暮しの中の酵素，東京化学同人（1994）
5. 一島英治：発酵食品への招待，裳華房（1995）
6. 上島孝之：産業用酵素，丸善株式会社（1995）
7. 山崎真狩 ほか編：醗酵ハンドブック，共立出版（2001）
8. 今中忠行 編：微生物利用の大展開，エヌ・ティー・エス（2002）
9. 日本農芸化学会 編：農芸化学の事典，朝倉書店，（2003）
10. 伊藤喜久治 編：プロバイオティクスとバイオジェニクス，エヌ・ティー・エス（2005）

MEMO

演習問題解答

Chapter 1

A.1 地球大気は，二酸化炭素と窒素がほとんどで酸素は存在せず，強い紫外線や温度変化のある厳しい環境であったので，原始微生物は酸素を必要としない嫌気微生物で環境の穏やかな海洋中に生息していたと考えられている．

A.2 白鳥の首の形をしたスワン型フラスコを用いて，煮沸滅菌後の栄養培地は無菌に保たれることを証明した．空気中の微生物は湾曲部に保持され，栄養培地は汚染されない．

A.3 液体培養法は多くの微生物が混在しており，単一の微生物を特定できない．固体培養法により，単一の微生物を純粋に取り出すことが可能になり，感染症の原因微生物を特定したり，また発酵において安定した培養が可能となった．

A.4 ゼラチンは固形剤としては融解温度（30 ℃前後）が低く，通常微生物（生育温度 25〜40 ℃）の固体培養に向かないうえに，タンパク質ゆえに微生物により分解を受ける．一方，寒天は融解温度は 60 ℃以上，凝固点は 40 ℃以下でほとんどの微生物により分解を受けず，固体培養の固形剤として適している．

A.5 空気中の窒素はマメ科植物の根粒菌やそのほかの窒素固定菌（アゾドバクター菌，クロストリジウム菌など）によって窒素固定され植物に利用される．また動植物の遺体や排泄物は微生物分解により分解され，生じたアンモニアは，亜硝酸菌や硝酸菌により硝酸に酸化されて植物に吸収される．あるいは脱窒素菌により窒素ガスに還元され空気中に放出される．硝酸の一部は嫌気的条件下で亜硝酸を経てアンモニアに還元される．

Chapter 2

A.1 真核細胞には核，ミトコンドリア，葉緑体，小胞体などの膜で囲まれた細胞内小器官が見られるが，原核細胞にはそれらが見られない．

A.2 細菌は細胞壁と細胞膜によって外界から分けられ，保護されている．細菌の細胞壁は強固な構造体で，ペプチドグリカンが骨格構造となっている．細胞壁の内側にある細胞膜は脂質の二重層とそれに埋め込まれたタンパク質からなる流動的な膜で，膜を介する物質の輸送をコントロールしている．さらに，細菌の細胞壁には真核細

演習問題解答

胞のミトコンドリアや葉緑体がもっている機能も局在している.

A.3 グラム陽性菌の細胞壁はほとんどがペプチドグリカンの層でできているが，グラム陰性菌ではさらに外膜という層がありその点が大きく違う.

A.4 膜で囲まれた核はなく，ほとんどのDNAは一つの環状の染色体として細胞内に凝集している．染色体以外に少量の環状のプラスミドDNAとして存在する場合もある．

A.5 細菌の中には栄養素が欠乏すると代謝活性の非常に低い休眠状態の胞子という構造体になるものがある．胞子は乾燥，熱，化学薬品にも耐性を示し，生存力は強い．環境が変化すると発芽成長して通常の栄養細胞になる．

A.6 微生物は増殖速度が速く，その生産物の大量取得が容易である．また，生化学的，遺伝的な知見が多く蓄積されており遺伝子組換えの技術が開発されている．

Chapter 3

A.1 無機塩類，糖など純粋な化合物だけを混合し，微生物の栄養検定や特定化合物分解性の検索などに用いられる培地を合成培地といい，肉汁や麦芽エキスなど化学組成が必ずしも明らかでない天然成分を含み，微生物を培養するために用いられる培地を天然培地という．

A.2 乾熱滅菌，オートクレーブ滅菌，ろ過滅菌，紫外線滅菌，化学的滅菌

A.3 （1）アミノ酸と糖類を同時に加熱するとアミノ基とカルボニル基が反応して褐色変性してしまう（メイラード反応）．
（2）リン酸塩とマグネシウムまたはカルシウム塩を混合し加熱するとリン酸マグネシウムまたはリン酸カルシウムの沈殿が生じる．
（3）寒天を酸性培地と同時に加熱すると変性して培地が固まらなくなる．アルカリ性培地を作製する際も炭酸ナトリウムなどのアルカリ性成分を別滅菌する必要がある．

A.4 基質レベルのリン酸化，酸化的リン酸化，光リン酸化の三つの方法でATPを生成する．

A.5 キノン類は，疎水性のイソプレノイド側鎖をもつ脂質のため，細胞膜中を自由に動くことができる．この性質により，電子伝達系で電子やプロトンを受け取ったり，渡したりすることができる．このキノン類が物性的な性質で脂質であることが電子伝達系中で役立っている．

A.6 類似点：① 細菌の呼吸鎖経路にはミトコンドリアの呼吸鎖経路にある複合体Iと複合体IIに相同性のあるNADH脱水素酵素，コハク酸脱水素酵素がある．
② 呼吸鎖は，キノン類によって結ばれた脱水素酵素や酸化酵素の複合体からできており，キノン類が脱水素酵素から電子を受け取り，次の酸化酵素複合体へ電子を渡すという点で類似している．
相違点：① 細菌では，末端酵素受容体（または末端酵素）に電子が渡る途中で，電

子の流れが分岐する．すなわち，末端酵素になりうるものが複数存在する．それに対して，ミトコンドリアの呼吸経路では，末端酵素は，一つしかない．
② 好気的呼吸では，電子が末端酵素に渡されて，分子状酸素を還元する．これは，細菌でもミトコンドリアでも共通であるが，ある種の細菌では，硝酸塩や亜硝酸塩，フマル酸などを最終電子受容体として使っている（嫌気的呼吸）．
③ 細菌の場合，生育環境に応じて呼吸経路中の電子の流れを変えることができる．

A.7 ① 栄養素やイオン類の能動輸送を行う浸透圧的仕事
② 生体高分子の生合成などを行う化学的仕事
③ 運動のためのエネルギーとなる機械的仕事
の3種類

A.8 一次能動輸送は，有機物などの酸化エネルギーやATPを直接エネルギー源として利用するのに対して，二次能動輸送は，一次能動輸送によって形成された細胞膜の電気化学的エネルギー（プロトン駆動力やNa^+駆動力）を利用して物質を輸送する．

A.9 一次能動輸送系：(A)，(C)
二次能動輸送系：(B)

A.10 硫黄酸化細菌，水素細菌，鉄酸化細菌，アンモニア酸化細菌，亜硝酸酸化細菌

Chapter 4

A.1 多くの微生物は2分裂により細胞分裂するが，酵母などは出芽により分裂する．

A.2 細胞数は 3.3×10^8 cells/ml となる．

A.3 最大比増殖速度 μ_{max} は 1.41/h，細胞収率 $Y_{X/S}$ は 0.50g/g である．

A.4 培養槽への培地供給速度を増加させて希釈率を上げていくと，培養槽内の微生物がすべて排出されて細胞濃度が0となる時点がある．この現象をウォッシュアウトと呼び，希釈率が微生物の最大比増殖速度の値に近くなった場合に生じる．

A.5 ヒトの病原菌は，ヒトの体温の37℃近辺でよく増殖することから中温菌に属する．

A.6 好アルカリ性菌は，細胞膜に存在するプロトンポンプ（Na^+/H^+対向輸送系）によって，アルカリ性培地により細胞内pHがアルカリ性になり細胞内の酵素が失活することを防いでいる．これにより，細胞内pHが中性付近に保たれるので生育が可能になる．

A.7 酸素から生じるスーパーオキシド（O_2^-）は細胞内の生体物質に対して酸化的損傷を与える．このスーパーオキシドを分解する酵素をもっている好気性菌は分子状酸素を利用して生育できるが，スーパーオキシドを分解できない偏性嫌気生菌はスーパーオキシドの毒性により死滅する．

演習問題解答

Chapter 5

A.1 グルコースは水と二酸化炭素からなる比較的単純な分子であり，なおかつ大量に存在するため，それを糖質代謝の出発物質として利用することが生物にとって有利であるからと考えられる．グルコースはバイオマスの70%を占め，天然に存在する有機化合物の中で最も多い部類に属する．多量に存在するということは，分子構造が安定であることを意味する．

A.2 解糖系ではグルコースをピルビン酸に分解する過程でATPを作り出すが，その際，NAD^+を消費する．解糖系で消費したNAD^+は，好気条件では電子伝達系で再生される．一方，嫌気条件では，ピルビンを乳酸に還元することでNAD^+を再生する．すなわち，発酵は嫌気条件においてNAD^+を再生し，解糖系が止まってしまうのを防ぐ働きを担っているといえる．

A.3 ① 解糖系・クエン酸回路・電子伝達系の各ステップで，以下に示したATPなどが生成する．
・解糖系：1分子のグルコースが2分子のピルビン酸になる過程で2分子のATPが生成され，同時に，2分子のNADHが生成される．
・クエン酸回路：1分子のピルビン酸が回路を1周する過程で1分子のATPが生成され，同時に，4分子のNADHと1分子の$FADH_2$が生成される．
・電子伝達系：1分子のNADHから3分子のATPが，そして1分子の$FADH_2$から2分子のATPが生成される．
② したがって，1分子のグルコースが好気的に代謝された場合，以下の式により，合計38分子のATPが生成することになる．

    2   +   1×2   + 3(2+4×2) +2(1 × 2) = 38
(解糖系)（クエン酸回路）　　　（電子伝達系）

A.4 解糖（分解）と糖新生（合成）は生体内の同じ場所で起こる．そこでは代謝物濃度も同じなので，一方の反応が進む条件において逆方向の反応は進行しない．したがって，解糖系の反応が可逆反応であった場合，分解と合成の経路を制御することが不可能となる．分解と合成の経路を一部でも別とすることで，生理条件下で両方の反応を行うことが熱力学的に可能となり，両経路を別々に制御できるようになる．

A.5 トリプトファン，ロイシン，リシン，バリン，トレオニン，フェニルアラニン，メチオニンおよびイソロイシンの八つ．これらのアミノ酸はいずれも複雑なアミノ酸生合成経路の最終段階にある．必ずしも栄養分豊富な環境でのみ生育するわけではない微生物などは，これらのアミノ酸を自らの手で合成する必要がある．一方，高等動物はより高度な能力を獲得するために，これらの負担を回避したと考えられる．

Chapter 6

A.1 菌の培養液が濁って見えるようになると，その培養液 1 ml 中には 10^8 匹以上の菌がいる．プレーティングに 1 回当たり 100 μl 使うとして，それでもまだ 10^7 匹以上の菌が含まれるので，そのまま使うとコロニーとして観察することはできず，寒天表面一面に菌が生えてしまう．したがって，培養液を希釈して 1 枚のプレートに 100 前後のコロニーが形成されるように調整する．

A.2 ビロードからコロニーを移し取るプレート（レプリカプレートと呼ぶ）に目的とする薬剤，例えば，抗生物質を加えておけば良い．そのようなプレート上にコロニーを形成すれば薬剤耐性菌である．

A.3 野生型の表現型が出現したのが復帰突然変異によるものである可能性を否定するためである．二重変異が復帰突然変異により野生型を示すと予想される頻度よりはるかに高い頻度で接合実験では野生型を示す菌が出現した．

A.4 研究者達はいろいろ考えたようで，同じ大腸菌でも細長いものと丸いもの，ファージに感染しないものとするもの，抗生物質に耐性を示すものと耐性のないもの，などの組合せを用いた．

A.5 F^- 株が雄株，この場合は Hfr 株，となるためには最低でも F プラスミドの断片が大腸菌 DNA のすべてを F^- 細胞に導入しさらに自分自身の残りの断片まで移行させる必要があるが，これには 100 分程の長い時間の間接合橋が安定に保たれなければならない．この可能性は非常に低いものと考えられる．

Chapter 7

A.1 DNA は，糖，塩基，リン酸基の三つの成分から構成されている．糖としては，2′-デオキシリボース，塩基としては，プリン塩基に属するアデニン（A），グアニン（G）とピリミジン塩基に属するシトシン（C），チミン（T）の 4 種が知られている．2′-デオキシリボースの 1′ 位に塩基が結合し，さらに，5′ 位にリン酸基が結合したものがヌクレオチドである．DNA は，4 種のヌクレオチドの 5′ 位リン酸がホスホジエステル結合を介して隣のヌクレオチドの 3′ 位に結合して重合体を形成したものである．一般的な DNA の構造は，糖−リン酸−糖−リン酸結合で構成される主鎖が外側に出た形態の 2 本鎖 DNA から構成される右巻き，逆平行の二重らせん構造をしており，その内側を 2 組の塩基対，ケト型のアデニン（プリン）対チミン（ピリミジン）またはグアニン（プリン）対シトシン（ピリミジン）の相補的塩基対形成によって安定化している．

A.2 遺伝子操作技術では，主として組換え DNA と DNA クローニングの手法が用いられる．特に，分子生物学のモデル生物である大腸菌を宿主として宿主−ベクター系

が開発され，遺伝子操作が進められてきた．ベクターとしては自己複製能，選択マーカ，マルチクローニングサイトをもつ pUC ベクターのようなプラスミドやファージがいろいろな用途に応じて開発・作製された．そして DNA の特定部位での切断・連結にはそれぞれ制限酵素，DNA 連結酵素が，宿主細胞内への DNA 導入技術としては，形質転換法の開発がなされた．以上のように宿主-ベクター系を利用してゲノム DNA の中から特定の遺伝子や DNA 断片を取り出すことが可能になった．

A.3 細菌の RNA ポリメラーゼは遺伝情報発現としての転写に関与し DNA を鋳型として mRNA を作る反応を触媒する．大腸菌の RNA ポリメラーゼは $\alpha_2\beta\beta'\sigma$ の4種類のサブユニットで構成されている．RNA ポリメラーゼは，2本鎖 DNA の転写開始部位（プロモータ）に結合し，鋳型鎖の塩基に相補的なリボヌクレオチドが選択され，重合反応は $5'\rightarrow 3'$ の方向に進む．RNA ポリメラーゼは転写開始点の上流-10 領域，-35 領域に存在するプロモータ配列を認識して結合し，転写を開始する．例えば，σ^{70} をもつ RNA ポリメラーゼは転写開始点の上流のプロモータ配列（-10 領域：TATAAT など，-35 領域：TTGACA など）を認識して結合する．大腸菌では，シグマ 70，54，32 といった複数の σ 因子が存在し，どの遺伝子を発現させるかといった遺伝子選択に重要な役割を果たしている．

A.4 RNA には，多様な種類と機能が知られている．特に，タンパク合成において重要な役割を果たしている mRNA，rRNA，tRNA がある．mRNA はタンパク質合成の鋳型として，rRNA はリボソームにおけるアミノ酸重合反応の触媒として，tRNA はリボゾーム上におけるアミノ酸の選択に重要な役割を果たしている．このほか，リボザイム作用，低分子干渉 RNA（RNAi）による翻訳抑制，スプライシング制御，DNA 合成プライマ，アプタマなど重要な生体機能が最近さらに明らかにされつつある．

A.5 メンデルはエンドウ豆のいろいろな対照的な性質を指標にして交配実験を行った結果，優劣の法則，分離の法則，独立の法則の三つの遺伝の法則を提唱した．特に，雑種第一代（F_1）では優性の形質のみが現れ，劣性の形質が現れない現象を優劣の法則という．例えばエンドウの種子の形が滑らかで全体が丸い形質と，シワが寄って角ばっている形質（生物のある1対の形質）をもつものを交配すると，雑種第一代では，すべてが両親のどちらか一方の形質（表面が滑らかで丸い形質）のみが生じ，ほかの親の形質（シワが寄って角ばった形質）は現れてこない．このような雑種第一代で現れる形質を優性といい，現れない形質を劣性という．

Chapter 8

A.1 現在では，原始地球の構成物質である無機物から炭化水素や簡単な化合物が生成され，化合物からアミノ酸，ヌクレオチド，炭水化物などの有機化合物が生成される．それらの有機物が互いに重合し，タンパク質様物質，核酸様物質などの高分子物質が生成される．最後に代謝が可能な高分子物質からなる多分子系が生成され原始生

A.2 原始の海の中で核酸物質ができ，それが重合して原始 RNA ができる．この原始 RNA が初期生命の基礎として発生したとする仮説．RNA には触媒作用を有するリボザイムや逆転写酵素の発見により，RNA 自身が酵素活性と遺伝情報の両方の機能をもちうることがもととなっている．しかし，原始環境に RNA の材料が豊富に存在し，核酸特有の 5′-3′ のリン酸結合を行ったかの問題点が未解決である．

A.3 木村資生が唱えた説で，分子レベルの遺伝子進化はダーウィンの進化論のように生存のために有利な変化の場合はその数が増え，不利な場合は数が減る自然淘汰だけではなく，生存にとって有利でも不利でもない中立的な変異が常に起きており，影響のない遺伝子上の細かな変化では生存率は変わらない．それが偶然に種に広まり種に定着していき，その変異の蓄積が分子レベルの進化になるという説．

A.4 まず，微生物を純粋培養する．次に培地上の生育の仕方，色などを見て観察する．顕微鏡でその大きさ，形態，胞子の有無，運動性，鞭毛状態などを見る．遺伝子情報から近縁微生物を選び生理・生化学的特徴を比較することが重要である．

A.5 微生物の脂肪酸組成，リン脂質，イソプレノイドキノン，タンパク質の電気泳動パターンの分析など菌体の一部の化学組成を調べる方法とリボソーム遺伝子などDNA 情報に基づいた解析が有効に使われている．

Chapter 9

A.1 土壌はマグマ由来の造岩鉱物とその風化物，さらに種々の有機物（動植物，微生物の遺骸など）が集まって高次の凝集体構造をとり，団粒というかたちで存在していることが多い．この団粒の外部から内部に向かってのさまざまな微小環境中で，種類を異にした微生物がそれぞれに微少集落を形成している．メタン生成古細菌は，空気に直接触れることのない団粒内部で菌体の集落を形成し，有機物などで包まれた状態で長期間生存していると考えられている．

A.2 メタンの発生源は，多いものから湖沼，水田，反すう動物の順であると推定されている．湖沼では，発生した水素と酢酸を鉄還元菌に消費させるような循環系を組めばメタンにならずに済むと考えられている．シロアリ後腸では共生している酢酸生成菌が水素と炭酸ガスを酢酸にしているが，反すう動物のルーメンでこの機構が実現すればメタンの発生を抑えることができるとされている．

A.3 メキシコ，オーストラリアなどの天日塩田では，海水が徐々に濃縮され，結晶池では飽和濃度まで上がる．ここに高度好塩菌が生息している．塩の結晶ができるときに水分を取り込んで封入体となることがあり，この封入体に高度好塩菌が入っていることが証明されている．したがって，この天日塩をそのまま使った食品から高度好塩菌が分離されることがある．

A.4 日本には全国に高温の温泉がわいている．登別，草津，箱根大涌谷，雲仙などで，温度が 90 ℃ を超える源泉の水を採取し，培養に工夫をすれば，確実に好熱性の古細菌が分離される．

A.5 ゲノム全塩基配列が明らかにされた生物は 150 を超えている．ゲノム系統樹を作る際には比較可能な遺伝子をすべて抽出して，それにいろいろな重みを加味した計算を行う．ここ数年多くの研究者によりさまざまな計算法による系統樹が提案されているが，まだ確定的なものはなく，これからもまだ模索が続くと思われる．

A.6 リボソーム小サブユニット RNA 遺伝子の塩基配列の解析から，今日の全生物に共通の祖先型原始生命が，真正細菌と古細菌に分化したことを示している．真核生物は真正細菌と古細菌のキメラとみなすことができる．祖先型原始生命がどのような実体であったのかは，いまだに決着のついていない問題である．系統樹の根に近い現存生物がすべて超好熱菌であることから，祖先型原始生命は好熱性であったという説が有力であるが，遺伝子の担い手が DNA だったのか RNA だったのか，脂質の構造はどうだったのか．これからは推測ではなく実証的な実験が求められているのではないだろうか．

Chapter 10

A.1 真核藻類，原生動物，真菌．

A.2 表 10.1 を参照のこと．

A.3 有性生殖器官としての子嚢を形成し，さらに子嚢胞子を造る．

A.4 有性生殖器官としての担子器を形成し，さらに担子胞子を造る．

A.5 有性生殖形態が生活環中にまったく観察されない菌類のこと．

A.6 真菌の生育は胞子の発芽から始まる．胞子は，栄養分，温度，pH，湿度などの物理化学的な環境が適切に整うと発芽管を出す．発芽管は徐々に伸張し，菌糸となる．菌糸はその後も伸張を続けながら分岐あるいは融合し，網目状の菌糸体となる．菌糸体には，生育している基質に食い込むもの，基質の表面に生育するもの，さらには，気菌糸と呼ばれる空気中に伸びていくもの，などが知られている．真菌の種類により，生育と共に隔壁の形成を伴い多細胞化が進む菌糸体と，生育が進んでも隔壁の形成がなく全体として単細胞である菌糸体とがある．また，菌糸体は生育を続けると胞子を形成するようになる．

A.7 鞭毛運動や繊毛運動に関与し，さらには紡錘体の構造上の骨格となっている．

A.8 G1 期，S 期，G2 期，M 期．

A.9 細胞分裂を終えた細胞が新たに DNA の複製を開始するまでの期間のこと．

A.10 DNA の複製．

A.11 細胞分裂を進行させるための RNA や酵素などの生合成や微小管を形成するタンパク質の生合成．

A.12 有糸分裂と細胞質分裂が起こる時期．

A.13 ミトコンドリア：好気呼吸にかかわる酵素系が集約されている．
小胞体（粗面小胞体と滑面小胞体）：粗面小胞体の表面にはリボソーム粒子が多く付着しており，このリボソーム上では細胞外に分泌されるタンパク質が生合成されている．滑面小胞体においては，脂質の生合成が活発に行われている．
ゴルジ体：分泌タンパク質を濃縮し，方向性をもった分泌を行う機能を果たす．
リソソーム：細胞内および細胞外の物質の加水分解や消化にかかわっている．
葉緑体：光合成の全過程が触媒されている．

A.14 小胞輸送とは，細胞内小器官から細胞内小器官へのタンパク質の輸送のことを指す．小胞輸送が関与する細胞内小器官としては，小胞体，ゴルジ体，リソソームなどがある．小胞輸送と呼ばれる理由は，細胞内小器官に最終的に輸送されるタンパク質のほとんどすべてが，いったん小胞体に取り込まれ，その後個々の細胞内小器官に運ばれるからである．

Chapter 11

A.1 ジデオキシ法では，目的の 1 本鎖 DNA を鋳型として DNA 合成酵素と 4 種のデオキシヌクレオチド（dNTP）を用いて相補 DNA を合成する際，4 種のうち 1 種のジデオキシヌクレオチド（ddNTP）を加えて DNA 合成を阻害させ，さまざまな長さのフラグメントを合成する．この反応をそれぞれ上記の 4 種類について行い，1 塩基の差で分けられる分解能をもったポリアクリルアミド電気泳動装置にかけて分離して DNA 配列を明らかにする方法である．最近では DNA のラベル化に蛍光標識を用い，4 種類の ddNTP をそれぞれ 4 色で蛍光標識した試料の場合，合成フラグメントをキャピラリー電気泳動で分離しながら CCD カメラにより塩基配列のピークを検出し，コンピュータ解析して塩基配列を決定できる．ジデオキシ法に適したシークエンシング用ベクターの開発，使用するポリメラーゼの改良，検出感度の向上を目指した標識方法の改良など，自動 DNA シークエンサの開発が進んでいる．

A.2 マイクロアレイ法は，スライドガラス上に数千から数万個の DNA スポットを作製し，解析する RNA から調整した標識ターゲットをハイブリダイゼーションさせ，ハイブリッド形成の強度を指標にして，各遺伝子の転写量を測定する方法で，細胞内のすべての遺伝子の動的挙動を網羅的，また，定量的に計測する手法である．マイクロアレイなどの手法を用いて発現しているすべての mRNA を識別する網羅的解析をトランスクリプトミクスという．トランスクリプトームとは，ある環境状態の微生物細胞中に存在するすべての mRNA の総体を指す呼称である．それゆえ，ゲノムとは異なり，トランスクリプトームはその細胞が受けた細胞外からの影響によって

A.3 真核微生物のゲノムに書かれた遺伝子の情報を得るためには，転写された mRNA を cDNA に変換してライブラリを作製し，そこからクローン化する方法がある．この操作を cDNA クローニングと呼ぶ．cDNA は，mRNA に塩基配列が相補的であることを示しており，cDNA の作製のためには，RNA から DNA を作ることのできる逆転写酵素を利用して合成される．目的遺伝子を確認するためには，発現した目的タンパク質の酵素活性を直接測る方法，目的タンパク質の抗体を利用して検出する方法（ウエスタンブロット法），目的タンパク質のアミノ酸配列からデザインされた，蛍光標識 DNA プローブを利用して検出する方法（サザンブロット法）が利用される．

A.4 B：22 000

A.5 タンパク質間相互作用を調べる方法として，酵母 2-ハイブリット法が知られている．酵母 2-ハイブリット法では出芽酵母の転写活性化因子である GAL4 タンパク質の DNA 結合ドメインとアクティベータドメインが分離可能であることを利用している．GAL4 の DNA 結合ドメイン（DBD）はレポータ遺伝子の上流にある塩基配列に結合するという機能をもつ．一方，酸性アミノ酸に富んだカルボキシル末端ドメインは転写因子の会合を促進し，転写を促進する機能をもつ．ここで，GAL4DBD と任意のタンパク質 A を融合タンパク質として発現させ，同時に同じ細胞内でアクティベータドメイン（TA）とタンパク質 B が融合タンパク質として発現させる．タンパク質 A とタンパク質 B が相互作用しないなら DNA 結合ドメインと転写活性化ドメインは近接せず，タンパク質 A とタンパク質 B が相互作用をするなら，GAL4 DNA 結合ドメインとアクティベータドメインが近接することになる．このとき，UASG を上流にもつレポーター遺伝子の発現量が上昇し，これによってタンパク質 A とタンパク質 B の相互作用の有無あるいは強度を検定できる．このようにして二種のタンパク質間の相互作用や，さらには相互作用にかかわるドメインの推測，また重要なアミノ酸の検討などを行うことができる．

Chapter 12

A.1 標準電極電位が高い電子受容体の方が大きなエネルギーを得ることができるため，$O_2 \rightarrow NO_3^- \rightarrow SO_4^{2-} \rightarrow CO_2$ の順に利用する．

A.2 独立栄養生物には，エネルギー源として光を利用する光合成独立生物と，無機化合物の酸化によって放出されるエネルギーを利用する化学合成独立栄養生物がある．

A.3 光合成の明反応は光量子を捕捉する反応なので明条件でなければ進行しないが，暗反応は光に関係しない反応なので明条件でも暗条件でも進行する．

A.4 ほかの生物が利用していない波長の光を利用することによって，太陽光の電磁スペクトルのエネルギーを有効利用し，一つの生息地に共存できるようにするため．

A.5　(1) – (d)，(2) – (b)，(3) – (c)，(4) – (a)

A.6　(1)，(3)，(5)
硫酸塩を電子受容体として用いる硫酸呼吸は酸素や硝酸塩が得られない嫌気的な環境で起こる．メタン生成は厳密に嫌気的な環境でのみ進行する．脱窒反応は酸素の代わりに硝酸塩を電子受容体として用いる反応であり，嫌気的環境で進行する．

A.7　植物およびシアノバクテリアは明反応に光化学系ⅠとⅡが存在し，H_2O を電子供与体として利用できるので酸素発生型の光合成を行うが，紅色光合成細菌は光化学系Ⅱを欠き，H_2O を電子供与体に利用できないため，酸素を発生しない．

A.8　硫黄化合物：有機硫黄 R-SH（−2），硫化水素 H_2S（−2），単体硫黄 S_0（0），チオ硫酸 $S_2O_3^{2-}$（+2），亜硫酸 SO_3^{2-}（+4），硫酸 SO_4^{2-}（+6）
炭素化合物：メタン CH_4（−4），アルコール $R-CH_2OH$（−2），アルデヒド R-CHO（0），単体炭素 C（0），炭水化物 $(CH_2O)_n$（0），カルボン酸 R-COOH（+2），二酸化炭素 CO_2（+4）

A.9　水素による電子受容体の還元反応を触媒する．膜結合型のヒドロゲナーゼは水素から奪った電子を電子伝達系に伝えてエネルギーを得る．細胞質の可溶性ヒドロゲナーゼは NAD^+ の NADH への還元を行う．また，逆反応により水素発生の反応も触媒することが知られている．

A.10　標準状態で1反応当たりに ATP 合成に必要な 31.8 kJ/mol の自由エネルギーが放出される必要がある．

Chapter 13

A.1　低温環境や高温環境，高塩濃度地帯，強酸や強アルカリなどわれわれが生活するうえではきわめて厳しい環境に生息している微生物で特別な能力をもったものが多い．

A.2　生物の体内や細胞内に共生させた硫黄細菌などの化学合成細菌が熱水や冷湧水中に含まれたメタンや硫化水素といった還元的化学物質からエネルギー生産をする．このエネルギーに依存して生育しているため，消化管などが退化しているものが多い．

A.3　熱水中の微生物はその下に広がる熱水孔下生物圏から熱水によって運ばれてきたのではないかとも考えられている．また，好熱性菌は 16S rRNA 遺伝子に基づく生物進化の系統樹で根本に近い部分に位置することから，太古の地球に発生した始原的な生物を推定するのに役立つと考えられている．

A.4　アルカリ性塩湖や酸性温泉など二つ以上の極限環境条件をもつ場所から，好アルカリ性高度好塩菌，好熱性好酸性菌，好熱性好アルカリ性菌，好冷性好圧性菌などが実際に見つかっている．

A.5　微生物を培養するための炭素源や窒素源などから微量成分としての金属やビタミンなど培地条件がわからない場合．温度や pH，酸素などの培養条件がわからない場

合微生物を培養することはできない．また，その増殖速度が極端に遅い微生物も培養を確認することが難しい．

Chapter 14

A.1 生態系での自浄作用を人為的にリアクター内で行うのが生物学的処理技術，太陽の紫外線や空気中の酸素やオゾンとの酸化分解反応を人為的に加速するのが物理化学的処理技術である．前者は後者に比べ，生態触媒反応であるため安価に処理できる．

A.2 環境基準は，「維持されることが望ましい基準」であり，行政上の政策目標である．人の健康などを維持するための最低限度としてではなく，より積極的に維持されることが望ましい目標として，その確保を図っていこうとするものであり，大気，騒音，水質，土壌，ダイオキシン類に関する基準がある．

A.3 活性汚泥は細菌，原生動物，後生動物などから構成される．① 有機物を分解する機能（バイオマスや炭酸ガスに変換），② 浮遊成分や重金属などを吸着除去する作用，③ 混合菌であるため凝集性が良く沈降性が良いフロックを形成する機能を有する．

A.4 生物膜法では増殖速度が遅い原生動物や後生動物を容易に保持でき活性汚泥法より多くの個体数が生息する．原生動物や後生動物は処理水の濁りの原因となる白濁成分（フロックから遊離した細菌）を捕食するため，生物膜法では処理水の透視度が向上し，汚泥生成量が少ない．

A.5 殺菌対象微生物は，ウイルス，細菌（病原性大腸菌など），原虫（クリプトスポリジウム，ジアルジアなど）などがある．下水処理水や浄水での病原菌の殺菌には塩素系殺菌が古くから用いられてきた．クリプトスポリジウムなどの新たな殺菌の必要性から，オゾン殺菌，紫外線殺菌などが検討されている．

Chapter 15

A.1 一般的に，微生物による食品の分解形式のうちヒトにとって有用であるものを発酵といい，ヒトにとって不快か害を及ぼすような変化を「腐敗」と呼ぶ．

A.2 温度，pH，酸素，水分活性，時間，栄養素のうち四つ．

A.3 細菌が自身の生育環境に適さないとき（高温，乾燥，栄養枯渇など），生育に良くない場合に生命を維持する状態になる．

A.4 タンパク質が分解され，有毒な物質や悪臭が生じる．

A.5 炭水化物が分解する．

A.6 食品の水には結合水と自由水があり，微生物は自由水を利用する．水分活性（Aw：water activity）は，純水の蒸気圧に対する溶液の蒸気圧の比率（相対湿度）

で表し，100％を1.00で表記する．水分活性＝溶液の水蒸気圧／水の水蒸気圧の式で表される．

Chapter 16

A.1 味噌の場合，*Aspergillus oryzae*（*Aspergillus sojae*）に加え耐塩性の*Candida versatilis*（もろみ後熟酵母），*Tetragenococcus halophilus*（もろみ後熟乳酸菌），*Zygosacharomyces rouxii*（主発酵酵母）などが関与する．

A.2 酵母もホモ乳酸菌もグルコースを嫌気発酵させると解糖系（EMP経路）によって分解される．酵母もホモ乳酸菌もピルビン酸までは同じ代謝経路で分解される．酵母の場合，ピルビン酸デカルボキシラーゼ（pyruvate decaruboxylase）が存在するので，ピルビン酸は脱炭酸されてアセトアルデヒドとなりNAD関与のADHの作用によりエタノールに還元される．一方，ホモ乳酸菌にはピルビン酸デカルボキシラーゼが存在しないので，ピルビン酸はNAD関与の乳酸脱水素酵素（lactate dehydrogenase）によって乳酸に還元される．

A.3 Brefeldがカビ，ListerやKochが細菌，Hansenがビール酵母の純粋培養に成功して以来，発酵法による有用物質の生産はほとんどの場合純粋培養された微生物を用いている．細菌学と医学において，純粋培養された病原菌の特定化は感染症などの治療に欠かせない．一方，発酵工業においては，生産物の安定的生産と改良育種に必須な条件となっている．

A.4 発酵法でも酵素法でも有用物質が生産される場合はどちらが経済的に安く生産できるかでしかない．もし片方の方法でしか合成できない場合，需要と供給のバランスをコスト計算して利益が出るか出ないかによって工業化の可否が決まる．優れた学術的発見は必ずしも工業化に直結しない．

A.5 本問題に関してはアミノ酸発酵や核酸発酵に枚挙のいとまがない．本章の参考図書を参照して演習問題を作成することを勧める．

MEMO

索 引

ア 行

赤　潮……………………………… 242
アーキオール……………………… 157
アクチベーター…………………… 128
亜硝酸還元酵素…………………… 229
亜硝酸酸化細菌…………………… 226
アシル CoA ……………………… 78
アシル基運搬タンパク質………… 79
アセチル CoA …………………… 72
厚膜胞子…………………………… 182
アデニン…………………………… 85
アデノシン三リン酸……………… 68
アノテーション…………………… 198
アミノ酸…………………… 80, 122
アミラーゼ………………………… 301
アルギニン………………………… 282
アルコール………………………… 282
アレルギー様食中毒菌…………… 277
アロステリック酵素……………… 89
アンチセンス RNA ……………… 99
暗反応……………………………… 215
アンモニア酸化細菌……………… 226

硫黄細菌…………………………… 221
イオンペアネットワーク………… 166
異　化……………………………… 68
イソプレノイド炭化水素鎖……… 156
一次能動輸送……………………… 46
遺伝子組換え生物等規制法……… 119
遺伝子クローニング……………… 119
遺伝子型…………………………… 92
遺伝子工学………………………… 115
遺伝子重複………………………… 153
遺伝子水平移動…………………… 170

遺伝子地図………………………… 105
遺伝的組換え……………………… 96

ヴィルレントファージ…………… 100
ウエスタンブロット法…………… 202
ウォッシュアウト………………… 58
渦鞭毛植物門……………………… 177
うま味……………………………… 287

栄養要求変異株…………………… 92
エタノール発酵細菌……………… 283
エムデン・マイヤーホフ・パルナス経路… 9
塩素消毒…………………………… 264

汚水処理…………………………… 257
オーソログ………………………… 200
オゾン殺菌………………………… 264
オートクレーブ滅菌………… 31, 32
オリゴヌクレオチド……………… 151
オルガネラ………………………… 19
温室効果…………………………… 160
温度感受性突然変異……………… 94

カ 行

外生胞子…………………………… 182
解糖系……………………… 9, 69, 70
化学合成生物……………… 47, 246
化学合成独立栄養生物…………… 212
化学進化説………………………… 2
化学浸透圧説……………………… 40
化学的酸素要求量………………… 256
化学合成独立栄養微生物………… 47
核………………………………… 20, 185
核様体……………………………… 19
ガス胞……………………………… 163

索　引

活性汚泥フロック……………………… 260
活性汚泥法……………………………… 258
芽　胞…………………………………… 270
下面発酵法……………………………… 284
カルタヘナ議定書……………………… 119
カルドアーキオール…………………… 157
カルビン回路……………………… 216, 219
カロテノイド…………………………… 214
岩塩鉱床………………………………… 163
環境基準………………………………… 259
感染型食中毒…………………………… 277
完全培地………………………………… 92
乾燥重量測定法………………………… 56
乾熱滅菌………………………………… 32

基質レベルのリン酸化………………… 36
機能ゲノム学…………………………… 207
機能相同遺伝子………………………… 200
キノコ…………………………………… 181
キノン…………………………………… 42
基本転写因子…………………………… 128
逆　位…………………………………… 96
逆方向反復配列………………………… 96
極限環境生物…………………………… 299
極限酵素………………………………… 299
極限微生物………………………………   3
近隣接合法……………………………… 140
菌体内イオン濃度……………………… 163

グアニン………………………………… 85
グアノシン三リン酸…………………… 73
クエン酸…………………………… 282, 290
クエン酸回路………………………… 69, 72
組換え…………………………………… 95
クラシックシステマチック分類法…… 142
グリセロール…………………………… 77
クリック………………………………… 109
クリプト植物門………………………… 177
クリプトスポリジウム………………… 265
グルコース……………………………… 69
グルコン酸……………………………… 282

グルタミン酸…………………………… 282
クレンアーキオータ…………………… 153
黒麹カビ………………………………… 285
クロララクニオン植物門……………… 177
クロロフィル…………………………… 213

形質転換法……………………………… 118
傾斜培地………………………………… 30
系統網…………………………………… 170
血球計算盤法…………………………… 55
ゲノム…………………………………… 302
ゲノム情報科学………………………… 206
ゲノム全塩基配列……………………… 168
ケモスタット…………………………… 57
原核細…………………………………… 52
原核生物…………………………… 19, 150
嫌気呼吸………………………………… 223
嫌気性菌………………………………… 63
嫌気発酵………………………………… 283
原生動物………………………………… 178

コアセルベート説……………………… 132
好圧性細菌……………………………… 243
好アルカリ性菌………………………… 60
好アルカリ性微生物…………………… 299
好塩菌…………………………………… 61
好塩性古細菌…………………………… 155
公害対策基本法………………………… 257
光化学系Ⅰ……………………………… 216
光化学系Ⅱ……………………………… 216
光学顕微鏡……………………………… 16
好気性菌…………………………… 63, 274
光合成…………………………………… 212
光合成生物……………………………… 47
好酸性菌………………………………… 60
麹カビ…………………………………… 284
紅色植物門……………………………… 177
好浸透圧菌……………………………… 61
合成培地………………………………… 31
抗生物質…………………………… 282, 294
酵　素…………………………………… 282

補酵素 Q	74
好中性菌	60
好熱菌	59, 244
好熱性古細菌	155, 164
酵母	181
酵母 2-ハイブリット法	208
好冷菌	244
古細菌	19, 139
コッホ	7
コハク酸-CoQ 酸化還元酵素	43
ゴルジ体	185
コールターカウンタ法	56
コロニー	8, 93
根粒菌	234

サ　行

最少培地	92
細胞骨格	166
細胞内共生説	45, 137
細胞分裂	52
細胞壁	18
細胞膜	18
坂口フラスコ	35
酢酸	286
サザンブロット法	202
サルベージ経路	86
三角フラスコ	35
酸化的リン酸化	36, 39, 74
酸化発酵	283
産業用酵素	299
酸素発生型の光合成	213
酸敗	275
シアノバクテリア	233
ジアルジア	265
ジエーテル	157
紫外線滅菌	32, 264
資化性試験	30
シクロデキストリン	282, 292
システム生物学	207

自然発生説	132
ジデオキシ法	196
シトクローム	42
シトクローム c	74
脂肪酸	76
ジャーファーメンタ	35
シャルガフ	108
集積培養	33
従属栄養生物	212
集落	8
受動輸送	45
シュードムレイン	155
純粋培養	8, 287
硝化細菌	225
硝化作用	225
条件致死突然変異	94
上向流嫌気性汚泥	263
小サブユニット RNA	150
硝酸還元酵素	228
醸造酒	284
小胞体	20, 185
上面発酵	284
醤油	282
蒸留酒	285
食酢	282, 285
食中毒	276
食物の保存	270, 278
真核細胞	52
真核生物	20, 150
真核藻類	176
真菌	178
真正細菌	19, 139
水素細菌	220
水分活性	271
ストレプトマイシン	294
ストロマトライト	136
スフィンゴ脂質	76
ズブチリシン	300
スラント	30

索　引

生育因子……………………………… 64
制限酵素……………………………… 116
生体高分子…………………………… 18
生体膜………………………………… 23
生物化学的酸素要求量……………… 256
生物膜法……………………………… 258
生理活性物質………………………… 294
世代時間……………………… 53, 273
接　合………………………………… 103
接合胞子……………………………… 182
セルラーゼ…………………………… 300
セレノシステイン…………………… 161
全ゲノム塩基配列…………………… 196
穿刺培養……………………………… 33
染色体………………………………… 24
選択マーカ…………………………… 116
セントラルドグマ…………………… 110
走査型電子顕微鏡…………………… 17
増殖曲線……………………………… 52
走　性………………………………… 25
相同組換え…………………………… 96
挿入配列……………………………… 97
相補的塩基対形成…………………… 112
促進拡散……………………………… 45
ソーティングシグナル……………… 188

タ 行

代謝制御発酵………………………… 290
対数増殖期…………………………… 53
濁度測定法…………………………… 56
多重変異株…………………………… 288
脱窒細菌……………………………… 228
多糖類………………………………… 69
単コロニー分離……………………… 34
単純拡散……………………………… 45
単純脂質……………………………… 76
炭水化物……………………………… 68
炭素同位体…………………………… 161
炭素の循環…………………………… 10

単　糖………………………………… 69
タンパク質…………………… 80, 122
タンパク質ワールド仮説…………… 135
窒素固定……………………………… 231
窒素処理……………………………… 263
窒素の循環…………………………… 11
チトクローム………………………… 42
チミン………………………………… 85
中温菌………………………………… 59
中間系フィラメント………………… 182
中心小体……………………………… 185
超好熱菌……………………………… 60
超好熱性地殻内独立栄養微生物生態系
　　　　　　　　　　　　　　　　250
通気かくはん培養…………………… 286
通性嫌気性菌………………………… 274
低温菌………………………………… 59
低温保存……………………………… 278
低温滅菌法…………………………… 7
低分子干渉 RNA …………………… 120
デオキシリボース…………………… 85
鉄-硫黄タンパク質………………… 42
鉄細菌………………………………… 222
テトラエーテル……………………… 157
電子顕微鏡…………………………… 17
電子伝達系…………………… 69, 73
転　写………………………… 121, 124
天然培地……………………………… 31
テンペレートファージ……………… 101
同　化………………………………… 68
透過型電子顕微鏡…………………… 17
糖脂質………………………………… 76
糖新生………………………………… 75
毒素型食中毒………………………… 276
特定保健用食品……………………… 298
独立栄養生物………………………… 212
突然変異……………………………… 92

322

Index

突然変異株……………………………… 92
トランスクリプトーム………………… 201
トランスポゾン………………………… 97

ナ 行

内生胞子………………………… 26, 182

ニコチンアミドアデニンジヌクレオチド
　………………………………… 70, 72
二次元パルスフィールド電気泳動法
　………………………………………… 196
二次元電気泳動法……………………… 204
二次能動輸送…………………………… 46
ニトロゲナーゼ………………………… 232
日本 DNA データベースバンク …… 140, 198
乳　酸…………………………………… 282
乳酸飲料………………………………… 282
乳酸菌…………………………………… 296
乳酸発酵………………………………… 4
乳酸発酵食品…………………………… 296

ヌクレオチド…………………… 85, 111

熱水鉱床………………………………… 167
熱水噴出孔説…………………………… 134

能動輸送………………………………… 45

ハ 行

バイオジェニクス……………………… 298
バイオマス……………………………… 283
ハイパースライム……………………… 249
薄層クロマトグラフィー……………… 158
バクテリオファージ…………………… 100
バクテリオロドプシン………… 62, 164
パスツール……………………………… 6
曝気槽…………………………………… 260
白金耳…………………………………… 33
ハプト植物門…………………………… 177

パレオーム……………………………… 250
半保存的複製…………………………… 113

ビール…………………………………… 284
光リン酸化……………………………… 36
微好気性菌……………………………… 275
微小管…………………………………… 182
微生物の生育の因子…………………… 270
ヒダ付き三角フラスコ………………… 35
ビタミン………………………… 282, 291
必須アミノ酸…………………………… 84
表現型…………………………………… 92
病原性大腸菌…………………………… 265
標準平板希釈法………………………… 55
表面培養………………………………… 286
ピリミジン塩基………………………… 85
ピルビン酸……………………………… 70
ピロリ菌………………………………… 298

ファージ………………………………… 100
フィードバック阻害…………………… 89
部位特異的組換え……………………… 96
複合系統樹……………………………… 154
複合脂質………………………………… 76
不和合性………………………………… 100
復帰変異………………………………… 95
物質輸送………………………………… 24
不等毛植物門…………………………… 177
腐　敗…………………………………… 275
ブフナー………………………………… 9
不飽和脂肪酸…………………………… 245
プラスミド……………………… 24, 98
フラビンアデニンジヌクレオチド…… 73
フラボプロテイン……………………… 41
プリン塩基……………………………… 85
プルダウン法…………………………… 209
プレバイオティクス…………………… 298
フレームシフト変異…………………… 95
フローサイトメトリー法……………… 56
プロジェノート………………………… 152
プロテインワールド仮説……………… 135

索　引

プロテオーム……………………………… 204
プロテオロドプシン……………………… 164
プロトン駆動力……………………… 36, 38
プロバイオティクス……………………… 297
プロファージ……………………………… 101
プロモーター配列………………………… 127
分子レベルの進化………………………… 138
分子進化の中立説………………………… 138

ペクチナーゼ……………………………… 302
ヘテロ乳酸菌……………………… 283, 297
ペニシリン………………………………… 294
ペプチド結合……………………………… 80
変異株……………………………………… 92
偏性嫌気性菌……………………………… 275
ペントースリン酸経路…………………… 74
変　敗……………………………………… 275
鞭　毛……………………………………… 25

胞　子……………………………………… 26
放射線耐性菌……………………………… 242
補欠分子族………………………………… 40
補酵素………………………………… 72, 160
ホモ乳酸菌………………………………… 297
ホモ乳酸発酵……………………………… 297
ポリメラーゼ連鎖反応…………………… 139
翻　訳……………………………………… 124
翻訳終結因子……………………………… 126

マ　行

マイクロアレイ法………………………… 201
マイコトキシン…………………………… 277
マーギュリス……………………………… 137
マンナナーゼ……………………………… 302

ミクロフィラメント……………………… 182
味　噌……………………………………… 282
ミトコンドリア…………………… 20, 185

無機化学栄養微生物……………………… 47

明反応……………………………………… 215
メイラード反応…………………………… 32
メタボローム……………………………… 206
メタン生成古細菌………………… 155, 158, 230
メタンハイドレート……………………… 160
メタン発酵………………………………… 229
メンデル…………………………………… 108
メンデルの法則…………………………… 108

ヤ　行

野生株……………………………………… 92
宿主-ベクター…………………………… 115

有機溶媒耐性菌…………………………… 241
有根系統樹………………………………… 154
誘　発……………………………………… 101
ユーグレナ植物門………………………… 177
油浸法……………………………………… 16
輸送タンパク質…………………………… 45
ユーリアーキオータ……………………… 153

葉緑体………………………………… 20, 185
ヨーグルト………………………………… 283

ラ　行

ラギング鎖………………………………… 114

リジン……………………………………… 282
リソソーム………………………………… 185
リーディング鎖…………………………… 114
リパーゼ…………………………………… 302
リプレッサー……………………………… 128
リボザイム………………………………… 134
リボース…………………………………… 85
リボソーム………………………… 19, 122, 150
リボヌクレオプロテイン………………… 135
硫酸還元菌………………………………… 224
緑色植物門………………………………… 177

Index

リンゴ酸	282
リン酸ジエステル結合	85
リン脂質	76
レーウェンフック	4
レプリカ法	94
連続培養	57
ろ過滅菌	32

ワ 行

ワトソン	109

英　字

acidophile	60
activated sludge method	258
activator	128
acyl carrier protein	79
adenine	85
adenosine triphosphate	68
aerobes	63, 274
alkaliphile	60
ammonia oxidizing bacteria	226
anaerobe	63
anaerobic respiration	223
annotation	198
antibiotics	294
archaea	19, 139
archaebacteria	152
archaeol	157
Aspergillus oryzae	284
ATP	68
autotroph	212
bacteria	139
bacteriophage	100
bacteriorhodopsi	62
bacterium	19
biochemical oxygen demand	256
biofilm method	258
biogenics	298
BOD	256
bottom fermentation	284
Buchner, H.	9
caldarchaeol	157
carbohydrate	68
carotenoid	214
cDNA クローニング	202
cell division	52
cellulase	300
central dogma	110
centriole	185
Chargaff, E.	108
chemical oxygen demand	256
chemostat	57
chemotroph	212
chlamydospore	182
chlorophyll	213
chloroplas	185
citric acid cycle	69
CoA	72
COD	256
complementary base pairing	113
complete medium	92
continuous culture	57
crenarchaeota	153
Crick, F.	109
cyanobacterium	233
dark reaction	215
DDBJ	140, 198
deinococcus radiodurans	242
denitrifying bacteria	228
de nove 合成	85
deoxyribose	85
dideoxy method	196
DNA－DNA ハイブリダイゼーション	145
DNA polymerase	166
DNA 二重らせんモデル	109

索引

DNA 複製 ……………………… 113
DNA ポリメラーゼⅢ …………… 114
DNA ワールド …………………… 135

EDSTAC ………………………… 266
electron transport system ……… 69
endospore ……………………… 182
endosymbiotic theory ………… 137
EPA ……………………………… 266
eukaryotes ……………………… 150
eukaryotic cell ………………… 52
Euryarchaeota ………………… 153
exospore ………………………… 182
exponential phase ……………… 53

facultative anaerobes ………… 274
$FADH_2$ ………………………… 73
fat ……………………………… 76
fatty acid ……………………… 76
frameshift mutation …………… 95
functional genomics …………… 207
F 因子 …………………………… 103

gas vacuoles …………………… 163
gene duplication ……………… 153
general transcription factor … 128
generation time ………………… 53
genetic engineering …………… 115
genome informatics …………… 206
genotype ……………………… 92
gluconeogenesis ……………… 75
glucose ………………………… 69
glycerol ………………………… 77
glycolipid ……………………… 76
glycolysis ……………………… 69
golgi apparatus ………………… 185
growth curve …………………… 52
growth factor ………………… 64
GTP …………………………… 73
guanine ………………………… 85

Haloarchaea …………………… 155
halophile ……………………… 61
heterotroph …………………… 212
Hfr 株 …………………………… 103
homologous recombination …… 96
horizontal or lateral gene transfer …… 170
hydrogen bacteria …………… 220
Hyper-SLiME …………………… 249
hyperthermophile ……………… 60

insertion sequence …………… 97
intron-late 説 ………………… 170
inverted repeats ……………… 96
IR ……………………………… 96
iron bacteria …………………… 222
IS 因子 ………………………… 97

Koch, R. ………………………… 7

lagging stran ………………… 114
leading strand ………………… 114
Leeuwenhoek, V. A. …………… 4
light reaction ………………… 215
lysosome ……………………… 185

MALDI-TOF-MS ………………… 204
Margulis, L. …………………… 137
Matrix Assisted Laser Desorption Ionization-Time Of Flight-Mass Spectrometry …… 204
Mendel, G. ……………………… 108
mesophile ……………………… 59
metabolome …………………… 206
methane fermentation ………… 229
methanoarchaea ……………… 155, 158
methanogenic bacteria ……… 230
microaerophiles ……………… 275
minimal medium ……………… 92
mitochondrion ………………… 20
monosaccharide ……………… 69
mutant ………………………… 92

Index

NADH	72
NADH - CoQ 酸化還元酵素	43
NADPH	70
Neighbor-Joining method	140
net of life	170
neutrophile	60
nicotineamide adenine dinucleotide	72
nicotineamide adenine dinucleotide phosphate	70
nitrate oxidizing bacteria	226
nitrate reductase	228
nitrifiycation bacteria	225
nitrite reductase	229
nitrogenase	232
nitrogen fixation	231
NJ 法	140
nucleotide	111
nucleus	20
obligated anaerobes	275
oligonucleotides	151
organelle	19
osmophile	61
oxidative phosphorylation	74
Pasteur, L.	6
pBR322	116
PCR	139, 147
PCR 法	194
penicillin	294
peptide bond	80
PFGE	196
pH	271
phage	100
phosphodiester bond	85
phospholipid	76
photosynthesis	212
photosystem Ⅰ	216
photosystem Ⅱ	216
piezophiles	243
plasmid	24, 98
point mutation	95
polymerase chain reaction	139, 147, 194
prebiotics	298
progenote	152
prokaryotes	19, 150
prokaryotic cell	52
prophage	101
protein	80
proteome	204
psychrophile	59, 244
PTS システム	46
pUC ベクター	116
pulldown method	209
pulsed fieldgel electrophoresis	196
putrefaction	275
pyruvate	70
rancidity	275
recombination	95
release factor	126
replica plating method	94
repressor	128
ribonucleoprotein	135
ribose	85
ribosome	19, 122, 150
ribozyme	134
RNA	120
RNAi	120
RNP	135
root nodule forming bacteria	234
selenocysteine	161
SEM	17
semi-conservative replication	113
site-specific recombination	96
small subunit RNA	150
sphingolipid	76
spoilage	275
spore	270
streptomycin	294

索引

索　引

sulfate-reducing bacteria ・・・・・・・・・・・・・・ 224
sulfur bacterium ・・・・・・・・・・・・・・・・・・・・・・・ 221
system biology ・・・・・・・・・・・・・・・・・・・・・・・・ 207

TEM ・・・・・・・・・・・・・・・・・・・・・・・・・・・・・・・・・・・ 17
temperate phag ・・・・・・・・・・・・・・・・・・・・・・・ 101
thermophile ・・・・・・・・・・・・・・・・・・・・・・ 59, 244
Thermophilic archaea ・・・・・・・・・・・ 155, 164
thymine ・・・・・・・・・・・・・・・・・・・・・・・・・・・・・・・ 85
top fermentation ・・・・・・・・・・・・・・・・・・・・・ 284
transcription ・・・・・・・・・・・・・・・・・・・・・・・・・ 124
transcriptome ・・・・・・・・・・・・・・・・・・・・・・・・ 201
transformation ・・・・・・・・・・・・・・・・・・・・・・・ 118
translation ・・・・・・・・・・・・・・・・・・・・・・・・・・・ 124
transmission electron microscope ・・・・・・ 17
transposon ・・・・・・・・・・・・・・・・・・・・・・・・・・・・ 97

UASB ・・・・・・・・・・・・・・・・・・・・・・・・・・・・・・・・ 263

viable but non-culturable ・・・・・・・・・・・・・ 252
virulent phage ・・・・・・・・・・・・・・・・・・・・・・・ 100
VNC ・・・・・・・・・・・・・・・・・・・・・・・・・・・・・・・・・ 252

washout ・・・・・・・・・・・・・・・・・・・・・・・・・・・・・・・ 58

Watoson, J. ・・・・・・・・・・・・・・・・・・・・・・・・・・ 109
wild type ・・・・・・・・・・・・・・・・・・・・・・・・・・・・・・ 92

X-gal ・・・・・・・・・・・・・・・・・・・・・・・・・・・・・・・・・ 117

yeast two-hybrid method ・・・・・・・・・・・・・ 208

Zygospore ・・・・・・・・・・・・・・・・・・・・・・・・・・・ 182

ギリシャ文字

α-ガラクトシダーゼの合成基質 ・・・・・・・ 117
α-酸化 ・・・・・・・・・・・・・・・・・・・・・・・・・・・・・・・ 78
α-シート ・・・・・・・・・・・・・・・・・・・・・・・・・・・・ 123

数　字

5´- XMP ・・・・・・・・・・・・・・・・・・・・・・・・・・・・・ 288
5´-イノシン酸 ・・・・・・・・・・・・・・・・・・・・・・・・ 282
5´-グアニル酸 ・・・・・・・・・・・・・・・・・・・・・・・・ 282

〈監修者略歴〉
掘越 弘毅（ほりこし こうき）
1956年 東京大学農学部農芸化学科卒業
1958年 東京大学大学院修士課程修了
1963年 東京大学大学院博士課程修了
　　　　農学博士
2006年 日本学士院賞 受賞
現　在 東京工業大学名誉教授
　　　　東洋大学名誉教授
　　　　元独立行政法人 海洋研究開発機構
　　　　　極限環境生物圏研究センター
　　　　　センター長

〈編著略歴〉
井上　明（いのうえ あきら）
1971年 東京教育大学大学院農学研究科
　　　　修士課程修了
1995年 博士（農学）
現　在 東洋大学大学院学際・融合科学研究科
　　　　教授

- 本書の内容に関する質問は，オーム社ホームページの「サポート」から，「お問合せ」の「書籍に関するお問合せ」をご参照いただくか，または書状にてオーム社編集局宛にお願いします．お受けできる質問は本書で紹介した内容に限らせていただきます．なお，電話での質問にはお答えできませんので，あらかじめご了承ください．
- 万一，落丁・乱丁の場合は，送料当社負担でお取替えいたします．当社販売課宛にお送りください．
- 本書の一部の複写複製を希望される場合は，本書扉裏を参照してください．
  JCOPY ＜出版者著作権管理機構 委託出版物＞

ベーシックマスター　微生物学

2006年11月20日　第1版第1刷発行
2024年 8月10日　第1版第14刷発行

監修者　掘越弘毅
編　者　井上　明
発行者　村上和夫
発行所　株式会社 オーム社
　　　　郵便番号 101-8460
　　　　東京都千代田区神田錦町3-1
　　　　電話 03(3233)0641(代表)
　　　　URL https://www.ohmsha.co.jp/

© 掘越弘毅・井上 明 2006

印刷　広済堂ネクスト　製本　協栄製本
ISBN978-4-274-20321-3　Printed in Japan